普通高等学校制药工程专业教材

制药工程
生产实习指导

主　编　周　仓
副主编　王利利
编　委　（按姓氏笔画排序）
　　　　刘　将（上海华源安徽锦辉制药有限公司）
　　　　王利利（亳州学院）
　　　　王殿林（上海华源安徽锦辉制药有限公司）
　　　　牛立新（安徽省麒源药业科技有限公司）
　　　　孙守国（安徽九洲方圆制药有限公司）
　　　　朱　惠（亳州学院）
　　　　张　鑫（上海华源安徽锦辉制药有限公司）
　　　　张小龙（合肥市建设工程监测中心有限责任公司）
　　　　张小倩（亳州学院）
　　　　张晓梅（阜阳市科技馆）
　　　　张腾腾（亳州学院）
　　　　周　仓（亳州学院）
　　　　周　奇（上海华源制药安徽广生药业有限公司）
　　　　常红亮（安徽三建工程有限公司）
　　　　葛　丽（安徽九洲方圆制药有限公司）

中国科学技术大学出版社

内容简介

本书主要介绍制药工程生产实习的意义、目的、流程、管理与考核，实习中应了解、熟知和掌握的药品法律规范、药品标准与常用术语以及药品生产工艺设备、工程设计、安全与环保等知识。全书共十二章，包括：绪论，制药生产安全与环保，制药生产公用工程与辅助设施，管道、阀门、管件与管道连接，制药用水系统，药品生产质量控制与质量保证，药剂生产基本技术，口服固体制剂的生产，软膏剂、眼膏剂、气雾剂与栓剂的生产，液体制剂及注射剂的生产，中药饮片及中药的提取纯化，制药工程设计。

本书可作为高等院校制药工程及其相关专业师生的实践教学教材和参考书，也可供制药领域的生产质量管理和技术人员阅读参考。

图书在版编目(CIP)数据

制药工程生产实习指导/周仓主编. —合肥：中国科学技术大学出版社，2023.1
ISBN 978-7-312-05558-4

Ⅰ. 制… Ⅱ. 周… Ⅲ. 制药工业—化学工程—生产实习—高等学校—教学参考资料 Ⅳ. TQ46-45

中国版本图书馆CIP数据核字(2022)第249031号

制药工程生产实习指导
ZHIYAO GONGCHENG SHENGCHAN SHIXI ZHIDAO

出版	中国科学技术大学出版社 安徽省合肥市金寨路96号，230026 http://press.ustc.edu.cn https://zgkxjsdxcbs.tmall.com
印刷	合肥市宏基印刷有限公司
发行	中国科学技术大学出版社
开本	787 mm×1092 mm　1/16
印张	17.25
字数	418千
版次	2023年1月第1版
印次	2023年1月第1次印刷
定价	40.00元

前　言

生产实习是制药工程及其相关专业学生的一门主要实践性课程，是学生将理论知识同生产实践相结合的有效途径，可以有效增强学生的劳动观念、工程观念和责任感、使命感。

本书通过介绍生产实习的意义、目的、流程、管理与考核，实习中应了解、熟知和掌握的药品法律规范、药品标准与常用术语以及药品生产工艺设备、工程设计、安全与环保等知识，使学生把学过的理论知识与实践有机结合起来，巩固和丰富有关制药工程专业理论知识，将科学的理论知识加以验证、深化、巩固和充实，学习和了解药品生产过程以及生产组织管理等知识，综合培养和训练学生的观察分析和解决生产中实际问题的独立工作能力及生产经营管理的能力，培养学生树立理论联系实际的工作作风以及调查、研究、分析和解决问题的能力，拓宽学生的知识面，增加感性认识，激发学生向实践学习和探索的积极性。本书可操作性强，便于学生与后续的毕业设计以及将从事的技术工作接轨，为走上工作岗位打下坚实的基础。

本书可作为高等院校制药工程及其相关专业师生实践教学教材和参考书，也可供制药领域的生产管理和技术人员阅读参考。

全书由周仓担任主编，王利利担任副主编。编写人员的分工为：第一章由周仓、刘将、张腾腾编写；第二章由张晓梅、张鑫、周仓编写；第三章由常红亮、张晓梅、张小龙编写；第四章由周仓、张鑫、周奇编写；第五章由刘将、周奇、王殿林编写；第六章由王利利、孙守国、葛丽、周奇编写；第七章由王利利、张腾腾、张小倩编写；第八章由刘将、孙守国、葛丽、朱惠编写；第九章由刘将、朱惠、王利利编写；

第十章由周仓、王殿林、张鑫、张腾腾编写;第十一章由牛立新、孙守国、葛丽、张小倩编写;第十二章由常红亮、张小龙、张晓梅编写。

由于编者水平有限,错误和不当之处在所难免,恳请读者批评指正,以使本书更趋完善。

编 者

2022年11月

目　　录

前言 ………………………………………………………………………………………(i)

第一章　绪论 ……………………………………………………………………………(1)
　　第一节　生产实习管理 ……………………………………………………………(2)
　　第二节　药品标准及常用法律规范与术语 ………………………………………(5)

第二章　制药生产安全与环保 …………………………………………………………(14)
　　第一节　安全生产 …………………………………………………………………(14)
　　第二节　职业健康 …………………………………………………………………(21)
　　第三节　环境保护 …………………………………………………………………(23)

第三章　制药生产公用工程与辅助设施 ………………………………………………(30)
　　第一节　洁净室和空调净化系统 …………………………………………………(30)
　　第二节　工艺气体及蒸汽与制冷系统 ……………………………………………(40)
　　第三节　辅助设施 …………………………………………………………………(44)

第四章　管道、阀门、管件及管道连接 ………………………………………………(55)
　　第一节　管道及阀门 ………………………………………………………………(55)
　　第二节　管件及管道连接与布置 …………………………………………………(62)

第五章　制药用水系统 …………………………………………………………………(70)
　　第一节　制药用水概述 ……………………………………………………………(70)
　　第二节　纯化水及注射用水的制备 ………………………………………………(72)
　　第三节　制药用水储存使用与验证 ………………………………………………(79)

第六章　药品生产质量控制与质量保证 ………………………………………………(82)
　　第一节　药品生产质量控制 ………………………………………………………(82)
　　第二节　药品生产质量保证 ………………………………………………………(86)
　　第三节　药品质量受权人制度 ……………………………………………………(93)

第七章　药剂生产基本技术 ……………………………………………………………(99)
　　第一节　制药卫生 …………………………………………………………………(99)
　　第二节　物料干燥 …………………………………………………………………(105)
　　第三节　粉碎 ………………………………………………………………………(109)
　　第四节　筛分与混合 ………………………………………………………………(113)
　　第五节　蒸馏与蒸发 ………………………………………………………………(119)

第六节　分离 …………………………………………………………… (126)

第八章　口服固体制剂的生产 ……………………………………………… (134)
　　第一节　片剂 …………………………………………………………… (134)
　　第二节　散剂 …………………………………………………………… (155)
　　第三节　颗粒剂 ………………………………………………………… (157)
　　第四节　胶囊剂 ………………………………………………………… (159)
　　第五节　丸剂 …………………………………………………………… (163)

第九章　软膏剂、眼膏剂、气雾剂与栓剂的生产 ………………………… (170)
　　第一节　软膏剂 ………………………………………………………… (170)
　　第二节　眼膏剂 ………………………………………………………… (173)
　　第三节　气雾剂 ………………………………………………………… (174)
　　第四节　栓剂 …………………………………………………………… (179)

第十章　液体制剂及注射剂的生产 ………………………………………… (185)
　　第一节　液体制剂 ……………………………………………………… (185)
　　第二节　输液剂 ………………………………………………………… (190)
　　第三节　水针剂 ………………………………………………………… (198)
　　第四节　无菌粉针剂 …………………………………………………… (200)

第十一章　中药饮片及中药的提取纯化 …………………………………… (204)
　　第一节　中药饮片 ……………………………………………………… (204)
　　第二节　药物的提取分离和纯化 ……………………………………… (221)
　　第三节　中药配方颗粒 ………………………………………………… (227)

第十二章　制药工程设计 …………………………………………………… (232)
　　第一节　概述 …………………………………………………………… (232)
　　第二节　厂址选择和总平面设计 ……………………………………… (238)
　　第三节　车间布置设计 ………………………………………………… (242)
　　第四节　图纸绘制 ……………………………………………………… (254)
　　第五节　技术经济评价 ………………………………………………… (261)

参考文献 ……………………………………………………………………… (269)

第一章 绪 论

制药工程是化学、生物学、药学(中药学)、管理学和工程学交叉的一个工科类专业,以培养从事药品研发制造以及新工艺、新设备、新品种的开发、放大和设计人才为目标。尽管"制药工程专业"的名称较新,但是从学科沿革来看,它并不是全新的,而是相近专业的延续,也是科学技术发展的产物。

在正式出现"制药工程专业"这个名称以前,国内的高校依据自身的条件已经设置了与此相关的专业,譬如化学制药专业、中药学专业、抗生素专业、精细化工专业、微生物制药专业等。这些专业有的是设置在医、药科大学,有些设置在综合性大学,更多的是设置在理工科大学内。由于主办院校性质的不同,这些专业的侧重点也是不同的。

制药工程相关专业的学生应学习药品制造、工程设计和生产质量管理等方面的基本理论和基本知识,接受基本生产技术、专业实验技能、工艺研究和工程设计方法等方面的基本训练,掌握从事药品研究与开发、制药工艺设计与放大、制药车间设计、药品生产质量管理等方面的基本技能,具备从事药品、药用辅料、医药中间体及其他相关产品的技术开发、工程设计和生产质量管理等方面的能力,能在制药行业及其相关领域的生产企业、科研院所、设计院和管理部门等从事与专业相关的工作。

制药工程相关专业的毕业生应具备以下几方面的知识和能力:

(1) 具有良好的职业道德、强烈的爱国敬业精神、高度的社会责任感和良好的人文科学素养。

(2) 具有从事有关制药工程工作所需的自然科学知识及一定的经济管理知识;具有一定的国际视野和跨文化环境下的交流、竞争与合作的初步能力。

(3) 了解药品生产领域技术标准,熟悉国家关于药品生产、药品安全、环境保护、社会责任等方面的政策和法规,具有良好的质量、环境、职业健康、安全和服务意识。

(4) 掌握药品的基本理论与技术、工程设计的基本原理与方法和生产质量管理等方面的基本知识,掌握药品生产工艺流程的制订;了解及掌握车间设计的方法和原理,了解药品生产新工艺、新技术与新设备的发展动态。

(5) 具有较好的组织管理能力、较强的交流沟通能力、环境适应和团队合作的能力,能综合运用所学科学理论,分析提出和解决问题的方案;具有解决与工作有关的实际问题的能力。

(6) 具有对药品新资源、新产品、新工艺进行研究、开发和设计的初步能力;具有良好的开拓精神和创新意识及获取新知识的能力;具有参与药品企业生产及质量管理的初步能力;具有应对药品生产和使用中突发事件的初步能力。

制药工程生产实习是制药工程及其相关专业学生的一门主要实践性课程,是学生将理论知识同生产实践相结合的有效途径,可以有效增强学生的劳动观念、工程观念和学生的责任感、使命感。

第一节　生产实习管理

一、生产实习的目的及意义

(一) 生产实习的目的

通过制药工程生产实习,使学生学习和了解药品原辅料以及成品批量生产的全过程以及生产组织管理等知识,培养学生树立理论联系实际的工作作风,以及生产现场中将科学的理论知识加以验证、深化、巩固和充实,并培养学生进行调查、研究、分析和解决实际问题的能力。通过生产实习,拓宽学生的知识面,增加感性认识,把所学知识条理化、系统化,使学生学到从书本上学不到的专业知识,并获得本专业国内、外科技发展现状的最新信息,激发学生向实践学习和探索的积极性,为后续的毕业设计和将从事的技术工作打下坚实的基础。

生产实习是与课堂教学完全不同的教学模式,在教学计划中,生产实习是课堂教学的补充,生产实习区别于课堂教学。课堂教学中,教师讲授,学生领会,而生产实习则是在教师指导下由学生自己向生产、向实际学习。通过现场的讲授、参观、座谈、讨论、分析、作业、考核等多种形式,一方面来巩固在书本上学到的理论知识,另一方面,可获得在书本上不易了解和不易学到的生产现场的实际知识,使学生在实践中得到提高和锻炼。

(二) 生产实习的意义

生产实习是学校教学的重要补充部分,是区别于普通学校教育的一个显著特征,是教育教学体系中的一个不可缺少的重要组成部分和不可替代的重要环节。它与今后的职业生活有最直接的联系,学生在生产实习过程中将完成从学习到就业的过渡,因此生产实习是培养技能型、实用型人才,实现培养目标的主要途径。它不仅是校内教学的延续,而且是校内教学的总结。可以说,没有生产实习,就没有完整的教育。学校要提高教育教学质量,在注重理论知识学习的前提下,首先要提高生产实习管理的质量。生产实习教育教学的成功与否,关系到学校的兴衰及学生的就业前途,也间接地影响到现代化建设。

制药工程生产实习,既不能简单地等同于药学实验,也不能完全按照工科院校的模式实习,而应该将药学的知识灵活地应用在工程中,把制造技术、质量意识、市场竞争、工业安全以及制药工业需要满足的诸如《药品生产质量管理规范》(GMP)等政策法规内容联系起来,充分发挥药学和工程学的传统特色和成果,围绕重要的原料药、药物中间体和辅助材料的生产工艺,以及典型药品的合成、分离纯化和制剂生产进行实习。实习不仅要对药物生产的工艺过程进行学习,更重要的是对生产流程的原理和控制方法的学习,另外,实习内容还包括生产车间的布置方式,车间的形式,车间设备、管道、仪表的原理和布置状况,《药品生产质量管理规范》严格要求下的药物生产过程及药品的质量检验和控制等。

生产实习之后,学生将进行毕业设计或毕业论文的写作,通过毕业论文的答辩后走上工作岗位,生产实习是学生走上社会前重要的社会实践,因此,实习必须强调它的社会意义,学生应该通过生产实习锻炼自己的交际能力,同时学习实习基地的管理经验等,为走进社会、适应社会奠定基础。

二、生产实习的流程与管理

制药工程生产实习是学生将学到的理论知识同工业化生产实际联系起来的过程,因此,在生产实习前,学生必须完成毕业论文之前的全部理论课程,使其实习时已具备相应的理论基础。

(一)生产实习的流程

制药工程生产实习操作流程包括以下内容:组建领导组织、确定实习单位及指导老师、制订生产实习教学大纲、制订生产实习教学实施计划、制订生产实习任务书、实习动员及培训、生产现场实习、记录实习日志、撰写实习报告、实习考核与评价。

组建领导组织:由学校、职能处室、学院(系)、制药工程教研室有关领导或人员参加,其职责是落实实习单位、组织动员、学生分组、安排及培训实习岗位指导教师、对学生的毕业实习及成绩进行审核,给出意见及成绩。

确定实习单位及指导老师:根据实习学生数量、企业产品及生产情况、企业能够接纳的实习人员数量等因素确定实习单位及指导老师。

生产实习教学大纲:包括生产实习的目的与任务、生产实习的基本内容、生产实习的方式与指导方法、实习教学要求、实习时间安排、实习纪律和实习考核与评价办法等内容。

生产实习教学实施计划:指导教师按照制药工程生产实习教学大纲的要求,结合制药企业及制药工程专业特点,会同实习单位的有关人员,制订生产实习教学实施计划,主要内容包括实习单位名称、实习时间、实习内容和要求、实习日程安排、实习纪律要求、实习考核方式与考评办法和实习经费预算等。

生产实习任务书:根据制药工程专业培养目标,结合制药企业的具体情况拟定的规范化的实践教学文件。实习指导教师要根据制药工程生产实习教学大纲及生产实习教学实施计划,编写生产实习任务书,内容包括实习名称、实习地点、实习任务、实习要求和实习进度等。

实习动员及培训:实习之前,实习指导教师要组织学生召开实习动员会,对实习时间、实习单位、实习内容、实习要求和实习岗位等进行布置,要求学生在实习期间要按照生产实习教学大纲的要求,在规定时间内全面完成实习任务,并对学生进行纪律、安全以及有关法律法规的培训。

生产现场实习：现场实习过程中，学生应了解企业的概况、组织架构、生产质量管理情况及生产品种、产品方案等，熟悉实习车间药品的生产工艺流程、工艺操作规范、关键控制点和控制方法，掌握实习车间的布置及主要设备的结构、性能、工作原理，熟悉实习车间的生产组织和技术管理情况，认识实习车间防火、卫生管理措施以及实习单位的"三废"处理。与所学理论知识进行联系、比较，理解其实施、工作或作用的原理及条件。

实习日志：学生应详细、翔实记录实习笔记，明确每天的实习内容，对每天的实习工作进行总结。

实习报告：实习结束时，学生要对实习内容、实习过程、实习过程中存在的问题、实习收获及心得体会进行总结，撰写实习报告。实习报告由学生独立完成，要条理清晰、内容翔实、数据准确，要从专业的角度进行总结，有自己的思考和见解。

实习考核与评价：从实习出勤情况、实习态度、实习日志、实习报告、考试和讨论等方面对实习学生进行考核。在实习开始、实习期间、实习结束各阶段，采用多重考核方法，及时了解学生的表现，既能督促学生认真实习，掌握知识，又能对学生的生产实习成绩做出客观的评价。

（二）生产实习的管理

实习学生与企业正式员工不同，他们既没有社会经验，又没有工作经验，而且自理能力相对来说与正式员工还有些差距，但是却要在有限的实习期内获得工作经验和实践知识，所以对于实习学生的管理就要有别于正式员工。现场实习期间，学生应严格遵守实习单位的工作纪律，服从调动，听从安排，尊重指导教师和企业技术人员的指导。

1. 进行岗前培训

岗前培训的内容应该包括法律法规、企业文化及规章制度、安全环保、职业卫生、GMP知识、工艺规程、操作规程、岗前技能等。安全问题必须作为实习中需要注意的首要问题，放到首位去培训，将安全措施落实到位，确保实习学生在企业期间的安全。

2. 企业建立实习生导师制

制药企业选派具有良好的职业道德、乐于奉献、善于引导培养人才、具有团队合作精神、中级以上职称、有一定工作年限的专业技术人员或技师担任实习学生的导师，通过导师的言传身教（导师起到的作用不仅仅是指导传授业务技能，更多的是培养实习学生的职业素养），让实习学生在形象礼仪、职场心态、职业道德、沟通技巧等方面得以全面提升，减少实习生自己摸索求解的过程。

3. 阶段性考核

实习期间进行阶段性考核，考核的周期可以以周为单位，也可以以月为单位，主要从日常行为、工作态度、学习能力、工作能力、工作质量方面进行考核。

通过车间生产质量管理人员、企业导师、岗位职工定量打分的方式考试。考核的目的：一方面，及时了解学生的表现和实习情况，让学生认识自身的不足之处，明确努力的方向，督促其认真实习；另一方面，帮助学校和企业审视学生在生产实习工作方面的不足之处，以便改进和提高。

（三）生产实习的考核

学生生产实习期间及结束后,要对其实习情况进行全面的考核,可以从出勤情况、实习态度、学习能力、工作能力、工作质量、实习日志、实习报告、阶段性考核情况等方面进行多重考核。

实习成绩考核评分标准:实行百分制,阶段性考核成绩占40%,实习日志成绩占20%,实习报告成绩占40%。

实习结束,指导老师要进行实习总结,对实习效果、任务完成情况、存在的问题及工作经验进行总结,提出改进意见和建议。实习总结学院(系)要归档保存。

第二节 药品标准及常用法律规范与术语

一、药品标准及药品处方

《中华人民共和国药品管理法》规定,我国的药品标准只有国家标准,没有省、自治区、直辖市药品标准。国家药品标准由国家药品监督管理部门批准颁布,并对它有解释、修订、废止的权利。

我国国家药品标准包括《中华人民共和国药典》(以下简称《中国药典》)、药品注册标准和其他药品标准,其内容包括质量指标、检验方法以及生产工艺等技术要求。

（一）《中国药典》及外国药典

1.《中国药典》

药典是一个国家记载药品规格标准的最高法典,由国家药典委员会编纂并由政府颁布实施,具有法律约束力。药典中所收载的药物是疗效确切、副作用小、质量较为稳定的常用药物和制剂。作为药品生产、供应、检验和使用的主要法律依据,药典在一定程度上可反映一个国家药物生产、医疗和科技水平,它对保证人民用药安全有效、促进药物研究和生产有着重大作用。

中华人民共和国成立后,中国药典委员会按照党的卫生工作方针和政策,编纂了《中华人民共和国药典》。我国已先后出版了11个版本的《中国药典》,分别是1953年版、1963年版、1977年版、1985年版、1990年版、1995年版、2000年版、2005年版、2010年版、2015年版和2020年版。

2020年版《中国药典》共收载品种5911种,一部中药收载2711种,二部化学药收载2712种,三部生物制品收载153种,四部收载通用技术要求361个,药用辅料收载335种。通用技术中制剂通则38个、检测方法及其他通则281个、指导原则42个。

2. 外国药典

目前世界上已有多个国家编制了国家药典,常见的有《美国药典》(USP)、《日本药局方》(JP)、《英国药典》(BP)、《法国药典》(FRP)等。另外,还有欧洲药典等区域性药典以及由世界卫生组织(WHO)组织编订的《国际药典》。《国际药典》对各国无法律约束力,仅作为各国编纂药典时的参考标准。这些药典在我国药品开发、研究、生产、进出口及使用中具有一定的参考意义。

(二)药品注册标准及其他药品标准

1. 药品注册标准

药品注册标准是指国家药品监督管理局批准给申请人特定药品的标准,生产该药品的药品生产企业必须执行该注册标准。

药品注册标准不得低于《中国药典》的规定。

药品注册标准的项目及其检验方法的设定,应当符合《中国药典》的基本要求、国家药品监督管理局发布的技术指导原则及国家药品标准编写原则。

2. 其他药品标准

国家药典是法定药品规格标准的法典,它不可能包罗所有已生产与使用的全部药品品种。药典收载药物有一定的要求,而对于不符合要求的其他药品,一般都作为药典外标准加以编订,作为国家药典的补充。

除了药典以外的标准,还有药典出版注释物,这类出版物的主旨是对药典的内容进行注释或引申性补充。如我国1995年出版的《中华人民共和国药典二部临床用药须知》。

(三)药品处方

处方是指医疗和生产中关于药剂调制的一项重要书面文件。狭义地讲,处方是医师为某患者预防或治疗需要而开具给药房(药局)的有关制备和发出药剂的书面凭证。广义地讲,凡制备任何一种药剂的书面文件都可称为处方。

1. 处方的分类

(1)法定处方:是指药典、药品标准收载的处方。具有法律的约束力。

(2)协定处方:是根据某一地区或某一医院日常医疗用药的需要,由医院药剂科与医师协商共同制订的处方。

(3)医师处方:是指医师对患者治病用药的书面文件。医师处方分为急诊处方、毒麻药处方和贵重药处方等,并用不同颜色加以区别。医师处方在药房发药后应保存一定的时间,以备查考。一般药品处方保存1年,医疗用毒性药品、精神药品处方保存2年,麻醉药品处方保存3年。处方保存期满登记后,由单位负责人批准销毁。

2. 处方药与非处方药

处方药：凡必须凭医师处方才可调配、零售、购买和使用或必须由医师或医疗技术人员使用或在其监控下使用的药品称为处方药。

非处方药：患者可不凭医师处方调配、零售、购买和使用的药品称为非处方药。

原国家食品药品监督管理局制订了处方药与非处方药分类管理办法，并于2000年1月1日起试行。处方药只准在专业性医药报刊进行广告宣传，非处方药经审批可在大众传播媒介进行广告宣传。

非处方药又分为甲类非处方药和乙类非处方药。甲类非处方药只有在具有药品经营许可证、配备执业药师或药师以上药学技术人员的社会药店、医疗机构、药房零售；乙类非处方药除可在社会药店和医疗机构、药房零售外，还可在经过批准的普通零售商业企业零售。

二、常用药品法律法规与管理规范

制药工程相关专业培养的人才在从事医药行业工作之前，首先要知法守法，了解药品标准及行业常用术语，所以对于学生实习而言，掌握和了解相应的药品管理法律规范、药品标准以及常用术语是非常必要的。

（一）《药品管理法》与《药品管理法实施条例》

《中华人民共和国药品管理法》（以下简称《药品管理法》），是为了加强药品监督管理，保证药品质量，增进药品疗效，保障人民用药安全，维护人民身体健康和用药的合法权益而特别制订的法律。凡是在中华人民共和国境内从事药品的研制、生产、经营、使用和监督管理的单位或者个人，都必须遵守本法。

《药品管理法》以药品监督管理为中心内容，深入论述了药品评审与质量检验、医疗器械监督管理、药品生产经营管理、药品使用与安全监督管理、医院药学标准化管理、药品稽查管理、药品集中招投标采购管理，对医药卫生事业和发展具有科学的指导意义。

《药品管理法》是1984年9月20日第六届全国人民代表大会常务委员会第七次会议通过，自1985年7月1日起施行。2001年2月28日第九届全国人民代表大会常务委员会第二十次会议修订，自2001年12月1日起施行。2013年12月28日第十届全国人民代表大会常务委员会第六次会议第一次修正。2015年4月24日十二届全国人大常委会第十四次会议第二次修正。2019年8月26日，新修订的《药品管理法》经十三届全国人大常委会第十二次会议表决通过，于2019年12月1日起施行。

就药品管理而言，《药品管理法》是根本大法，它围绕着药品质量这个重大问题，规定了医药事业一切活动的基本准则和行为规范，使医药卫生部门在药品管理工作中有法可循，它的实施标志着我国药政管理工作进入法制化阶段。这对加强药品监督、提高药品质量、促进医药卫生事业的发展有着深远意义。

新修订的《药品管理法》修改内容涉及45处，明确体现了药品管理应当以人民健康为中心的立法目的，主要集中在调整假药劣药范围、鼓励研究和创制新药、新增药品上市许可持有人制度、允许网络销售处方药、加重违法行为惩处力度等方面。

《中华人民共和国药品管理法实施条例》(以下简称《药品管理法实施条例》),于2002年8月4日公布(国务院令第360号),于2002年9月15日起施行。根据2016年2月6日《国务院关于修改部分行政法规的决定》第一次修订,根据2019年3月2日《国务院关于修改部分行政法规的决定》第二次修订。

《药品管理法实施条例》(第二次修订)对《药品管理法》的规定进行细化,主要对有关程序和具体操作以及时限作出明确规定,明确了药品监督系统的一些重要事权划分。

(二)《中华人民共和国疫苗管理法》

《中华人民共和国疫苗管理法》(以下简称《疫苗管理法》)由十三届全国人民代表大会常务委员会第十一次会议于2019年6月29日通过,自2019年12月1日起施行。

《疫苗管理法》是国家为了加强疫苗管理,保证疫苗质量和供应,规范预防接种,促进疫苗行业发展,保障公众健康,维护公共卫生安全制定的法律。《疫苗管理法》共11章100条,包含总则、附则以及对疫苗研制和注册、疫苗生产和批签发、疫苗流通、预防接种、异常反应监测和处理、疫苗上市后管理、保障措施、监督管理和法律责任的详细规定。

《疫苗管理法》明确要求强化落实企业的主体责任、落实地方各级政府的属地责任、落实各个部门的责任。明确建立疫苗质量、预防接种等信息共享机制,实行疫苗安全信息统一公布制度。一方面,要求监管部门及时公布批准的说明书、标签、批签发结果等信息;另一方面,要求疫苗上市许可持有人对包括产品信息、标签、说明书、质量规范执行情况、批签发情况、投保疫苗责任强制险情况,都要向社会及时公开。

(三)《麻醉药品和精神药品管理条例》

《麻醉药品和精神药品管理条例》由国务院于2005年8月3日发布,自2005年11月1日起施行。根据2013年12月7日《国务院关于修改部分行政法规的决定》第一次修订。根据2016年2月6日《国务院关于修改部分行政法规的决定》第二次修订。该条例共9章89条,包含总则、种植、实验研究和生产、经营、使用、储存、运输、审批程序和监督管理、法律责任和附则。该条例包括以下内容:

1. 定点生产经营,统一零售价格

国家对麻醉药品和精神药品实行定点生产、定点经营制度,实行政府定价,在制定出厂和批发价格的基础上,实行全国统一零售价格。

2. 限定销售渠道,减少流通层次

生产企业应当将麻醉药品和精神药品销售给有该类药品经营资格的企业或者经批准的其他单位,不能直接销售给医疗机构;全国性批发企业原则上只能把麻醉药品和第一类精神药品销售给区域性批发企业;区域性批发企业原则上只能在本省范围内向有使用资格的医疗机构销售麻醉药品和第一类精神药品;麻醉药品和第一类精神药品不得在药店零售。

区域性批发企业除从全国性批发企业购进麻醉药品和第一类精神药品外,经批准还可

以从定点生产企业直接购进;因地理位置特殊,区域性批发企业经批准可以向本省以外的医疗机构销售麻醉药品和第一类精神药品。

3. 专用处方制度,流向实时监控

取得购用印鉴卡的医疗机构中只有经考核合格、取得专门处方资格的执业医师才能开具麻醉药品和第一类精神药品处方,执业医师应当使用专用处方开具麻醉药品和精神药品。麻醉药品处方保存3年,第一类精神药品处方保存2年。

麻醉药品和第一类精神药品必须有运输、邮寄证明方可运输、邮寄。

(四)《中药品种保护条例》

《中药品种保护条例》于1992年10月14日由国务院令第106号发布,1993年1月1日起施行。2018年9月18日国务院修改《中药品种保护条例》等行政法规部分条款。修改后的《中药品种保护条例》共5章25条,包含总则、中药保护品种等级的划分和审批、中药保护品种的保护、罚则和附则。

为提高中药品种质量,保护中药生产企业的合法权益,促进中药事业的发展,国务院颁布《中药品种保护条例》。条例明确指出,国家鼓励研制开发临床有效的中药品种,对质量稳定、疗效确切的中药品种实行分级保护。该条例的颁布实施,标志着我国对中药研制生产、管理工作走上法制化轨道;对保护中药名优产品,保护中药研制生产的知识产权,提高中药质量和信誉,推动中药制药企业的科技进步,开发安全有效的临床新药和促进中药走向国际医药市场均有重要意义。

《中药品种保护条例》的主要特点如下:中药保护品种必须是列入国家药品标准的品种;保护等级划分为一级和二级,中药一级保护品种的保护期限分别为30年、20年、10年,中药二级保护品种的保护期限为7年。可申请一级保护的中药品种:① 对特定疾病有特殊疗效的品种;② 相当于国家一级保护野生药材、物种的人工制成品;③ 用于预防和治疗特殊疾病的品种。可申请二级保护的中药品种:① 符合上述一级保护的品种或已解除一级保护的品种;② 对特定疾病有显著疗效的品种;③ 从天然药物中提取的有效物质及特殊制剂。中药保护品种在保护期内向国外申请注册时,须经过国家药品监督管理部门批准同意,否则不得办理。

(五)药品管理规范

1.《药品生产质量管理规范》

《药品生产质量管理规范》(GMP)是药品生产和质量管理的基本准则,适用于药品制剂生产的全过程和原料药生产中影响成品质量的关键工序。实施GMP是为了最大限度地避免药品生产过程中的污染和交叉污染,降低各种差错的发生,为了保证药品质量和用药安全有效的重要措施。

《药品生产质量管理规范》是全世界对药品生产全过程监督管理普遍采用的法定技术规范,它是20世纪70年代中期发达国家为保证药品生产技术管理需要而产生的,为世界卫生组织向各国推荐使用的技术规范。世界上有100多个国家先后结合本国国情,修订和制订了本国的GMP。

我国于1988年3月17日由原卫生部颁布了《药品生产质量管理规范》,1992年进行了较大的修订。1998年修订的《药品生产质量管理规范》由国家药品监督管理局第9号局长令发布,于1999年8月1日起施行。而历经5年修订、两次公开征求意见的《药品生产质量管理规范(2010年修订)》(以下简称2010版药品GMP)于2011年3月1日起施行。2010版药品GMP共14章313条,对药品生产的人员、厂房设施、设备、卫生、原料、辅料及包装材料、生产管理、包装和贴签、管理文件、质量管理部门、自检、销售记录、用户意见和不良反应报告等制订了具体的标准和要求。

2.《药品经营质量管理规范》

《药品经营质量管理规范》(GSP)是控制药品购进、贮运和销售等流通环节有可能发生质量事故的因素,从而达到防止质量事故发生的一整套强制性执行的管理程序。我国于1984年组织制订了GSP(试行),由原国家医药管理局发文在医药商业企业中试行,1992年修订了此规范,将名称定为《医药商品质量管理规范》,并在全国范围内组织医药商业企业进行了达标验收。1998年6月11日经国务院批准,组建国家药品监督管理局,又修订了规范,更名为《药品经营质量管理规范》,并于2000年4月30日作为原国家药品监督管理局令予以公布,自2000年7月1日起施行。2012年11月6日原卫生部部务会议第1次修订《药品经营质量管理规范》,2015年5月18日国家食品药品监督管理局局务会议第2次修订。2016年7月13日国家食品药品监督管理总局令第28号公布《关于修改〈药品经营质量管理规范〉的决定》。GSP分总则、药品批发的质量管理、药品零售的质量管理、附则,共4章184条,自发布之日起施行。GSP是药品经营质量管理的基本准则,适用于中华人民共和国境内经营药品的兼营和专营企业。

3.《药品生产监督管理办法》

《药品生产监督管理办法》于2020年1月22日国家市场监督管理总局令第28号公布,自2020年7月1日起施行,2004年8月5日原国家食品药品监督管理局令第14号公布的《药品生产监督管理办法》同时废止。新发布的《药品生产监督管理办法》共6章81条,包含总则、生产许可、生产管理、监督检查、法律责任和附则。

新的《药品生产监督管理办法》的公布实施,是为了在新形势下落实生产质量责任,保证生产过程持续合规,符合药品质量管理规范要求,加强药品生产环节监管,规范药品监督检查和风险处置。

三、常用药学名词、术语

(一)基本药学名词、概念

药品:是指用于预防、治疗、诊断人的疾病,有目的地调节人的生理机能并规定有适应证或者功能主治、用法和用量的物质,包括中药材、中药饮片、中成药、化学原料药及其制剂、抗生素、生化药品、放射性药品、血清疫苗、血液制品和诊断药品等。

原料药:是指用于生产各种制剂的有效成分和原料药物。

辅料:是指生产药品和调配处方时所用的附加剂和赋形剂。

制剂:是指根据《中华人民共和国药典》和其他药品标准等收载的处方,将药物制成一定规格浓度和剂型的成品。

半成品:是指生产各类制剂过程中的中间品,还需进一步加工的物料。

成品:是指全部完成制备过程后的最终合格产品。

标示量:是指在药品的标签上所列出的主药含量。

药品的有效期:是指在一定条件下,能够保持药物有效质量的期限。从到达有效期的次日起即表示药品过期。

(二) GMP 及其附录中的名词、概念及术语

包装:待包装产品变成成品所需的所有操作步骤,包括分装、贴签等。但无菌生产工艺中产品的无菌灌装,以及最终灭菌产品的灌装等不视为包装。

包装材料:药品包装所用的材料,包括与药品直接接触的包装材料和容器、印刷包装材料,但不包括发运的外包装材料。

操作规程:经批准用来指导设备操作、维护与清洁、验证、环境控制、取样和检验等药品生产管理活动的通用性文件,也称标准操作规程。

产品:包括药品的中间产品、待包装产品和成品。

产品生命周期:产品从最初的研发、上市直至退市的所有阶段。

重新加工:将某一生产工序生产的不符合质量标准的一批中间产品或待包装产品的一部分或全部,采用不同的生产工艺进行再加工,以符合预定的质量标准。

待包装产品:尚未进行包装但已完成所有其他加工工序的产品。

待验:指原辅料、包装材料、中间产品、待包装产品或成品,采用物理手段或其他有效方式将其隔离或分区,在允许用于投料生产或上市销售之前贮存、等待作出放行决定的状态。

发放:指生产过程中物料、中间产品、待包装产品、文件、生产用模具等在企业内部流转的一系列操作。

复验期:原辅料、包装材料贮存一定时间后,为确保其仍使用与预定的用途,由企业确定的需重新检验的日期。

返工:将某一生产工序生产的不符合质量标准的一批中间产品或待包装产品、成品的一部分或全部返回到之前的工序,采用相同的生产工艺进行再加工,以符合预定的质量标准。

放行:对一批物料或产品进行质量评价,作出批准使用、投放市场或其他决定的操作。

工艺规程:为生产特定数量的成品而制定的一个或一套文件,包括生产处方、生产操作要求和包装操作要求,规定原辅料和包装材料的数量、工艺参数和条件、加工说明(包括中间控制)、注意事项等内容。

供应商:指物料、设备、仪器、试剂、服务等的提供方,如生产商、经销商等。

回收：在某一特定的生产阶段，将以前生产的一批或数批符合相应质量要求的产品的一部分或全部加入到另一批次中的操作。

交叉污染：不同原料、辅料及产品之间发生的相互污染。

校准：在规定条件下，确定测量、记录、控制仪器或系统的示值（尤指称量）或实物量具所代表的量值，与对应的参照标准量值之间关系的一系列活动。

洁净区：需要对环境中尘粒及微生物数量进行控制的房间（区域），其建筑结构、装备及其使用应当能够减少该区域内污染物的引入、产生和滞留。

警戒限度：系统的关键参数超出正常范围，但未达到纠偏限度，需要引起警觉，可能需要采取纠正措施的限度标准。

纠偏限度：系统的关键参数超出可接受标准，需要进行调查并采取纠正措施的限度标准。

超标结果：检验结果超出法定标准及企业制定标准的所有情形。

批：经一个或若干加工过程生产的、具有预期均一质量和特性的一定数量的原辅料、包装材料或成品。为完成某些生产操作步骤，可能有必要将一批产品分成若干亚批，最终合并成为一个均一的批。在连续生产情况下，批必须与生产中具有预期均一特性的确定数量的产品相对应，批量可以是固定数量或固定时间段内生产的产品量。例如：口服或外用的固体、半固体制剂在成型或分装前使用同一台混合设备一次混合所生产的均质产品为一批；口服或外用的液体制剂以灌装（封）前经最后混合的药液所生产的均质产品为一批。

批号：用于识别一个特定批的具有唯一性的数字和（或）字母的组合。

批记录：用于记述每批药品生产、质量检验和放行审核的所有文件和记录，可追溯所有与成品质量有关的历史信息。

确认：证明厂房、设施、设备能正确运行并可达到预期结果的一系列活动。

退货：将药品退还给企业的活动。

文件：GMP规范所指的文件包括质量标准、工艺规程、操作规程、记录、报告等。

物料：指原料、辅料和包装材料等。

物料平衡：产品或物料实际产量或实际用量及收集到的损耗之和与理论产量或理论用量之间的比较，并考虑可允许的偏差范围。

污染：在生产、取样、包装或重新包装、贮存或运输等操作过程中，原辅料、中间产品、待包装产品、成品受到具有化学或微生物特性的杂质或异物的不利影响。

验证：证明任何操作规程（或方法）、生产工艺或系统能够达到预期结果的一系列活动。

原辅料：除包装材料之外，药品生产中使用的任何物料。

静态：指所有生产设备均已安装就绪，但没有生产活动且无操作人员在场的状态。

动态：指生产设备按预定的工艺模式运行并有规定数量的操作人员在现场操作的状态。

湿热灭菌：湿热灭菌是指用饱和水蒸气、沸水或流通蒸汽进行灭菌的方法。

干热灭菌：干热灭菌是指在干燥环境（如火焰或干热空气）进行灭菌的技术。一般有火焰灭菌法和干热空气灭菌法。

原药材：指未经前处理加工或未经炮制的中药材。

（三）确认与验证有关名词、概念与术语

关键质量属性：指某种物理、化学、生物学或微生物学的性质，应当有适当限度、范围或分布，保证预期的产品质量。

工艺验证：为证明工艺在设定参数范围内能有效稳定地运行并生产出符合预定质量标准和质量特性药品的验证活动。

模拟产品：与被验证产品物理性质和化学性质非常相似的物质材料。在很多情况下，安慰剂具备与产品相似的理化特征，可以用来作为模拟产品。

清洁验证：有文件和记录证明所批准的清洁规程能有效清洁设备，使之符合药品生产的要求。

同步验证：在商业化生产过程中进行的验证，验证批次产品的质量符合验证方案中所有规定的要求，但未完成该产品所有工艺和质量的评价即放行上市。

用户需求：是指使用方对厂房、设施、设备或其他系统提出的要求及期望。

设计确认：为确认设施、系统和设备的设计方案符合期望目标所作的各种查证及文件记录。

安装确认：为确认安装或改造后的设施、系统和设备符合已批准的设计及制造商建议所作的各种查证及文件记录。

性能确认：为确认已安装连接的设施、系统和设备能够根据批准的生产方法和产品的技术要求有效稳定（重现性好）运行所作的试车、查证及文件记录。

运行确认：为确认已安装或改造后的设施、系统和设备能在预期的范围内正常运行而作的试车、查证及文件记录。

第二章　制药生产安全与环保

安全泛指没有危险、不出事故的状态,生产过程中的安全是指"不发生工伤事故、职业病、设备或财产损失"。安全是经济发展和社会稳定的重要条件,我国在全面建成小康社会、实现社会主义现代化的进程中,离不开安全生产做保障。

安全生产管理,主要是通过实施切实有效的管理和技术手段,消除安全隐患,减少及杜绝安全生产事故的发生,确保从业人员的安全与健康,保障生产、财产安全。

职业健康是对工作场所内产生或存在的职业性有害因素及其健康损害进行识别、评估、预测和控制的一门科学,其目的是预防和保护劳动者免受职业性有害因素所致的健康影响和危险,促进和保障劳动者在职业活动中的身心健康和社会福利。

环境保护,简称环保,涉及自然科学和社会科学的许多领域。环境保护是我国的基本国策之一,我国境内一切基本建设项目和技术改造项目以及区域开发项目的设计、建设和生产都应当执行《中华人民共和国环境保护法》以及《建设项目环境保护管理办法》和《建设项目环境保护设计规定》。

具备安全、职业健康和环保素质是制药工程从业人员的责任和使命。掌握现代安全、职业健康和环保生产管理科学知识,是学生实习必须掌握的工程知识的重要组成部分。

第一节　安 全 生 产

一、安全生产管理常见概念及术语

(一)安全生产方针

安全生产方针是指政府对安全生产工作总的要求,它是安全生产工作的方向。《中华人民共和国安全生产法》明确规定安全生产应当以人为本,坚持"安全第一,预防为主,综合治理"的方针。"安全第一"说明和强调了安全的重要性。"预防为主"是指安全工作的重点应放在预防事故的发生上。"综合治理"是指要自觉遵循安全生产规律,抓住安全生产工作中的主要矛盾和关键环节,综合运用科技、经济、法律、行政等手段,并充分发挥社会、职工、舆论的监督作用,做到思想上、制度上、技术上、监督检查上、事故处理上和应急救援上的综合管理。

建立政府领导、部门监管、单位负责、群众参与、社会监督的工作机制,是党和国家对安全生产工作的总体要求,企业和从业人员在劳动生产过程中必须严格遵循安全生产基本方针。

生产经营单位是安全生产的责任主体,应当对本单位的安全生产承担主体责任,并对未履行安全生产主体责任导致的后果负责。生产经营单位的主要负责人是本单位安全生产的第一责任人,对落实本单位安全生产主体责任全面负责,并且在生产经营单位管生产必须分管安全生产。生产经营单位的安全生产主体责任主要包括以下内容:物质保障责任、资金投入责任、机构设置和人员配备责任、规章制度制定责任、教育培训责任、安全管理责任、事故报告和应急救援的责任、法律法规及规章规定的其他安全生产责任。

(二)安全生产管理常见概念及术语

1. 安全术语

(1) 安全生产:消除或控制生产过程中的危险因素,保证生产顺利进行。

(2) 本质安全:通过设计等手段使生产设备或生产系统本身具有安全性,即使在误操作或发生故障的情况下,也不会造成事故。

(3) 安全管理:是为了在生产过程中保护劳动者的安全和健康,改善劳动条件,预防工伤事故和职业危害,实现劳逸结合,加强安全生产,使劳动者安全顺利地进行生产所采取的一系列法制措施。

(4) 事故隐患及事故:事故隐患指导致事故发生的物的危险状态、人的不安全行为及管理缺陷。事故是职业活动过程中发生意外的突发性事件的总称,通常会使正常活动中断,造成人员伤亡或财产损失。

(5) "四不伤害"与"三违"。"四不伤害":不伤害自己、不伤害别人、不被别人伤害、帮助别人不受伤害。"三违":违章指挥、违章作业、违反劳动纪律。

(6) 安全事故处理"四不放过"原则:是指在调查处理工伤事故时,必须坚持事故原因分析不清不放过、没有采取切实可行的防范措施不放过、事故责任人没受到处罚不放过、他人没受到教育不放过。

(7) 三级安全教育:入厂教育、车间教育、班组教育。

(8) 职业安全:是指人们进行生产过程中没有人员伤亡、职业病、设备损坏或财产损失发生的状态,是一种带有特定含义和范畴的"安全"。

(9) 安全生产"三同时""五同时"制度。安全生产"三同时"制度:建设项目的安全设施,必须与主体工程同时设计、同时施工、同时投入生产和使用。安全生产"五同时"制度:企业主要负责人及各级职能机构部门的负责人,在计划、布置、检查、总结、评比生产工作的同时,计划、布置、检查、总结、评比安全生产工作。

2. 安全色和安全标志

安全色和安全标志是国家规定的两个传递安全信息的标准。安全色和安全标志是一种消极的、被动的、防御性的安全警告装置,并不能消除、控制危险,不能取代其他防范安全生产事故的各种措施,但它们形象而醒目地向人们提供了禁止、警告、指令、提示等安全信息,对于预防安全生产事故的发生具有重要作用。

(1) 安全色

安全色,就是传递安全信息含义的颜色,包括红、蓝、黄、绿四种颜色。同时,还有对比色,对比色是使安全色更加醒目的反衬色,包括黑、白两种颜色。对比色要与安全色同时使用。

红色:表示禁止、停止、危险以及消防设备。凡是禁止、停止、消防和有危险的器件或环境均应涂以红色的标记作为警示的信号。

黄色:表示提醒人们注意。凡是警告人们注意的器件、设备及环境都应以黄色表示。

蓝色:表示指令。要求人们必须遵守的规定。

绿色:表示给人们提供允许、安全的信息。

安全色与对比色的相间条纹:

红色与白色相间条纹——表示禁止人们进入危险环境;

黄色与黑色相间条纹——表示提示人们特别注意;

蓝色和白色相间条纹——表示必须遵守的规定;

绿色和白色相间条纹——与提示标志牌同时使用,更为醒目地提示人们。

(2) 安全标志

安全标志是用以表达特定安全信息的标志,由图形符号、安全色、几何形状(边框)或文字构成。

安全标志是向工作人员警示工作场所或周围环境的危险状况,指导人们采取合理行为的标志。安全标志能够提醒工作人员预防危险,从而避免事故发生;当危险发生时,能够指示人们尽快逃离,或者指示人们采取正确、有效、得力的措施,对危害加以遏制。

安全标志主要分为禁止标志、警告标志、指令标志、提示标志四类,还有补充标志。

禁止标志的含义是不准许或制止人们的某些行动。我国规定的禁止标志共有40个,如:禁放易燃物、禁止吸烟、禁止通行等。

警告标志的含义是警告人们可能发生的危险。我国规定的警告标志共有39个,如:注意安全、当心触电、当心火灾、当心机械伤人等。

指令标志的含义是必须遵守。我国规定的指令标志共有16个,如:必须戴安全帽、必须系安全带等。

提示标志的含义是示意目标的方向。我国规定的提示标志共有8个,如紧急出口、应急避难场所、应急电话等。

补充标志是对前述四种标志的补充说明,以防误解。补充标志分为横写的和竖写的两种。横写的为长方形,写在标志的下方;竖写的写在标志杆上部。补充标志的颜色:竖写的均为白底黑字;横写的用于禁止标志的用红底白字,用于警告标志的用白底黑字,用于指令标志的用蓝底白字。

3. 安全生产责任制

根据"安全第一,预防为主,综合治理"的安全生产方针和安全生产法规,企业必须建立各级领导、职能部门、工程技术人员、岗位操作人员在劳动生产过程中对安全生产层层负责的安全生产责任制度。安全生产责任制是企业岗位责任制的一个组成部分,是企业中最基本的一项安全制度,也是企业安全生产、劳动保护管理制度的核心。

4. 安全生产检查制度

安全生产检查制度是落实安全生产责任,全面提高安全生产管理水平和操作水平的重要管理制度。安全生产检查的最终目的是消除隐患,是对"物的安全因素"和"人的安全因素"进行的检查。

安全生产工作检查内容及目的:查领导、查管理、查纪律、查措施、查隐患、查事故处理、查组织、查教育培训,及时发现和总结交流安全生产的好经验,不断提高安全管理水平;在检查中发现问题,查出隐患,采取有效措施,堵塞漏洞,把事故和职业病消灭在发生之前。

安全检查常用方法:① 领导与群众相结合的安全检查,本着积极的精神,发动群众查问题、查漏洞、查隐患,群策群力,共同努力搞好整改;相互检查,相互学习,取长补短,交流经验,共同提高。② 经常检查、定期检查、领导抽查,通过安全检查,及时纠正不安全行为,经常给安全生产敲警钟。

二、安全教育

安全教育培训,不仅是安全工作的需要,更是贯彻国家法律法规的有效途径。通过教育培训等手段,加强全体职工的安全生产意识,提高从业人员的安全素质、安全生产管理及操作水平,增强自我防护能力,这样才能保证生产的顺利进行。未经安全生产教育培训的人员,不得上岗作业。

(一)安全教育培训的主要内容

1. 安全生产思想教育

主要是学习国家有关法律法规,掌握安全生产的方针政策,提高从业人员的政策水平,充分认识安全生产的重要意义,在生产中遵守劳动纪律,严格执行操作规程,杜绝违章指挥、违章操作的行为。

2. 安全知识教育

接受安全知识教育和培训,掌握必备的安全生产基本知识。安全知识教育的内容:企业的生产状况、生产工艺、生产方法、生产作业的危险区域、危险部位、各种不安全因素和安全防护的基本知识及各种安全技术规范。

3. 安全操作技能教育

安全操作技能教育,就是结合车间、工种和岗位的特点,要求熟练掌握操作规程、安全防护等基本知识,掌握安全生产所必需的基本操作技能。管理人员和特殊工种作业人员要经过专门培训,考试合格取得岗位证书后,持证上岗。

4. 安全案例教育

利用已发生或未遂安全事故,对职工进行不定期的安全教育,分析事故原因,探讨预防对策,预防事故的发生。

5. 日常安全教育

企业应开展日常安全教育,做好基本功训练。日常安全教育以班组安全活动为主,安全活动应有针对性、科学性,做到经常化、制度化、规范化,防止流于形式和走过场。

(二) 三级安全教育

"三级"安全教育,即入厂教育、车间教育、班组教育。

1. 入厂教育

新入职人员或实习学生到厂后,需进行入厂教育。教育内容包括安全生产方针政策、法律法规、安全技术知识、企业生产特点和安全生产正反两方面的经验教训,企业的安全管理制度等。

2. 车间教育

新入职人员、转岗人员或实习学生分配到车间后,由车间安排进行安全教育。教育内容包括车间生产(工作)的特点、工艺与设备状况、预防事故的措施以及车间的事故教训、安全生产规章制度和安全技术规程等。

3. 班组教育

新入职人员、转岗人员或实习学生分配到班组后,由工段班组进行安全教育。教育内容包括岗位的生产特点、工艺设备情况、物质安全数据和安全注意事项,安全装置、工具、器具及个人防护用品使用方法,本岗位发生过的事故及其教训,本岗位的安全规章制度和安全操作规程、操作方法等。

通过"三级"安全教育培训,提高新入职人员、转岗人员或实习学生生产技能,防止误操作,掌握必须具备的、基本的安全技术知识,以适应对工厂危险因素的识别、预防和处理。

三、制药生产安全与管理

制药过程的安全与工艺自身、设备、设施以及过程操控等有关,因涉及有机物和粉体,且多数工序要在密闭车间内进行,故而对防火防爆等有非常高的要求。

(一) 火灾与爆炸的防控

1. 火灾的防控

任何物质发生燃烧,都有一个由未燃烧状态转向燃烧状态的过程。燃烧过程的发生和发展,必须具备三个必要条件,即可燃物、氧化剂和点火源。这三个必要条件缺少任何一个燃烧都不能发生和维持。防止火灾发生的基本措施就是控制可燃物、隔绝助燃物和消除点火源。

对防火工作要做到"四懂五会",即懂火灾危险性、懂预防火灾措施、懂火灾扑救方法、懂火场逃生方法,会报火警、会使用灭火器、会扑救初起火灾、会组织人员疏散、会开展消防宣传。

2. 爆炸的防控

爆炸是物质系统的一种极为迅速的物理或化学的能量释放或转化过程,是系统蕴藏的或瞬间形成的大量能量在有限的体积和极短的时间内,骤然释放或转化的现象。

爆炸的防控一般采取的措施:① 防止可燃爆系统的形成。② 消除、控制点火源。③ 有效监控、及时处理。④ 粉尘爆炸的防控。

(二)特种设备的管理

特种设备是指涉及生命安全、危险性较大的锅炉、压力容器(含气瓶)、电梯、起重机械、压力管道、客运索道、大型游乐设施和场(厂)内专用机动车辆。下面介绍制药企业主要涉及的特种设备。

1. 锅炉

锅炉指利用各种燃料、电或者其他能源,将所盛装的液体加热到一定的参数标准,并通过对外输出介质的形式提供热能的设备,其范围规定为:设计正常水位容积≥30 L,且额定蒸汽压力≥0.1 MPa(表压)的承压蒸汽锅炉;出口水压≥0.1 MPa(表压),且额定功率≥0.1 MW的承压热水锅炉;额定功率≥0.1 MW的有机热载体锅炉。

锅炉具有爆炸性,通常均带有安全附件:安全阀、压力表、水位计、温度测量装置、防爆门以及自动化控制装置(含超温和超压报警与联锁、高低水位警报和低水位联锁、锅炉熄火保护)等。

2. 压力容器

压力容器指盛装气体或者液体、承载一定压力的密闭设备,其范围规定为:最高工作压力≥0.1 MPa(表压)的气体、液化气体和最高工作温度高于或者等于标准沸点的液体、容积≥30 L且内直径(非圆形截面指截面内边界最大几何尺寸)≥150 mm的固定式容器和移动式容器;盛装公称工作压力≥0.2 MPa(表压)且压力与容积的乘积≥1.0 MPa·L的气体、液化气体和标准沸点≤60 ℃液体的气瓶以及氧舱。

压力容器具有爆炸性,通常配有必要的安全附件:安全阀、爆破片、爆破帽、易熔塞、紧急切断阀、减压阀、压力表、温度计、液位计等。

3. 电梯

电梯可能发生的危险有:人员被挤压、撞击,发生坠落,触电,轿厢超越极限行程发生撞击,轿厢超速或因断绳造成坠落,材料失效造成结构破坏等。

电梯主要设有防超越行程、超速、断绳、人员坠落保护装置以及缓冲、报警和救援、停止开关和检修运行、机械伤害防护、电气安全防护装置等。

4. 起重机械

起重机械指垂直升降并水平移动重物的机电设备,其范围规定为额定起重量≥0.5 t的升降机,额定起重量≥3 t(或额定起重力矩≥40 t·m的塔式起重机,或生产率≥300 t/h的装卸桥),且提升高度≥2 m的起重机,层数≥2层的机械式停车设备。

起重机械的主要危险因素包括:倾倒、超载、碰撞、基础损坏、操作失误、负荷脱落等。

起重机械的安全防护装置有位置限制与调整装置、防风防爬装置、安全钩、防后倾装置、回转锁定装置、载荷保护装置、防碰装置和危险电压报警器等。

5. 压力管道

压力管道指利用一定的压力,用于输送气体或者液体的管状设备,其范围规定为:最高工作压力≥0.1 MPa(表压),介质为气体、液化气体、蒸汽或者可燃、易爆、有毒、有腐蚀性、最高工作温度高于或者等于标准沸点的液体,且公称直径≥50 mm的管道。公称直径<150 mm、最高工作压力<1.6 MPa(表压)的输送无毒、不可燃、无腐蚀性气体的管道和设备本体所属管道除外。

6. 场(厂)内专用机动车辆

场(厂)内专用机动车辆对生产企业来说,主要指的是叉车。

特种设备使用前单位应当向直辖市或者设区的市的特种设备安全监督管理部门登记,并经特种设备检验检测机构检验合格才能投入使用,有效期届满前申请定期检验。

特种设备的作业人员及其相关管理人员应当按照国家有关规定经特种设备安全监督管理部门考核合格,取得国家统一格式的特种作业人员证书,方可从事相应的作业或者管理工作。

特种设备使用单位应建立安全管理制度、安全技术档案,定期进行安全检查以及对作业人员进行培训管理。

(三) 企业安全工作主要内容

(1) 要高度重视安全生产,认真贯彻落实《安全生产法》、安全生产方针,落实安全生产经费。

(2) 硬件方面:安全设施要按要求配置齐全,并保证处于完好状态;按要求配置劳动保护用品;按要求配置应急救援用品。

(3) 管理方面:建立和健全安全生产管理组织机构,配备必要的管理人员,明确职权、责任,为安全生产提供组织保障;建立和健全安全生产责任制度,使安全生产事项有章可循;制定安全技术措施,按照安全生产法要求完善安全生产条件;经常开展安全培训和教育,提高员工的素质;加强生产现场的安全管理;进行日常和定期的安全检查;落实安全生产"五同时"制度;按照安全生产法规要求,做好危化品、特种设备、劳保、安全管理、职业病、消防等专项工作;按照要求做好项目安全"三同时"及安全评价工作;做好有关事故管理方面的各项工作。

第二节 职业健康

一、职业卫生与健康

职业卫生是指包括有害工作场所内的设备、环境、作业人员、产品、工艺、技术等全面职业性危害预防防治工作的统称。为了从业者在职业活动过程中免受有害因素侵害,《工作场所职业卫生监督管理规定》对工作场所条件的卫生要求做出了技术规定,并已成为卫生监督和管理的法定依据。

职业健康是以促进并维持职工的生理、心理及社交处在最好状态为目的,并防止职工的健康受工作环境影响,保护职工不受健康危害因素伤害,并将职工安排在适合他们的生理和心理的工作环境中。职业健康仅对有害工作场所内的作业人员的健康而言。

职业危害指在生产劳动过程及其环境中产生或存在的、可能对职业人群健康、安全和作业能力造成不良影响的因素或条件。

制药过程中职业危害因素按照来源,可分为三大类:生产工艺过程中的职业危害因素、生产环境中的职业危害因素、劳动过程中的职业危害因素。

制药行业生产性粉尘为药物性粉尘,目前我国尚未制定相应的卫生限值,但需要考虑长期接触的人员可能会对同类药物产生耐药性,严重的情况可能出现过敏现象。制药生产中的化学因素对人员职业危害影响最大,容易引起中毒事故的化学毒物为:氯、苯胺、氮氧化物、一氧化碳、硝基苯、氨、氯磺酸、细胞毒性药物、硫酸二甲酯和硫化氢等。毒物可通过呼吸道、皮肤和消化道侵入人体。

二、职业病危害的防护

企业、事业单位和个体经济组织等用人单位的劳动者在职业活动中,因接触粉尘、放射性物质和其他有毒、有害因素而引起的疾病,即为职业病。职业病危害因素主要有:粉尘、化学因素、物理因素、放射性因素、生物因素以及金属焊接产生的金属烟等因素。工业企业中的职业病危害通常是多因素形成的。

制药过程中,作业人员接触药物粉尘、放射性物质和其他有毒、有害因素等,可能引发急性、慢性毒性作用,即对职业健康产生危害,从而导致职业病。制药过程的职业危害通常也是多因素形成的。

(一)职业健康监护

为了预防职业病的发生,根据劳动者的职业接触史,可以通过定期或不定期的医学健康检查和健康相关资料的收集,连续监测劳动者的健康状况,分析劳动者健康变化与所接触的职业病危害因素的关系,并及时地将健康检查和资料分析结果报告给用人单位和劳动者本人,以便及时采取干预措施,保护劳动者健康。

职业健康监护主要包括职业健康检查、离岗后健康检查、应急健康检查和职业健康监护档案管理等。

1. 职业健康检查

职业健康检查包括上岗前健康检查、在岗期间定期健康检查、离岗时健康检查。

（1）上岗前健康检查:为了发现有无职业禁忌证,建立接触职业病危害因素人员的基础健康档案,此项检查为强制性。下列人员应进行上岗前健康检查:① 拟从事接触职业病危害因素作业的新录用人员,包括转岗到该种作业岗位的人员;② 拟从事有特殊健康要求作业的人员,如高处作业、电工作业等。

（2）在岗期间定期健康检查:长期从事规定的需要开展健康监护的职业病危害因素作业的劳动者,应进行在岗期间的定期健康检查。

（3）离岗时健康检查:此检查是为了确定其在停止接触职业病危害因素时的健康状况,安排在劳动者准备调离或脱离所从事的职业病危害作业或岗位前进行。最后一次在岗期间的健康检查若在离岗前的90天内,可视为离岗时检查。

2. 离岗后健康检查

需进行离岗后健康检查的劳动者包括:① 劳动者接触的职业病危害因素具有慢性健康影响,所致职业病或职业肿瘤常有较长的潜伏期,故脱离接触后仍有可能发生职业病;② 从事可能产生职业性传染病作业的劳动者,在疫情流行期或近期密切接触传染源者,应及时开展应急健康检查,随时监测疫情动态。

3. 职业健康监护档案管理

职业健康监护档案是健康监护全过程的客观记录资料,是系统地观察劳动者健康状况的变化、评价个体和群体健康损害的依据,其特征是资料的完整性、连续性。制药企业应当依法建立职业健康监护档案,并按规定妥善保存。劳动者或劳动者委托代理人有权查阅劳动者个人的职业健康监护档案。劳动者离开企业时,有权索取本人职业健康监护档案复印件。职业健康监护档案应安排专人管理,管理人员应保证档案只能用于保护劳动者健康的目的,并保证档案的保密性。

（二）工程技术控制职业病危害

1. 粉尘控制技术措施

制药过程中多涉及药物性粉尘,存在粉尘危害。消除粉尘危害的根本措施是改革工艺,实现生产过程的机械化、自动化、密闭化。

湿式作业可以防止粉尘飞扬,降低作业场所粉尘浓度是一种简单实用的防尘工程技术措施。

2. 化学毒物控制技术措施

制药行业常涉及化学毒物,化学毒物为主要职业病危害因素之一,其主要源于原辅物料、中间产品、产品、副产物以及生产过程中产生的其他有害物质等。

控制化学毒物主要可从源头、治理、净化三个方面着手做起,即采用无毒或低毒物料、温和的工艺和密闭及自动化、智能化设备与过程等;控制化学毒物而设计通风系统等治理措施;采用燃烧法、冷凝法、吸收法和吸附法等净化方法。

3. 噪声控制技术措施

生产过程中的设备运转及物料流动会产生机械振动等噪声,可以从声源、声音传播途径来进行控制防护。

4. 防暑、防辐射技术措施

可采取隔热、加强通风、局部降温、加设空调等措施进行防暑。

可采用防护、屏蔽等措施减少辐射的危害。

三、劳动防护用品

劳动防护用品是指保护劳动者在劳动过程中人身安全与健康的防御性装备。

劳动防护用品按照防护部位分为以下几大类:

(1) 头部防护用品。如安全帽、工作帽。

(2) 眼睛防护用品。如各种防护眼镜等。

(3) 耳部防护用品。如耳塞、耳罩等。

(4) 面部防护用品。如防护面罩。

(5) 呼吸道防护用品。如防毒面具、呼吸器、自救器等。

(6) 手部防护用品。如手套、指套。

(7) 足部防护用品。如防砸鞋、隔热鞋、绝缘鞋、导电鞋等。

(8) 体部防护用品。如工作服、背带裤、雨衣、防寒服等。

(9) 其他防护用品。如安全带、安全绳(索)等。

选择何种劳动防护用品,应结合劳动者作业方式和工作条件,并考虑其个人特点及劳动强度,选择防护功能和效果适用的劳动防护用品。制药企业应当安排专项经费用于配备劳动防护用品,不得以货币或者其他物品替代,为劳动者提供的劳动防护用品应符合国家标准或者行业标准。

第三节 环境保护

制药业的主要污染源是废气、废水、废渣、噪声和危险化学品等,按照"谁污染谁治理"的政策,造成环境污染和破坏的制药企业和个人应承担上述污染源治理的责任。制药企业污染物治理方法和排放指标应同时遵守 GMP、环境保护法规和其他适用法规(例如危险化学品、易制毒品等)的要求,保护环境的同时,避免产生其他不良后果。

一、制药废气

制药工业生产过程中产生的废气简称制药废气。制药废气具有种类繁多、组成复杂、数量庞大、危害严重等特点。

(一) 制药废气的来源

制药废气的来源主要有三类:① 原料药合成及半合成生产过程生产的废气;② 制剂和中药材加工过程生产的废气;③ 系统环境净化过程排出的废气。药物品种繁多,原辅材料、产品结构与合成工艺以及加工工艺千差万别,所以废气的组成差异较大。按所含主要污染物的性质不同,排出的废气可分为含无机污染物废气和含有机污染物废气。另外,含尘气体在制药工业生产中也需要进行处理。

(二) 制药废气的处理

1. 无机废气的处理

无机废气主要包括硫氧化物、碳氧化物、卤素及其化合物等。

(1) 对于氯化氢等在水中溶解度大的气体,可用水直接吸收,不仅可消除这类酸性气体可能形成的环境污染,而且可副产盐酸等,变废为宝。吸收通常在塔内完成。

(2) 碱性气体的处理。碱性气体的种类比酸性气体要少得多,如氨气、一甲胺、二甲胺、三甲胺和一乙胺等低级胺,它们通常不是药物及其中间体合成反应过程中生成的副产物,多是反应过程中的原料,因合成反应或技术导致进入尾气需要处理净化。就氨气而言,用水吸收即可;有机胺宜用有机溶剂或稀硫酸等吸收。

(3) 高毒性气体的处理。对于那些通过吸入或由于皮肤接触可致命或严重伤害、损害人类健康的废气,以及能够造成延迟或慢性伤害或损害人类健康的废气,一般是通过反应吸收。氰化氢用液碱吸收;氯气用液碱吸收;光气和氟光气用催化水解法处理,使光气和水或稀盐酸在催化剂层中反应生成二氧化碳和盐酸;氮氧化物用液碱吸收;三氧化硫可以用水或碱液吸收,还可以采用接触法制取硫酸,对于生产中三氧化硫排量小的,可直接用98%硫酸作吸收剂,回收制得发烟硫酸。

2. 有机废气的处理

有机废气主要包括各种烃类、醇类、醛类、酮类、胺类等。

生产过程中,首先应考虑改善系统结构和生产工艺条件,减少废气的产生量,从源头减少溶剂的排放量。目前,含有机污染物废气的一般处理方法有:冷凝法、吸收法、催化燃烧法、催化法、吸附法、低温等离子体技术、生物法、光催化氧化法、蓄热式氧化法等。对低沸点溶剂采用活性炭吸附收集,加热解吸回收为有效的方法;不能回收的有机废气,用生物净化法处理效果不好的,可以考虑焚烧法或催化燃烧法;对无法回收利用的有机废气,可采用纳米催化剂和酶的催化氧化分解以及超临界氧化分解等新技术。

3. 含尘气体的处理

我国制药企业中,固体制剂是普遍的剂型,生产厂家占到制药企业的一半以上。固体制剂生产的称量、粉碎、过筛、制粒、干燥、整粒、混合、压片、胶囊填充、颗粒包装等各工序中,最易发生粉尘飞扬扩散,特别是通过净化空调系统发生混药或交叉污染。对于有强毒性、刺激性、过敏性的粉尘,问题就更加严重。目前国内采用的主要的粉尘处理方式有:过滤式除尘(袋式除尘)、电除尘技术、喷水或喷雾除尘(湿式除尘)等。

(1) 过滤式除尘

过滤式除尘(袋式除尘)是使含尘气体通过一定的过滤材料来达到分离气体中固体粉尘的目的。过滤式除尘装置包括袋式除尘器和颗粒层除尘器。袋式除尘器通常利用有机纤维或无机纤维织物做成的滤袋作过滤层,是一种干式滤尘装置。它适用于捕集细小、干燥、非纤维性粉尘。颗粒层除尘器的过滤层多由石英砂、河沙、陶粒、矿渣等组成。

(2) 静电除尘

静电除尘是一种常用的气体除尘方法。含尘气体经过高压静电场时被电分离,尘粒与负离子结合带上负电后,趋向阳极表面放电而沉积于阳极板上。定时打击阳极板,使具有一定厚度的粉尘在自重和振动的双重作用下跌落在电除尘器结构下方的灰斗中,从而达到清除含尘气体中的尘粒的目的。

(3) 湿式除尘

湿式除尘是用水(或其他液体)与含尘气体相互接触,利用形成的液膜、液滴或气泡捕获气体中的尘粒,尘粒随液体排出,气体得到净化。湿式除尘既能净化废气中的固体颗粒污染物,也能脱除气态污染物,同时还能起到气体的降温作用。

二、制药废水

(一) 制药废水的来源及特点

废水是制药工业污染的重中之重。制药生产过程的废水组成十分复杂,制药工业按生产工艺过程的特点可分为化学制药类、生物制药类、中药提取类和混配制剂类等几大类,每类制药工业废水的来源及特点存在一定的差异。

1. 化学制药工艺废水来源及特点

废水来源:合成制药的化学反应过程千差万别,排水点难以精细区分,可笼统地分为工艺废水、冲洗废水、回收残液、辅助过程排水及生活污水等。

废水的特点:所含污染物复杂,间歇排放,pH不稳定,化学需氧量高。

2. 生物制药工艺废水来源及特点

废水来源:主要来源于生产过程中的提取废水、洗涤废水和其他废水。

废水的特点:主要成分是发酵残余的营养物,废水成分复杂,污染物浓度高,含有一定量的有毒、有害物质,生物抑制物(包括一定浓度的抗生素),难降解物质等;带有颜色和气味,悬浮物含量高,COD浓度高,易产生泡沫;存在难以被生物降解的物质和有抑菌作用的抗生素等毒性物质;硫酸盐浓度高。

3. 中药提取类制药工艺废水来源及特点

废水来源:原料清洗废水、提取及浓缩废水、精制或制剂工艺废水、设备和地面清洗废水等。

废水的特点:废水成分复杂,带有颜色和气味;间歇排放,水质、水量波动较大;SS浓度高;COD浓度高,提取类制药废水BOD/COD值约为0.3,中成药类制药废水BOD/COD值约为0.5,故经过预处理或前处理后一般适宜进行生物处理;生产过程中酸或碱的处理,造成废水pH波动较大;若采用煮炼或熬制工艺,排放的废水温度较高。

4. 混配制剂类(固体制剂类、注射剂类和其他制剂类)废水来源及特点

废水来源:包装容器的清洗废水、生产设备的清洗废水、厂房地面的清洗废水、纯化水和注射用水制备过程中产生的废水。

废水的特点:混装制剂类制药废水中污染物浓度相对较低,成分较简单,属于中低浓度有机废水。

(二)制药废水的排放标准

根据制药企业的生产工艺和产品种类,《制药工业水污染排放标准》将其产生的废水排放标准分为发酵类(GB 21903—2016)、化学合成类(GB 21904—2016)、提取类(GB 21905—2016)、中药类(GB 21906—2016)、生物工程类(GB 21907—2016)、混装制剂类(GB 21908—2016)共六个类别。根据环境保护工作的要求,在国土开发密度较高、环境承载能力开始减弱或水环境容量较小、生态环境脆弱、容易发生严重水环境污染问题而需要采取特别保护措施的地区,执行水污染物特别排放限值。

(三)制药废水处理技术

1. 环境保护部在2012年公布的《制药工业污染防治技术政策》有关要求

(1)废水宜分类收集、分质处理;高浓度废水、含有药物活性成分的废水应进行预处理。

(2)烷基汞、总镉、六价铬、总铅、总镍、总汞、总砷等水污染物应在车间处理达标后再进入污水处理系统。高含盐废水宜进行除盐处理后,再进入污水处理系统。

(3)毒性大、难降解废水应单独收集、单独处理后,再与其他废水混合处理。

(4)可生化降解的高浓度废水应进行常规预处理,难以生化降解的应进行强化预处理。预处理后的高浓度废水,先经"厌氧生化"处理后,与低浓度废水混合,再进行"好氧生化"处理及深度处理;或预处理后的高浓度废水与低浓度废水混合,进行"厌氧(或水解酸化)—好氧"生化处理及深度处理。

(5) 含氨氮高的废水宜物化预处理,回收氨氮后再进行生物脱氮。

(6) 接触病毒、活性细菌的生物工程类制药工艺废水应灭菌、灭活后再与其他废水混合,采用"二级生化-消毒"组合工艺进行处理。

(7) 实验室废水、动物房废水应单独收集,并进行灭菌、灭活处理,再进入污水处理系统。

(8) 低浓度有机废水,宜采用"好氧生化"或"水解酸化-好氧生化"工艺进行处理。

2. 制药废水处理工艺

按处理程度划分,制药废水处理工艺可分为预处理以及一级处理、二级处理、三级处理和(或)高级处理。

预处理是指通过格栅截留、沉淀分离等方法,除去粗大固体和其他大尺寸材料,包括木材、织物、纸张、塑料和垃圾等固体物及砂石、金属或玻璃等无机固体废物。

一级处理是借助沉淀和浮选等物理过程除去水中有机和无机固体污染物,生化耗氧(BOD_5)的25%~50%、全部悬浮物的50%~70%以及油和油脂的约65%被除去。一些有机氮、有机磷和重金属也在初步沉淀处理过程中被清除,但胶体和溶解性组分不受影响。通过一级处理可减轻废水的污染程度和后续处理的负荷。

二级处理主要指生物处理法。在受控环境下利用多种微生物对废水进行处理,许多耗氧发酵用于二级处理过程。废水经过一级、二级处理,可除去大部分有机污染物和悬浮的固体物。废水经二级处理后,BOD_5可降至20~30 mg/L,水质一般可以达到排放标准。

三级处理是在二级处理结束后增加单一单元的水处理过程,包括过滤、活性炭吸附、臭氧氧化、离子交换、电渗析、反渗透及生物法脱氮除磷等。

高级处理是一种净化要求较高的处理,按所用流程分为三级处理、物化处理和生物物理化学耦合的处理。其目的是除去二级处理中未能除去的污染物,包括不能被微生物分解的有机物、可导致水体富营养化的可溶性无机物(如氮、磷等)以及各种病毒、病菌等。

废水经三级和(或)高级处理后,BOD_5可从20~30 mg/L降至5 mg/L以下,可达地面水和工业用水水质要求,甚至符合生活用水质量。

三、制药过程固体废物

制药生产过程中产生的固体废物可分为一般工业废物和危险废物。一般工业废物是指未被列入《国家危险废物名录》或者根据HJ/T 298、GB 5085.1~6等国家规定的危险废物鉴别标准和鉴别方法判定不具有危险特性的工业固体废物。危险废物是指具有腐蚀性、毒性、易燃性、反应性和感染性等一种或者几种危险特性的废物;不排除具有危险特性,可能对环境或者人体健康造成有害影响的,需要按照危险废物进行管理;列入《危险化学品目录》的化学品废弃后属于危险废物。

（一）制药固体废物的分类与防治技术

1. 制药固体废物的分类

制药固体废物处理前应按照《危险废物鉴别标准》(GB 5085—2007)仔细分拣，识别其是属于一般工业废物还是属于危险废物，有针对性地按照一般工业废物或危险废物的收集、贮存、运输及处置相关要求进行管理。一般工业固体废物宜综合利用，以"资源化、减量化、无害化"为原则，其处置应符合现行国家标准《一般工业固体废物贮存、处置场污染控制标准》(GB 18599—2001)的规定。危险废物需要单独收集、贮存和处置。危险废物的暂存场所应符合危险废物收集、贮存和运输的技术要求，执行现行国家标准《〈危险废物贮存污染控制标准〉国家标准第1号修改单》(GB1 8597—2001/XG—2013)的规定，危险废物的处置应符合现行国家标准《危险废物焚烧污染控制标准》(GB 18484—2001)、《危险废物填埋污染控制标准》(GB 18598—2001)，以及地方有关危险废物收集、运输和处置的规定。

2. 制药固体废物防治技术

（1）固体废物的预处理技术

固体废物的压实技术：压实又称压缩，即利用机械方法增加固体废物的聚集程度，增大容重和减小体积，便于装卸、运输、贮存和填埋。

固体废物的破碎技术：为了使进入焚烧炉、填埋场、堆肥系统等的废弃物的外形减小，必须预先对固体废弃物进行破碎处理，经过破碎处理的废物，不仅尺寸大小均匀，而且质地也均匀。

固体废物的分选技术：固体废物的分选是利用其某些性质或不同粒度的差异，将有用的选出来加以利用，将有害的分离出来进一步处理。

固体废物的脱水与干燥技术：有些固体废物中含有较高的水分，从而影响废物的处理。为了减少固体废物的体积或提高废物的热值等，对固体废物进行脱水和干燥是固体废物预处理中常用的方法。

（2）固体废物热处理技术

焚烧技术：焚烧法是高温分解和深度氧化的综合过程，是目前有机类固体废物普遍采用的处理技术，制药工业固体废物多采用焚烧处理。

热解技术：利用有机物的热不稳定性，在无氧或缺氧条件下使其受热分解的过程。

（3）固体废物的生物处理技术

有些制药固体废物含有蛋白质、纤维素、生物多糖等成分，可采用包括好氧堆肥、厌氧发酵等生物处理技术进一步转化，促进可生物降解的有机物转化为腐殖质、饲料蛋白或微生物油脂，或转化为生物可燃气体，实现减量化或无害化处理与利用。有抗生素残留的菌渣属于危险固体废物，经发酵可实现减量化，但不可用作饲料。

（二）中药固体废物的处理

中药固体废物有易腐败、种类多样、利用成本高等诸多技术问题，但可根据中药固体废物组成进行综合再利用。已有在中药有效成分的提取分离、作为食用菌的培养基、发酵生产沼气、发酵生产有机肥、作为动物饲料添加剂等方面的应用。

有效成分的提取分离：中药材在提取加工过程中，其化学成分不可能百分之百地转移，通过对生产工艺的分析，确定药渣中的化学成分，对药渣及中间废弃沉淀物进行再次提取。

作为食用菌的培养基：可避免食用菌培养基使用的农作物秸秆上的农药残留的风险，药渣中残存的次级代谢产物还可提供天然的防病抑菌功能，一些一级代谢产物则为食用菌提供生长所需的养分。

发酵生产沼气：药渣及中间废弃沉淀物可依靠兼性厌氧菌和专性厌氧菌作用转化成甲烷和二氧化碳等，从而实现有机固体废物的无害化和资源化。

发酵生产有机肥：中药废弃药渣往往富含纤维、多糖、蛋白质等有机物，磷、钾、氮以及微量元素成分等，是植物生长所需要的养分，但很难被植物直接利用或充分利用，通过发酵可提高其所含营养成分的利用率。

作为动物饲料添加剂：中药药渣含有黄酮、生物碱、皂苷、多糖等成分，用微生物发酵后作为饲料添加剂，可在一定程度上促进动物的生长，调节其免疫力，减少抗生素的使用，促进动物生长、改善肉质。

第三章　制药生产公用工程与辅助设施

本章主要介绍制药行业中常用的公用工程洁净室和空调净化系统、工艺气体系统（包括压缩空气、氮气、氧气和二氧化碳气体等）、蒸汽系统和制冷系统以及制药建筑、仓库、给排水、电气等辅助设施。

第一节　洁净室和空调净化系统

一、洁净室

（一）洁净室及洁净室技术要求

1. 洁净室的基本构成

洁净室是指内部尘埃粒子浓度受控且分级的房间，此房间是按照一定的方式设计、建造和运行的，以控制房间内粒子的引入、产生和滞留。

洁净室一般由吊顶系统、墙面系统和地面系统三大部分组成，顶板和墙板通常采用彩钢板面层的墙体板材，洁净门的种类有钢制门、不锈钢门、快速卷帘门，观察窗的种类有圆角窗、方角窗，净化地面的种类有环氧彩砂地面、环氧自流坪地面、PVC 卷材地面。

2. 洁净室的技术要求

（1）污染源控制要求

① 外部污染控制。为了有效控制洁净室中新风的含尘量与含菌量，药品生产企业首先在考虑厂址时应选择在大气含尘浓度低、周围环境整洁的区域；其次，厂区内应尽量减少露土面积，厂区内宜铺设草坪，但应注意不宜种花，以防花粉污染和招惹昆虫；再次，洁净室内应保持正压，以有效地阻止外部污染物通过厂房的结构缝隙和门的缝隙进入洁净室；最后，用于维持房间正压和操作人员健康的室外新鲜空气应经过净化处理。

② 人员污染控制。一个人在相对较轻松的工作条件下，每分钟大概释放 10 万个颗粒物质（这些颗粒直径一般为 0.3 μm 或更大）。而一个在燥热且不舒适的环境下工作的人每分钟能够释放出上百万的颗粒物质，包括更多的细菌。人是洁净区最大的污染源，约占洁净区

总污染的80%,而生产人员总是直接或间接地与药品接触,所以在厂房设计中考虑人员净化就显得尤为重要了。

根据产品生产工艺和空气洁净度等级要求,设置人员净化室,包括换鞋、存外衣、洗手、消毒、更换洁净工作服、气闸等设施。洁净室的入口处应设置净鞋设施(如跨越凳)和气闸室。气闸室的门应采用互锁装置,防止出入口的门同时被打开,导致内部洁净区与非洁净区的空气直接连通。高致敏性、高活性药品及有毒害药品生产区人员的净化室,应采取防止有毒有害物质被人体带出受控区域的措施。

③ 物料污染控制。物料的出入口应设置物料净化用室和设施,如物料外清间、气闸室或传递窗。物料在外清间内拆除外包装后进行表面的清洁和消毒后通过气闸室或传递窗方可进入洁净区。

(2) 内部建筑要求

由于洁净室的特殊性,其建筑标准比其他建筑物要高得多,洁净室的建造通常需要满足以下要求:

① 洁净室内表面应选用光滑、易清洁的装修材料,且装修材料本身不易起尘、脱落。

② 墙面与地面、墙面与顶棚、墙面与墙面的连接处要选用气密性良好且易于清洁的组件。

③ 洁净室的围护结构和室内装修材料应能经受不同化学品的反复清洗、消毒和抵抗表面氧化(如臭氧、过氧化氢等)。

④ 洁净门的开启方向应当与气流方向相反,以帮助维持压差。

⑤ 洁净室选用的构件(如监控探头、消防喷淋头、电话等)应便于清洁。

(二)洁净室的设计、安装与运行确认

1. 设计确认

(1) 洁净室的总体设计确认

通过对设计图纸、功能说明和技术手册等设计资料的检查来确认洁净室周围环境、生产区与辅助区功能布局等是否满足药品的生产要求和相关法规的要求。

(2) 洁净室平面布置设计确认

确认洁净室的人流物流、工艺设备布局、净化设施布局、洁净室洁净等级的划分等是否能满足药品的生产要求,以及工艺流程是否清晰,是否有污染和交叉污染的设计缺陷存在。

2. 安装确认

(1) 洁净室组件确认

检查洁净室吊顶材料、隔墙板材料、地面材料、洁净门、观察窗、灯具、电话等组件的材质、规格型号、技术参数能否满足洁净室内部建筑的要求和已批准设计文件的要求。

(2) 洁净室参数确认

为保证设备的准确就位以及洁净房间换气次数的准确性,需对洁净室的长、宽、高等参数进行确认。用校准后的卷尺对房间测量,计算房间的面积和体积。

(3) 洁净室密封性确认

确认过程中需检查墙板与墙板、墙板与地面、墙板与顶板、灯具与顶板、静压箱与顶板、穿墙管道与顶板、穿墙管道与墙板之间的密封情况,表面应平整易清洁。

3. 运行确认

(1) 洁净室互锁确认

确认安装在气闸或气锁上互锁装置的有效性,即气闸或气锁的两扇门或多扇门不能同时打开。同时还要考虑紧急情况下使用应急装置后互锁门能同时开启。

(2) 洁净室照度确认

室内照度应按不同工作室的要求,提供足够的照度值。主要工作室的照度一般不低于300 Lx,辅助工作室、走廊、气闸室、人员净化室和物料净化用室可低于此标准,但应不低于150 Lx,对照度要求高的部位可适当增加局部照明。

(3) 洁净室噪声确认

为保证洁净室内操作人员的舒适性和安全性,需对洁净室内的噪声进行确认,一般洁净设施的A计权声级范围为:非单向流洁净室内的噪声(空态)不高于60 dB (A),单向流和混合流洁净室内的噪声(空态)不高于65 dB (A)。

二、空调净化系统

制药企业供热通风与空气调节(HVAC)系统是保证药品质量的关键系统之一,相比于其他普通空调系统,它的控制要求更为严格,不仅对空气的温度、湿度和风速有严格要求,还对空气中所含尘埃粒数、细菌浓度等均有明确限制,同时还需控制不同等级区域间的压差,以保证内部洁净空气不被污染。

(一) HVAC系统概述

1. HVAC系统的构造

HVAC系统的任务是保证洁净室的空气参数达到所要求的状态,通常由通风系统、空气处理设备、冷源/热源、空调水系统及自控系统组成,其构造如图3.1所示。

(1) 通风系统:包括送风系统、回风系统及排风系统。

(2) 空气处理设备:利用物理方法对空气进行各种处理(净化、加热、冷却、加湿、除湿等),以达到规定状态。

(3) 冷、热源:冷源通常是各类冷水机组等制冷设备,其为空气处理设备提供7~12 ℃低温水;热源通常包括电加热器、锅炉、热水及热泵机组等,为空气处理设备提供热量。

(4) 空调水系统:包括循环水泵及其管路系统。

(5) 自控系统:包括空气净化、温湿度控制、压差控制及安全、节能方面的自动控制和调节装置。

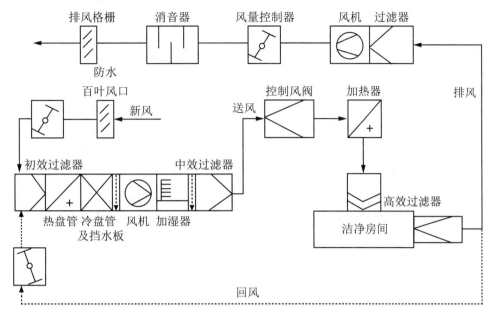

图 3.1　HVAC 系统的构造

2. HVAC 系统的基本工作流程

室外大气(新风)通过送风管道进入空调机组,与回风混合后经初效净化过滤,并作相应温湿度处理,再经中效净化过滤,由送风机送入送风管道分配到各送风口(装有高效过滤器)进入生产区域,洁净室设有回风口或排风口,一部分洁净室空气经回风口回到空调机组再利用,另一部分经排风口由排风机排到室外。

3. 空调净化系统包括的单元、附件及装置

空调净化系统通常包括空气处理单元、送回排风管路、风管附件、终端过滤装置等。

(1) 空气处理单元

空气处理单元是指具有对空气进行一种或几种处理功能的单元体。通常包含空气混合、初效、冷却、加热、加湿、送风机、均流、中效过滤、消声等单元体。

① 混合段:回风与室外的新风在该位置进行混合,混合后的气流就称为"混合空气",可调节回风与新风的比例,以满足洁净环境的需要。在极端天气(极冷或极热)条件下,由于回风已经经过了空气处理单元的处理,在洁净度和温湿度方面优于新风,可大大降低空调的运行成本。

② 初效段:捕集新风中的大颗粒尘埃(大于 5 μm)以及各种空气悬浮物,目的在于延长中效过滤器的使用寿命和确保机组内部和换热器表面的清洁。

③ 冷却段:利用表冷器来降低新风、回风的温度和相对湿度。

④ 加热段:采用高效热交换器,内部通动力热水(或者电加热、低压蒸汽)来对空气升温加热。

⑤ 加湿段:气候干燥地区通常使用干蒸汽加湿器或电加湿器对空气进行加湿。

⑥ 风机段:通常设有电机、离心风机和减震底座,为输送的空气提供动能。

⑦ 均流段:通常设置在风机段之后,风机出风口的高速气流经均流段和导流板之后趋于平衡,能大大提高换热和过滤效率。

⑧ 中效过滤段:能有效过滤大于1 μm的粒子,大多数情况下用于高效过滤器的前级保护,通常置于空调机组的末端。

⑨ 消声段:对噪声要求较严的洁净室,净化机组内应设置消声段。

(2) 送风、回风管路以及附件

空调机组通过送风风管将处理后的空气送至各个洁净房间,再通过回风风管的连接将室内的空气送至空调机组,形成一个完整的风路系统。

① 净化风管:通常采用0.6 mm镀锌钢板制作而成。风管制作和清洗的场地应在相对较封闭、无尘和清洁的环境中进行,同时应对镀锌钢板进行脱脂和清洁处理。

② 风阀:通过风阀开启量对风量进行调节控制。

(3) 终端过滤装置

通常由高效静压箱、高效过滤器、散流板构成。

① 高效静压箱:可以把部分动压变为静压获得均匀的静压出风,提高通风系统的综合性能,同时还可以降低噪声。

② 高效过滤器:一般是指对粒径大于等于0.3 μm的粒子的捕集效率在99.97%以上的过滤器,为洁净车间的末端过滤装置。按照密封方式可分为压条密封过滤器和液槽密封过滤器。

③ 散流板:空调送风的一个末端部件,它可以让送风气流均匀地向四周分布。常见的散流板包括螺旋式散流板和平板式散流板。

4. 空调净化系统的分类

(1) 按照空气流的利用方式分类

药品生产的空调净化系统按照空气流的利用方式,可划分为全新风系统、一次回风空调系统、二次回风空调系统和嵌套独立空气处理单元的空调系统。

① 全新风系统:将室外新风经过处理,达到能满足洁净要求的空气送入室内,然后不回风直接将这些空气全部排出。适用于回风不可以循环利用的情况。

② 一次回风空调系统:在回风可以循环利用的情况下,将经处理的室外新风与部分洁净室内的回风混合,再经过处理送入洁净室。该系统具有能耗低、过滤器维护成本低、相关参数易控制等优点;缺点是增加回风管路后,夹层的风管路线较为复杂,新鲜空气供应不够充足。

③ 二次回风空调系统:在回风可以循环利用的情况下,先将部分回风与新风混合,经过处理后再与剩余的回风混合。这种系统形式常用于高洁净等级、工艺发热量较小的洁净室。

④ 嵌套独立空气处理单元的空调系统:为满足特殊的生产工艺需求,在适宜的部位设置独立功能的空气处理装置。常见独立功能的空气处理装置有以下几种:a.局部洁净等级控制设备,例如存在局部A级环境;b.局部温度控制设备,例如冰箱间因产热较大,需独立设置循环降温单元;c.局部湿度控制设备,例如粉针分装房间需控制低湿度,需独立设置除湿机。

(2) 按照洁净室气流流型分类

按照洁净室气流流型,将空调净化系统划分为三种:单向流洁净室、非单向流洁净室、混合流洁净室。

① 单向流洁净室:单向流洁净室是气流以均匀的截面速度,沿着平行流线以单一方向在整个室截面上通过的洁净室,适用于A级洁净室(区),有垂直单向流和水平单向流两种(图3.2)。

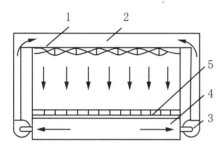 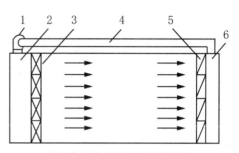

(a) 典型垂直单向流洁净室　　　　　　　　　(b) 典型水平单向流洁净室

1. 顶棚过滤器;2. 送风静压箱;3. 风机;　　　1. 风机;2. 送风静压箱;3. 高效过滤器;
4. 回风静压箱;5. 格栅板及中效过滤器　　　　4. 风道;5. 中效过滤器;6. 回风静压箱

图3.2　垂直单向流和水平单向流洁净室

单向流通过活塞和挤压原理,把灰尘从一端向另一端挤压出去,用洁净气流置换污染气流。与洁净气流相垂直的工作面上的各个位置都具有相同的洁净度。

在动态状态下,单向流下的人员操作和设备的阻碍会使单向流变为乱流,但是如果采用 0.36~0.54 m/s 的风速会使被打乱的单向气流得以迅速恢复从而保证该区域的洁净度。

水平单向流在动态条件下操作人员后方的区域均为被污染的区域,比垂直单向流的污染面积要大得多,因此水平单向流在制药行业中不常被采用。

② 非单向流洁净室:非单向流洁净室是气流以不均匀的速度呈不平行流动,伴有回流风或涡流的洁净室,也称紊流或乱流洁净室(图3.3)。

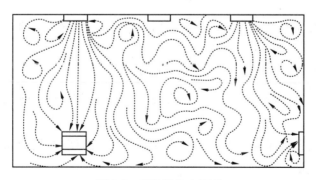

图3.3　乱流洁净室原理

空气经分布于送风面上的多个过滤器风口送入,并在较远的位置回风。

非单向流采用稀释原理,即"脏"的房间空气与"干净"的房间空气不断地混合,以降低房间内空气中的微粒负荷。该类型洁净室最大的优点是建造和运行成本都非常低,其缺点为室内空气的洁净度通常达不到高等级(A级)的要求。

③ 混合流洁净室：混合流洁净室是在同一房间内综合利用单向流和非单向流两种气流方式的洁净室。这种洁净室的特点是将垂直单向流面积压缩到最小，用大面积非单向流替代大面积单向流，这样既节省初期投资和后期运行费用，又能为关键的操作区域提供高等级的洁净度，达到局部净化的目的(图3.4)，因此在制药行业中得到了广泛的应用。

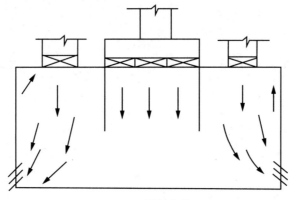

图3.4　局部净化

(二) 空调系统技术参数

空调系统控制洁净环境中的温湿度、风量、压差等关键参数，保持良好的空调系统参数是洁净环境的基础保证。

1. 温湿度要求

洁净室的温度与相对湿度应与药品生产要求相适应，应保证药品的生产环境和操作人员的舒适感。当药品生产无特殊要求时，洁净室的温度范围可控制在18~26 ℃，相对湿度控制在45%~65%。

2. 风量和换气次数

非单向流的洁净室在空调系统设计中应用很广，该送风形式是通过向洁净室内送入洁净空气，与室内的被污染的空气不断混合，以排除、稀释室内的污染物，达到降低洁净室内微粒负荷的目的。由此可见，洁净室内用以稀释室内污染物、保持生产区环境洁净度要求的洁净空气送风量的微粒水平取决于室内污染物的发生量和洁净室内的送风量，应取以下条件的最大值。

(1) 洁净送风量必须保证能满足生产所需的空气洁净度，包括为满足15~20 min的洁净室自净时间所需风量。

(2) 有效去除洁净室内产生的热、湿负荷，保证房间的温湿度符合要求。

(3) 向洁净室提供的新风量，保证每人不小于40 m³/h。

(4) 洁净室的通风状况通常可用"换气次数"这一较为直观的方法表示。换气次数和送风量通常使用如下公式进行换算：

$$n = \frac{L_1 + L_2 + \cdots + L_n}{A \times H} \quad (\text{次/h})$$

式中，n 为房间的换气次数，L_1、L_2、$\cdots$、L_n 为房间各风口送风量(单位:m^3/h)，A 为房间面积(单位:m^2)，H 为房间高度(单位:m)。

在实际设计时，设计院通常会采用如下换气次数：D级区域15～20次/h；C级区域20～40次/h；B级区域40～60次/h。

3. 压差

为防止低洁净级别房间的气流污染高洁净级别房间的气流，不同洁净级别的房间之间要保持适当的静压差。生产区相同级别房间之间必须设定气流方向，遵循由核心区向外递减原理，能有效地降低产品污染的风险。

GMP中规定的压差最低值：欧盟GMP采用的压差值为10～15 Pa，FDA采用的压差值最小为12.5 Pa，中国GMP采用的压差值最小为10 Pa。

（三）空调净化系统确认

空调净化系统确认通常应包含设计确认、安装确认、运行确认和性能确认。安装确认和运行确认是对HVAC系统本身进行的确认，性能确认是对环境系统进行的确认，需要和洁净室一起共同作用完成洁净环境维持。

1. 设计确认(DQ)

设计确认是提供书面化的证据证明供应商提供的设备和设施能够达到预定的目标所做的各种查证及文件记录。设计确认需要参照批准的用户需求说明、相关的设计标准与设计文件一一进行确认，从而确保所有需求和设计活动都已经完成并且满足要求。

2. 安装确认(IQ)

安装确认通常在空调系统安装或改造完成之后进行，其目的是证明空调系统符合已批准的设计及制造商建议所做的各种查证及文件记录。

3. 运行确认(OQ)

(1) 风量和风速确认

洁净区(室)的送风量是单位时间内从末端过滤器或风管送入洁净室内的体积空气量；洁净区(室)的换气次数为单位时间的换气值。换气次数的计算公式：

$$\text{换气次数}(\text{次/h}) = \frac{\text{房间总送风量}(m^3/h)}{\text{房间体积}(m^3)}$$

送风量的测试可以采用风量罩对每个风口的风量进行测试，计算总送风量。风速的测试可以采用风速计在送风面下15～30 cm的位置进行测试。

非单向流洁净室系统实际送风量和设计送风量的允许偏差为0～20%。单向流设备的风速应满足A级洁净区对风速的要求：0.36～0.54 m/s。

(2) 压差确认

压差测试过程中确保房间门处于关闭状态。比对测试数据与可接受标准，确认洁净区和非洁净区,相邻不同洁净级别房间之间的压差符合设计和GMP要求。

(3) 温湿度确认

洁净区(室)的温湿度应根据生产工艺和人员舒适度的要求来进行设计,最终的测试结果应满足设计的要求。

(4) 高效过滤器的完整性确认

高效过滤器自身破损、泄漏或边框泄漏、阻塞,会导致各房间的悬浮粒子、微生物参数超标。

制药行业通常采用光度计法进行完整性测试。完整性测试时,在过滤的上风侧引入测试气溶胶(PAO),并在过滤器的下侧进行检测。

检测方法:光度计法,原理见图3.5。检测高效过滤器整个送风面、过滤器的边框以及静压箱和过滤器的密封处。终端高效过滤器的透过率不应大于0.01%,当透过率大于0.01%时,则认为存在渗漏。

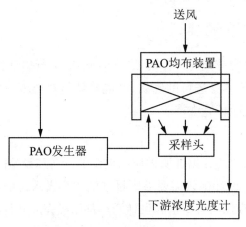

图3.5 光度计法原理

(5) 气流流型确认

气流方向和气流均匀性要与设计要求和性能要求相符,若有要求,还要与气流的空间和时间特性相符。气流方向检测和显形检查的方法有示踪线法、示踪剂法、采用图像处理技术的气流显形检查、借助速度分布测量的气流显形检查等。气流方向符合设计要求和性能要求,例如:高效过滤器下方烟雾气流顺畅向下,无逆流;回风口处烟雾气流流向回风口,无逆流;通道处烟雾气流流向符合相邻房间气流设计要求,无逆流。

(6) 自净时间确认

自净检测通常只适用于非单向流洁净室,一般以大气尘或气溶胶发生器等人工尘源为污染物,把房间内的悬浮粒子数(以粒径$>0.5\ \mu m$粒子为准)增加到该洁净级别下静态悬浮粒子数的100倍,然后记录经空调系统净化过程,房间内悬浮粒子数衰减的趋势,自100倍悬浮粒子数降至合格数据的时间段就是测试的自净时间。

4. 性能确认

性能确认是洁净环境系统确认的主要内容,为证明空调系统能按照相应的技术要求有效稳定(重现性好)地运行且能持续保持洁净室内的洁净环境,需对洁净环境进行静态测试和动态测试。

静态指所有生产设备安装就绪,但没有生产活动且无操作人员在场的状态。静态测试过程中,除和空调系统连锁启动运行的设备外,其他洁净区内的所有生产及辅助设备均不得开启,同一房间内的测试人员应不得超过两人。

动态是指生产设备按预定的工艺模式运行,并有规定数量的操作人员在现场操作的状态。

制药企业应结合生产工艺特点和实际的控制要求,对洁净区各房间的最大允许操作人员数量做出规定,动态测试过程中,各房间人数应按照此要求进行实际控制,并将对应的人员数量进行记录。

性能确认过程中,将进行连续三天的静态测试和连续三天的动态测试,测试项目包括:房间压差、环境温湿度、悬浮粒子数、浮游微生物、沉降微生物和表面微生物测试。执行过程中,每天所有测试项目都要完成一次。

(1)悬浮粒子浓度确认

制药行业应根据 GMP 及相关标准指南中的规定对洁净室的悬浮粒子浓度进行确认,在进行悬浮粒子测试前应做以下规定:

① 测试人员的要求(培训、数量)。
② 测试仪器的要求(精度、校准等)。
③ 采样点位、采样量、采样次数的要求。
④ 测试结果计算。

用于洁净区空气悬浮粒子监测的仪器多为光散射粒子计数器和激光粒子计数器。

(2)微生物确认

洁净室的环境应避免微生物的滋生,相应洁净级别对微生物有一定要求。测试前的规定同悬浮粒子一致。

监测方法有沉降菌法、定量空气浮游菌采样法和表面取样法(如棉签擦拭法和接触碟法)等。

(四)洁净环境日常监测

环境日常监测通常包含以下内容:监测项目、监测计划、监测点位、监测频率、监测数据管理。

1. 监测项目

洁净区的设计必须符合相应的洁净度要求,达到"静态"和"动态"的标准,同时,该区域还应当动态监测压差、温湿度、微生物(浮游菌、沉降菌、表面微生物)的情况。

2. 监测计划

一个良好的日常监测计划关键在于结合清洁/消毒周期,确定监测点的位置和适当的监测频率,但没有任何一个取样方案能适用于所有需要监测的环境。日常监测过程与验证相比,有所不同的是:日常监测点位基于风险评估,可以比验证有所减少。

3. 监测点位

在选择取样点时,应对每个程序仔细认真地加以评估。取样的主要目的是提供有价值并可用于判断的数据,以便鉴别/识别特定程序、设备、材料和工艺相关的实际或潜在的污染。取样应设在如果取样点受到污染,则产品很可能受到污染的那些位置,然而,必须谨慎地确定取样点的位置,要靠近产品但不要接触产品。

4. 监测频率

在制药行业中,环境监测要求的变化幅度很大,这取决于多种因素,如生产工艺或产品的类型、设施/工艺的设计、人员干预、后续最终灭菌的采用(包括无菌检查及与此不同的参数放行)、环境监测历史数据情况等,但并不局限于所提到的因素。没有万能的取样方案能适用于所有需要监测的环境。另外,取样频率可能需要根据情况做出临时或长久的调整,这些情况包括生产操作、药典要求、微生物趋势变化、添加新设备、附近房间或公用系统的改造等。选择取样频率的关键点是能够鉴别出系统潜在的缺陷。

5. 监测数据管理

(1) 警戒限和纠偏限(行动限)

制药企业应根据相应法规指南和历史数据以制定书面形式的警戒限和纠偏限。警戒限通常指系统的关键参数超出正常范围,但未达到纠偏限,需要引起警觉,可能需要采取纠正措施的限度标准;纠偏限指系统的关键参数超出可接受标准,需要进行调查并采取纠正措施的限度标准。

(2) 监测数据分析

制药企业需要对监测得到的数据进行分析,其目的在于:分析超出限度的结果,确定纠偏措施;考察现行限度标准的适用性;确定系统的性能是否符合预期的要求。

6. 调查、纠偏措施

当监测数据出现飘离基线值的异常情况时,需要进行调查以识别造成环境质量水平出现异常的原因,寻找污染源。根据异常情况的风险等级采取不同的纠偏措施并对纠偏措施进行跟踪回顾检查。

第二节 工艺气体及蒸汽与制冷系统

一、工艺气体

(一) 工艺气体的分类、制备和分配

药品生产企业在生产过程中需要使用各种工艺气体,如压缩空气、氮气、氧气、二氧化

碳、燃气、真空等。按照其用途可分为两类：工艺用气和仪表用气。工艺用气一般与工艺物料接触，有可能影响到产品质量，为直接影响系统，需要重点关注；仪表用气则主要是给设备运行提供动力，属于间接影响系统。

工艺气体可根据生产用量及质量需求采用不同的制备方案，也可采用外购储气钢瓶配备分配系统使用。本节以最常见的压缩空气制备和分配系统举例。

压缩空气系统通常由无油润滑空压机、缓冲罐（储气罐）、预过滤器、干燥器、过滤器及分配系统等组成。

1. 无油润滑空压机

无油润滑空压机又称为无油空压机，排出的压缩空气中通常不含油分。压缩机的冷却方式为水冷或风冷。

2. 缓冲罐及预过滤器

缓冲罐又称为储气罐，可平衡气流脉冲与压力、分离冷凝水、存储压缩空气，起到稳定作用，并可在短时间内起到补充供气的作用。预过滤器是除去水分和油分的初级过滤器。

3. 干燥器

干燥器可分为加热（有内加热、外加热和微加热之分）再生干燥器、无热再生干燥器和冷冻式干燥器。一般处理气量为 0.3~700 m^3/min，压力露点温度为 -70~-40 ℃（冷冻式为 -3~2 ℃）。

4. 过滤器及分配系统

过滤器按用途分为除油过滤器、除尘过滤器、除菌过滤器及专用过滤器等几类。分配系统通常包括管道、阀门和末端过滤装置，其管道采用单向流。

（二）工艺气体相关法规

GMP中没有对工艺气体的质量标准进行定义，只规定进入无菌生产区的生产用气体（不包括可燃性气体）均应经过除菌过滤。用于无菌生产的公用介质（如压缩空气、氮气）的除菌过滤器和呼吸过滤器的完整性应定期检查。

工艺气体的质量标准是由用户根据其具体用途和使用环境而决定的，当气体被用作辅料、工艺助剂或是药品制备过程中的一部分时，用户应评估其对产品的潜在影响。为了评估影响，可进行风险分析，可通过各种风险分析程序和方法来识别和评估关键质量属性和关键工艺参数。

《中国药典》《欧盟药典》《美国药典》中有关于压缩空气、氮气、氧气、二氧化碳等气体的一些指标规定，这些针对的是医用气体，对于制药过程中的工艺气体不是很适用，但是可为用户确定工艺气体的质量标准提供参考。

ISO 8573将压缩气体进行了等级划分，并推荐了测试方法，但是并没有推荐各等级压缩气体的适用范围，仅是一个等级标准。

1. 纯度

对于氮气、氧气等气体一般需要控制纯度。纯度的计算方法有两种：① 使用特定的分析仪器直接测量；② 测量主要杂质的含量，从100%中扣除。

2. 含水量

控制水分将减低微生物在气体系统生长的风险。水分含量有很多种表示方法：湿度、质量含量（g/L）、露点等，这些表示方法之间有对应的关系，可以互相换算。

3. 含油量

含油量即碳氢化合物含量，它对于工艺用气来说是种污染物，其主要来源于大气和制备过程中的设备润滑油蒸发。

含油量只有欧盟药典关于医用压缩空气中有明确规定：$<0.1\ mg/m^3$。

4. 悬浮粒子和微生物

工艺气体需要控制其洁净度，具体的可接受标准需根据用户需求确定。一般认为，使用点的终端过滤器（0.22 μm）能够满足无菌工艺的要求。非无菌的工艺用气可通过风险评估的方法来确定。

这些气体的验证与用来生成气体的设备验证类似，气体的储存及分配必须首先经过调试并随后经过确认。设备的安装确认与运行确认的汇总报告获得批准之后分配系统可以经过确认。注意，仪表用空气仅仅需要通过运行确认来测试，因为它不与产品接触。

二、蒸汽与制冷系统

（一）蒸汽系统

蒸汽在制药企业中是一种重要的公共工程，主要为制药用水的制备、工艺设备的温度控制提供热源，用于制药工艺中加热、加湿、动力驱动、干燥以及无菌工艺设备、器具、最终灭菌产品的灭菌等。按照蒸汽的制备方法、工艺用途等因素，制药用蒸汽大致分为工业蒸汽和纯蒸汽两种。

蒸汽是良好的灭菌介质，纯蒸汽具有极强的灭菌能力和极少的杂质，主要应用于制药设备和系统的灭菌。

1. 工业蒸汽

工业蒸汽主要用于非直接接触产品的加热，为非直接影响系统，又可细分为普通工业蒸汽和无化学添加蒸汽。

普通工业蒸汽是指由市政用水软化后制备的蒸汽，属于非直接影响系统，用于非直接接触产品工艺的加热，一般只要考虑系统如何防止腐蚀。

无化学添加蒸汽是指由纯化过的市政用水添加絮凝剂后制备的蒸汽，属于非直接影响系统，主要用于空气加湿、非直接接触产品的加热、非直接接触产品工艺设备的灭菌、废料废液的灭活等。无化学添加蒸汽中不应该含有氨、肼等挥发性化合物。

2. 纯蒸汽

纯蒸汽主要用于工艺管道及主要生产用设备,如设备关键部件的湿热灭菌,也常用于洁净厂房的空气加湿,属于直接影响系统,纯蒸汽通常是通过纯蒸汽发生器或多效蒸馏水机的第一效蒸发器制备产生的。纯蒸汽用于湿热灭菌工艺时,冷凝液需满足注射用水的要求,还需在不凝性气体、过热度和干燥度方面达到EN 285和HTM 2010标准的要求。

纯蒸汽与制药用水往往都与产品直接接触,或者直接参与工艺生产,属于直接影响系统。纯蒸汽制备与蒸馏法制备注射用水的工艺类似,纯蒸汽的冷凝水需要满足注射用水要求。制药用水分配单元多采用循环管路系统,而纯蒸汽分配系统采用单向流分配。

中国《药品GMP检查指南》对于纯蒸汽的要求如下:

纯蒸汽通常是以纯化水为原料水,通过纯蒸汽发生器或多效蒸馏水机的第一效蒸发器产生的蒸汽,纯蒸汽冷凝时要满足注射用水的要求。软化水、去离子水和纯化水都可作为纯蒸汽发生器的原料水,经蒸发、分离(去除微粒及细菌内毒素等污物)后,在一定压力下输送到使用点。

纯蒸汽可用于湿热灭菌和其他工艺,如设备和管道的灭菌,其冷凝物直接与设备或物品表面接触,或者接触到用以分析物品性质的物料。纯蒸汽还用于洁净厂房的空气加湿,在这些区域内相关物料直接暴露在相应净化等级的空气中。

(二) 制冷系统

药品生产的洁净厂房通常要满足温度18～26 ℃、湿度45%～65%的要求,这就要应用制冷技术对空气净化系统的空气进行热量交换,以控制其温度和湿度,使其始终符合GMP的要求。

1. 制冷基本原理

从低于环境温度的物体中吸取热量,并将其转移给环境介质的过程,称为制冷。按照能量交换原理,可分为以下几种制冷方式:

蒸气压缩式:通过压缩机吸入从蒸发器出来的压力较低的工质蒸气,使之压力升高后送入冷凝器,在冷凝器中冷凝成压力较高的液体。经节流阀调节,液体在蒸发器中蒸发为气体。利用工质由液体状态汽化为蒸气状态过程中吸收热量,被冷却介质因失去热量而降低温度,达到制冷的目的。常见的空调设备、冷水机均采用此方式制冷。

吸收式:利用某些具有特殊性质的工质对,通过一种物质对另一种物质的吸收和释放,产生物质的状态变化,从而伴随吸热和放热过程,实现制冷的目的。常见设备有溴化锂冷水机。

半导体式:利用半导体材料的佩尔捷效应,当直流电通过两种不同半导体材料串联成的电偶时,在电偶的两端即可分别吸收热量和放出热量,实现制冷的目的。此方式常用于电子设备冷却、家用小电器制冷。由于制冷功率较小,不运用于大型制冷设备。

2. 制冷设备能量交换过程

制药洁净技术中较多采用蒸气压缩式、吸收式制冷设备,制冷过程包含以下热量交换过程:一是液态制冷剂(蒸气压缩式常用R134a、R123,吸收式常用水)汽化过程与载冷剂(常用的有水、盐水、有机物,制药洁净技术中一般采用水作为载冷剂,称为冷冻水)之间的热量交换和载冷剂通过组合风柜系统的表冷器与净化空气系统的空气进行热量交换;二是制冷剂蒸气与载热剂(即冷却水)之间的热量交换和载热剂与冷却塔散热介质之间的热量交换。

3. 制冷系统的组成

制冷系统应用较多的主要有集中供冷和单机供冷两种。

(1) 集中供冷系统

由冷水机组、冷冻水泵、冷冻水管网、空调风柜、冷却水泵、冷却水管网、冷却塔组成。冷水机组作为冷源,以水作为载冷剂,通过冷冻水管网向各空调风柜输送低温冷冻水,冷冻水经过空调风柜表冷器与空气进行热交换,实现对空气的温湿度处理。一套冷水机组可对多台空调风柜供冷。水是较好的载热体,输送方式简单,可实现远距离送冷。冷却系统采用水冷式,通过冷却水塔将冷水机组的热量传递到室外空气。

(2) 单机供冷系统

由压缩机、蒸发器、冷凝器组成。空调风柜自带冷源,直接通过制冷剂实现热交换,一体化程度高。由于制冷剂对输送管道要求较高,不适合远距离大冷量输送。此方式多用于独立运作、冷负荷较小的洁净系统。冷却方式多采用风冷式,通过冷却风扇带动空气流动,将冷凝器的热量传递到大气中。

(3) 两种供冷方式的优缺点

① 集中供冷方式适合于用冷量大、负荷波动小的系统。具有投资成本低、运行管理方便、集约化程度高等优点。但由于系统管网庞大、结构复杂、技术要求高,维修保养难度较大、成本较高,如果系统不满负荷运转或负荷波动较大,运行成本会大幅上升。

② 单机供冷方式适合于用冷量较小的系统。具有结构简单、操作简便、维修方便等优点。对冷负荷波动大、连续运行时间短的空调系统,具有较高的低运行成本优势。相对于集中供冷方式,此方式的投资成本较高,不适用于用冷面积大的洁净系统。

第三节 辅 助 设 施

一、制药建筑

医药工业厂房作为工业建筑物的其中一类,除其必须符合药品生产的条件和GMP要求外,建筑材料、装饰材料、施工手段等均应符合工业建筑物相关的标准。对于制药企业,厂房建设质量优劣、是否符合GMP要求和其他相关规范的要求,直接影响所生产药品的质量。

(一)建筑物的结构

建筑物的结构有钢筋混凝土结构、钢结构、混合结构、砖木结构和叠砌结构等。

1. 钢筋混凝土结构

由于使用上的要求,需要有较大的跨度和高度时,最常用的就是钢筋混凝土结构形式。钢筋混凝土结构的优点是强度高,耐火性好,不必经常进行维护和修理,制药车间经常采用钢筋混凝土结构。缺点是自重大,施工比较复杂。

2. 钢结构

钢结构房屋的主要承重结构件如屋架、梁柱等都是用钢材制成的。其优点是制作简单,施工快;缺点是金属用量多,造价高,并需经常进行维修保养。

3. 混合结构

混合结构一般是指用砖砌的承重墙,而屋架和楼盖则用钢筋混凝土制成的建筑物。这种结构造价比较经济,能节约钢材、水泥和木材,适用于一般没有很大荷载的车间。

4. 砖木结构、叠砌结构

砖木结构指建筑物中竖向承重结构的墙、柱等采用砖或砌块砌筑,楼板、屋架等用木结构。叠砌结构以砖石等为建筑物的主要承重部件,楼板搁于墙上。

医药工业洁净厂房主体结构宜采用框架结构体系,选用合理柱网,不宜采用砌体结构体系。

(二)建筑物的组成

各种结构形式的建筑物都是由地基、基础、墙、柱、梁、楼板、楼梯、屋顶、门、窗等主要构件所组成。另外,建筑物的变形缝对建筑物的结构与功能稳定有较大影响。药厂建筑物特别是制剂车间的建筑物,除了具有一般工业厂房的建筑特点和要求外,还必须满足制药洁净车间的要求,建筑选材、施工必须围绕GMP,符合制剂卫生要求。

1. 地基

地基是建筑物的地下土壤部分,它支撑建筑物(包括一切设备和材料等重量)的全部重量。

2. 基础

在建筑工程上,把建筑物与土壤直接接触的部分称为基础,基础承担着厂房结构的全部重量,并将其传到地基,起着承上传下的作用。基础与墙、柱等垂直承重构件相连,一般它由墙、柱延伸扩大形成。

为了防止土壤冻结膨胀对建筑的影响,基础底面应位于冻结深度以下10~20 cm。

3. 墙

墙是建筑物的围护及承重构件。按其本身结构,可分为承重墙及非承重墙。承重墙是垂直方向的承重构件,承受着屋顶、楼层等传来的荷载。有时为了扩大空间或结构要求,采用柱作为承重结构,此时的墙为非承重墙,它只承受自重并具有围护与分割的作用。

在建筑中,为了保证结构合理性,要求上下承重墙必须对齐,各层承重墙上的门窗洞孔也尽可能做到上下对齐。

4. 柱与梁

柱是厂房的主要承重构件,目前应用最广的是预制钢筋混凝土柱。柱的截面形式有矩形、圆形、工字形等。

梁是建筑物中水平放置的受力构件,它除承担楼板和设备等载荷外,还起着联系各构件的作用,与柱、承重墙等组成建筑物的空间体系,以增加建筑物的刚度和整体性。

5. 屋顶与楼板

厂房屋顶起着围护和承重的双重作用。其承重构件是屋面大梁或屋架,它直接承接屋面荷载并承受安装在屋架上的顶棚、各种管道和工艺设备的重量。

楼板就是沿高度将建筑物分成层次的水平间隔。楼板的承重结构由纵向和横向的梁和楼板组成。整体式楼板由现浇钢筋混凝土制成,装配式楼板则由预制件装配。

6. 门

药厂建筑的门多用平开门,依前后方向开关,有单扇门和双扇门,建筑物外门可用弹簧门。国内药厂现使用铝合金和塑钢门为主,也有使用不锈钢材料的厂家。门扇夹芯材料应采用不燃烧体。

外门一般向外开,内门一般向内开,但人数较多的房间(如大型包装车间、会议室等)也应向外开。洁净室的门应向洁净级别高的方向开启,同一洁净度时,宜向空气压力高的方向开启。不同洁净级别房间之间的门应具有良好的气密性。疏散用的门应向疏散方向开启,且不应采用吊门、侧拉门,严禁采用转门。

门应设闭门器。洁净室的门不应设置门槛。无窗生产洁净室的门宜设视窗,视窗宜采用双层玻璃,玻璃表面与门扇齐平。

7. 窗

药厂的窗多用平开窗。药厂使用的窗的材料以铝合金和塑钢为主,其有洁净、美观和不需油漆等优点。

洁净室和人员净化用室不宜设窗。当必须设置时,应采用断热型材中空玻璃固定窗。

洁净室观察窗宜与内墙面齐平,不宜设置窗台。无菌生产洁净室的观察窗宜采用双层玻璃,玻璃表面与墙面齐平。

洁净区要做到窗户密闭。凡空调区与非空调区间之隔墙上的窗要设双层窗,其中至少一层为固定窗。空调区外墙上的窗也需要设双层窗,其中一层为固定窗。

药厂建筑的窗不仅要满足采光和通风的要求,还要根据生产工艺的特点,满足其他特殊要求。例如有爆炸危险的车间,窗应有利于泄压;要求恒温恒湿的车间,窗应有足够的保温隔热性能;洁净车间要求窗应防尘和密闭等。

8. 建筑物的变形缝

（1）沉降缝。当建筑物上部荷载不均匀或地基强度不够时，建筑物会发生不均匀的沉降，以致在某些薄弱部位发生错动开裂。因此，将建筑物划分成几个不同的段落，以允许各段落之间存在沉降差。

（2）伸缩缝。建筑物因气温变化会产生变形，为使建筑物有伸缩余地而设置的缝叫伸缩缝。

（3）抗震缝。抗震缝是避免建筑物的各部分在发生地震时互相碰撞而设置的缝，抗震缝可与其他变形缝合并。

建筑物的变形缝不宜穿越洁净室，当必须穿越时应采取保证洁净室气密性的措施。洁净度级别为A级、B级、C级时，变形缝不应穿越洁净室。

（三）制药洁净厂房室内装修

医药工业洁净厂房的建筑围护结构和室内装修材料，应选用气密性好，且在温度和湿度变化作用下变形小的材料。饰面材料不应释放对药品质量产生不良影响的物质。

（1）医药洁净室的内表面装修应符合下列规定：

① 应平整、光滑、无裂缝、接口严密、无颗粒物脱落、易清洁、耐消毒。

② 门窗、顶棚、墙板、楼地面的构造缝隙及施工缝隙应采取密封措施。

③ 墙面与地面的交界处应成弧形，踢脚不应凸出墙面。

④ 洁净室不宜采用砌体抹灰墙面，当必须采用时，抹灰层应有防开裂、防脱落措施，饰面层应易清洁、耐消毒。

（2）技术夹层应符合下列规定：

① 技术夹层的墙面、柱面和顶面应平整。当高效过滤器需在技术夹层内更换时，其墙面、柱面和顶面宜采用涂料饰面。

② 采用轻质顶棚的技术夹层，宜设置检修走道。

（3）建筑风道和回风地沟的内表面装修，应与整个送风、回风系统的洁净要求相适应，并易于清洁。

（4）医药洁净室的楼面、地面应满足生产工艺的要求，应整体性好、平整、不开裂、耐磨、耐撞击、防潮、不易积聚静电。地面应设防潮层，基层宜采用混凝土并设置钢筋网。有爆炸危险的甲类、乙类生产区地面应有防火、防静电措施。

（5）医药洁净室内的色彩宜淡雅柔和。内墙面和地面、天花板一样，应表面光滑、光洁，不起尘，避免眩光，耐腐蚀，易于清洗。

为防止积尘，造成不易清洗、消毒的死角，洁净室门、窗、墙壁、顶棚、地（楼）面的构造和施工缝隙，均应采取可靠的密闭措施。凡板面交界处，宜做圆式过渡。大输液、水针、口服液等接触水的岗位，其壁板宜安装于与壁板同一宽度的100~120 mm的"高台"上，以防止水渗入保温层，影响保温效果和造成壁板腐蚀。

二、仓库

仓库由储存物品的库房、运输传送设施(如吊车、电梯、滑梯等)、出入库房的输送设施、消防设施、管理用房等组成。在安全的前提下,应做到储存多、进出快、保管好、费用省、损耗少。

按照建筑的技术设备条件可划分为通用仓库,危险品库和保温、冷藏、恒温恒湿仓库。

(一)仓库功能与仓库布置

1. 仓库功能

(1) 储存和保管功能:仓库具有一定的空间,用于储存物品,并根据储存物品的特性配备相应的设备,以保持储存物品完好性。

(2) 调节供需功能:从药品生产和消费的连续来看,每种不同医药产品都有不同的特点,有些产品的生产是均衡的,而消费是不均衡的,还有一些产品生产是不均衡的,而消费却是均衡的。要使生产和消费协调起来,这就需要仓库起"蓄水池"的调节作用。

(3) 调节货物运输功能:各种运输工具的运输能力是不一样的,可通过仓库进行调节和衔接的。

(4) 流通配送加工功能:仓库不仅要有储存、保管货物的设备,而且有时还要有分拣、流通加工、信息处理等设施。

(5) 信息传递功能:在处理仓库活动有关的各项事务时,通过电子数据交换(EDI)和条形码技术,及时而又准确地了解仓储信息,如仓库利用水平、进出库频率等。

(6) 产品生命周期支持功能:现代物流包括了产品从"生"到"死"的整个生产、流通和服务的过程,必然导致退货逆向物流和再循环回收等逆向物流的产生。仓储系统应对产品生命周期提供支持。

2. 仓库布置

(1) 仓库平面布置

仓库平面布置指对仓库的各个部分(存货区、入库检验区、理货区、流通加工区、配送备货区、通道以及辅助作业区)在规定范围内进行全面合理的安排。

(2) 药品堆垛的距离要求

药品堆垛应当留有一定距离:① 药品垛与垛的间距一般为300~500 mm;② 药品与墙、屋顶(房梁)的间距不小于300 mm;③ 药品与库房散热器或供暖管道的间距不小于300 mm;④ 药品与室内柱子的间距不小于300 mm;⑤ 药品与地面的间距不小于100 mm。

(3) 药品仓库分区与色标管理

药品批发企业和药品零售连锁企业仓库应划分为:① 待验库(区);② 合格品库(区);③ 发货库(区);④ 不合格品库(区);⑤ 退货库(区)等专用场所;⑥ 经营中药饮片还应划分零货称取专库(区)或固定的饮片分装室。

零售企业仓库应划分为：① 待验药品区；② 合格药品区；③ 不合格药品区；④ 退货药品区。

药品仓库实行色标管理统一标准是：① 待验药品库（区）和退货药品库（区）为黄色；② 合格药品库（区）、零货称取库（区）和待发货库（区）为绿色；③ 不合格药品库（区）为红色。

（二）药品仓库的设备与设施

仓储设备是构成仓储系统的重要组成因素，担负着仓储作业的各项任务，离开仓储设备，仓储系统就无法运行或服务水平及运行效率就可能极其低下。

药品仓库设备要求：① 药品仓库应有使药品与地面之间保持一定距离的设备，如货架、货台和货柜；② 应有避光、通风设备，如窗帘、百叶窗、通风扇或天窗等；③ 应有检测和调节温湿度的设备，如温湿度计、空调机、干燥箱等；④ 应有防尘、防潮、防霉、防污染以及防虫、防鼠、防鸟等设备；⑤ 应有符合安全用电要求的照明设备；⑥ 应有适宜拆零及拼箱发货的工作场所和包装物料等储存场所和设备。

1. 装卸搬运设备

装卸搬运设备是用于药品的出入库、库内堆码以及翻垛作业。包括各种类型起重机、叉车、手推车、堆码机、滑车等。

2. 保管、养护、检验设备

保管设备是用于保护仓储药品质量的设备。养护、检验设备是指药品进入仓库验收和在库内保管测试、化验以及防止商品变质、失效的机具、仪器。例如：温度仪、吸潮器、空气调节器、药品质量化验仪器等。

3. 计量设备

计量设备是用于药品进出时的计量、点数，以及货存期间的盘点、检查等。例如：地磅、电子秤、卷尺等。

4. 消防安全、通风保暖、照明设备

消防安全设备是仓库必不可少的设备。它包括：报警器、消防车、水枪、砂土箱等。通风保暖、照明设备根据药品保管和仓储作业的需要而设置。

5. 劳动防护及其他用品和用具

劳动保护及其他用品和用具主要用于确保仓库职工在作业中的人身安全以及药品在储存期间的质量安全。

（三）仓库储存环境与管理

1. 药品仓储区的温度、湿度和照明应符合的规定

（1）常温保存的环境，其温度范围应为10～30 ℃；

（2）阴凉保存的环境，其温度范围应为小于或等于20 ℃；

(3) 凉暗保存的环境,其温度范围应为小于或等于20 ℃并应避免直射光照;

(4) 低温保存的环境,其温度范围应为2~10 ℃;

(5) 储存环境的相对湿度宜为35%~75%;

(6) 储存物品有特殊要求时,应按物品性质确定环境的温度、湿度参数。

2. 药品仓储管理

(1) 药品应按质量状态实行色标管理:待验药品为黄色,合格药品为绿色,不合格药品为红色。

(2) 储存药品应避免阳光直射。

(3) 搬运和堆码药品应严格遵守外包装标示的要求规范操作,堆码高度应适宜,避免损坏药品包装。

(4) 药品应按批号堆码,不同批号的药品不得混垛。

(5) 药品与非药品、外用药与其他药品应分开存放;中药材和中药饮片与其他药品分库存放。

(6) 麻醉药品、第一类精神药品应专库存放,医疗用毒性药品应专库(柜)存放,双人双锁保管,专人管理,专账记录;第二类精神药品应专库(柜)存放,专人管理,专账记录。采用砖混或钢混结构的无窗建筑,装有钢制保险房门,基本设施牢固,具有抗撞击能力,备有防盗、防火、报警装置,专用仓库要与110联网。

(7) 危险品按国家有关规定存放。

(8) 拆零药品应集中存放,并保留原包装及说明书。

(9) 储存药品的货架、底垫等设施、设备应保持清洁,无杂物,完好无损。

(四)仓库安全

仓库安全是保障生产持续进行的一个重要环节。按照不同类别仓库的特点,安全要求有所不同。

1. 一般原料仓库

(1) 仓库内的原料要结合性能差别,分区、分类摆放,严禁混放。

(2) 仓库内的照明和用电避免电火花的产生,增加通风排风系统,避免挥发性气体的蓄积。

(3) 结合储存原材料的性质特点,做好消防设施的选用。如干粉灭火器、消防沙、灭火毯等。

(4) 仓库周围要设置应急导流渠,防止液体原料泄露,造成污染。

2. 成品仓库

制药企业的成品仓库主要是存放最终制备的原料药成品和一定剂型的药品成品。成品仓库的安全主要依据《药品经营质量管理规范》(GSP)的相关条款要求进行管理。

3. 危险化学品仓库

危险化学品必须储存在经监管部门审查批准的危险化学品仓库中。储存危险化学品必须遵照国家法律、法规和其他有关的规定,如《危险化学品安全管理条例》《常用化学危险品贮存通则》《易燃易爆性商品储藏养护技术条件》等。

三、给排水

给排水管道的布置和敷设、流量、管材、附件的选择均应按现行的《建筑给水排水设计规范》的规定执行。给排水管道不得布置在遇水迅速分解燃烧或损坏的物品房,以及贵重仪器设备的上方。

(一) 给水

医药化工企业用水包括生产用水(工艺用水和冷却用水)、辅助生产用水(清洗设备及清洗工作环境用水)、生活用水和消防用水等。

1. 水源

一般是天然水源和市政供水。天然水源有地下水(深井水)和地表水(河水、湖水等)。规模比较大的工厂,可在河道、湖泊或水库等水源地建立给水基地。当附近无河道、湖泊或水库时,通过有关部门批准可凿深井取水,对于市政供水覆盖范围内的工厂,可直接使用城市自来水作为水源。

2. 工艺用水

工艺用水是指药品生产工艺中使用的水,包括饮用水、纯化水和注射用水。给水系统应根据科研、生产、生活、消防等各项用水对水质、水温、水压和水量的要求,并结合室外给水系统因素,经技术经济比较后确定。

(二) 排水

排水主要解决生产中的废水、生活下水和污水处理及雨水排放问题。厂区应有完整、有效的排水系统,完整的排水系统是指无论采用何种排水方式,场地所有部位的雨水均有去向。

医药工业的废水成分复杂,有害物质多,特别是有机溶媒和重金属,危害极大;另外,医药工业废水量大、种类繁多;再者医药工业有特殊的卫生洁净要求,因此处理后的废水排放要认真对待。医药工业的排水系统应根据生产排出的废水性质、浓度、水量等特点确定。

医药工业排出的含有有毒和有害物质的污水,应与生活污水及其他废水、废液分开,对于较纯的溶剂废液或贵重试剂,宜在进行技术经济比较后回收利用;当地降雨量小,土壤渗透性强时,雨水可采用自然渗透式;场地平坦,建筑和管线密集地区,埋管施工及排水出口均无困难时,应采用暗管。暗管美观、卫生,使用方便,但费用略高,目前药厂均采用暗管式排水。

对于工业废水,应经污水处理设施净化后达标排放。

（三）医药洁净室给排水要求

1. 一般规定

（1）医药洁净室的给水排水干管应敷设在技术夹层、技术夹道、技术竖井内，或地下埋设。

（2）医药洁净室内应尽量少敷设管道，与本区域无关管道不宜穿越，引入医药洁净室内的支管宜暗敷。当明敷时，应采用不锈钢管或其他不影响洁净要求的材质。

（3）医药洁净室内的管道外表面应采取防结露措施。防结露外表层应光滑、易于清洗，不应对医药洁净室造成污染。

（4）给水排水支管穿越医药洁净室顶棚、墙板和楼板处应设置套管，管道与套管之间应密封，无法设置套管的部位应采取密封措施。

2. 给水

（1）医药工业洁净厂房应根据生产、生活和消防等各项用水对水质、水温、水压和水量的要求，分别设置直流、循环或重复利用的给水系统。

（2）给水管材的选择：① 生活给水管应选用耐腐蚀、安装连接方便的管材；② 循环冷却水管道宜采用钢管；③ 管道的配件材料应与管道材料相适应。

（3）医药工业洁净厂房周围宜设置洒水设施。

3. 排水

（1）医药工业洁净厂房的排水系统，应根据生产排出的废水性质、浓度、水量等确定。

（2）医药洁净室内的排水设备以及与重力回水管道相连的设备，应在其排出口以下部位设置水封装置，水封高度不应小于50 mm。医药洁净室的排水系统应设置透气装置。工艺设备的排水口应设置空气阻断装置。

（3）排水立管不应穿过空气洁净度A级、B级的医药洁净室；排水立管穿越其他医药洁净室时，不应设置检查口。

（4）医药洁净室内地漏的设置：① 空气洁净度A级、B级的医药洁净室内不应设置地漏；空气洁净度C级、D级的医药洁净室内宜少设置地漏，需设置时，地漏材质应不易腐蚀，内表面光洁、易于清洗、有密封措施，并应耐消毒灭菌；② 医药洁净室内不宜设置排水沟。

医药工业洁净厂房内应采用不易积存污物并易于清扫的卫生器具、管材、管架及其附件。

四、电气

制药企业的电气主要包括强电、弱电和自动控制三方面的平时运行和火灾期间所使用的内容。强电部分包括供电、电力、照明，弱电部分包括广播、电话、闭路电视、报警、消防，自动控制包括温湿度与微正压的控制以及冷冻站、空压站、纯水与气体净化站、火灾自动报警系统等控制。

(一) 供电

根据用电设备对供电可靠性的要求,电力负荷分成三级。

一级负荷:设备要求连续运转,突然停电将造成着火、爆炸或重大设备损毁、人身伤亡或巨大的经济损失时,称一级负荷。一级负荷应有两个独立电源供电,按工艺允许的断电时间间隔,考虑自动或手动投入备用电源。

二级负荷:突然停电将产生大量废品、大量原料报废、大减产或将发生重大设备损坏事故,但采用适当措施能够避免时,称为二级负荷。对二级负荷供电允许使用一条架空线供电,用电缆供电时,也可用一条线路供电,但至少要分成两根电缆并接上单独的隔离开关。

三级负荷:一、二级负荷以外的分为三级负荷,三级负荷允许供电部门为检修更换供电系统的故障元件而停电。

因制药企业生产及产品的特殊性,制药行业一般列为一、二类供电负荷。药品生产车间供电电压由供电系统与车间需要决定,一般高压为 10 kV 或 6 kV,低压为 380 V 或 220 V。交流供电标准频率为 50 Hz,偏差不超过 $\pm 0.2 \sim \pm 0.5$ Hz,电压偏差不超过供电电压的 $\pm 7\%$。

(二) 洁净厂房的配电

医药工业洁净厂房内的配电线路应按照不同空气洁净度等级划分的区域设置配电回路。分设在不同空气洁净度等级区域内的设备一般不宜由同一配电回路供电。洁净厂房内的配电要求参考以下内容:

(1) 医药工业洁净厂房的用电负荷等级和供电要求,应根据现行国家标准的有关规定和生产工艺确定。

(2) 医药工业洁净厂房的电源进线应设置切断装置。切断装置宜设置在医药洁净区域外便于操作管理的地点。若切断装置设在非洁净区,则其操作应采用遥控方式,遥控装置应设在洁净区内。

(3) 医药洁净室内的配电设备应选择不易积尘、便于擦拭和外壳不易锈蚀的小型加盖暗装配电箱及插座箱。医药洁净室内不宜设置大型落地安装的配电设备,功率较大的设备宜由配电室直接供电。

(4) 医药业洁净厂房内的配电线路宜按生产区域设置配电回路。医药工业洁净厂房通风系统的配电线路宜根据不同防火分区设置配电回路。

(5) 医药洁净室内的电气管线宜敷设在技术夹层或技术夹道内,管材应采用非燃烧体。医药洁净室内连接至设备的电线管线和接地线宜暗敷。明敷时,则电气线路保护管应采用不锈钢或其他不污染环境的材料,接地线应采用不锈钢材料。医药洁净室内的电气管线管口,以及安装于墙上的各种电器设备与墙体接缝处均应密封。

(三) 照明

药品生产区内的照明光源宜采用高效荧光灯。当生产工艺有特殊要求时,也可采用其他光源。药品生产区内应选用外部造型简单、密封良好、表面易于清洁消毒的照明灯具。

为了稳定室内气流以及节约冷量,一般采用气体放电的光源而不采用热光源。国外洁净车间的照度标准较高,为800~1000 Lx。我国洁净厂房照度标准为300 Lx,一般车间、辅助工作室、走廊、气闸室、人员净化和物料净化用室可低于300 Lx,如采用150 Lx。

(四) 其他

制药工业厂房应根据工艺生产要求设置静电防护措施。洁净室的净化空调系统,应采取防静电接地措施。洁净室内可能产生静电危害的设备、流动液体、气体或粉体管道应采取防静电接地措施,其中有爆炸和火灾危险场所的设备、管道应符合有关国家标准的规定。

制药工业厂房的防雷接地系统应符合有关国家标准的规定。

医药工业洁净厂房内应设置与厂房内外联系的通信装置,应选用不易积尘、便于擦拭、易于消毒灭菌的洁净电话。也可根据生产管理和生产工艺的要求设置闭路电视监视系统。

医药洁净厂房的生产区(包括技术夹层)等应设置火灾探测器,洁净厂房生产区及走廊应设置手动火灾报警按钮和火灾声光报警器,洁净厂房应设置消防应急广播、消防控制室。消防控制室不应设置在医药洁净室内,消防控制室应设置消防专用电话总机。

医药工业洁净厂房中可燃、助燃气体和可燃液体的储存、使用场所、管道入口室及管道阀门等易泄漏的地方,应设置可燃气体探测器。有毒气体的储存和使用场所应设置气体检测器。报警信号应联动启动或手动启动相应的事故排风机,并应将报警信号送至控制室。

第四章　管道、阀门、管件及管道连接

第一节　管道及阀门

一、管道

在药品生产中,各种流体物料以及水、蒸汽等载能介质通常采用管道来输送,管道是制药生产中必不可少的重要部分。

(一) 公称压力与公称直径

1. 公称压力

制药化工产品种类繁多,即使是同一种产品,由于工艺方法的差异,对管道温度、压力和材料的要求都不相同。在不同温度下,同一种材料的管道所能承受的压力不同。为了实现管道材料的标准化,首先要有压力标准,统一压力的数值,减少压力等级的数量,以利于管件、阀门等管道组成件的选型。压力标准是以公称压力为基准的。

公称压力是管道、管件和阀门在规定温度下的最大许用工作压力(表压,温度范围 0～120 ℃),由 PN 和无量纲数组成,代表管道组成件的压力等级。

管道系统中每个管道组成件的设计压力,应不小于在操作中可能遇到的最苛刻的压力温度组合工况的压力。

2. 公称直径

公称直径又称公称通径,它代表管道组成件的规格,是管道、阀门或管件的名义直径,一般由 DN 和无量纲数组成。如公称直径为 50 mm 可表示为 DN50。

一般情况下,公称直径既非外径,亦非内径,而是小于管子外径并与它相近的整数。管子的公称直径一定,其外径也就确定了,但内径随壁厚而变。公称直径数值与端部连接件的孔径或外径(用 mm 表示)等特征尺寸直接相关。不同规范的表达方式可能不同,所以也可使用其他标志尺寸方法,例如螺纹、压配、承插焊或对接焊的管道元件,可用 NPS(公称管道尺寸)、OD(外径)、ID(内径)或 G(管螺纹尺寸标记)等标志的管道元件。同一公称直径的管道或管件,采用的标准确定后,其外径或内径即可确定,但管壁厚可根据压力计算确定选取。管件和阀件的标准则规定了各种管件和阀件的外廓尺寸和装配尺寸。

对法兰或阀门而言,公称直径是指与其相配的管子的公称直径。如DN50的法兰或阀门,指的是连接公称直径为50 mm的管子用的法兰或阀门。各种管路附件的公称直径一般都等于其实际内径。

(二) 管材、管径及壁厚

1. 管材

制药工业常用管道有金属管和非金属管。常用的金属管有铸铁管、硅铁管、焊接钢管、无缝钢管(包括热轧和冷拉无缝钢管)、有色金属管(如铜管、黄铜管、铝管、铅管)、衬里钢管。常用的非金属管有耐酸陶瓷管、玻璃管、硬聚氯乙烯管、软聚氯乙烯管、聚乙烯管、玻璃钢管、有机玻璃管、酚醛塑料管、石棉-酚醛塑料管、橡胶管和衬里管道(如衬橡胶搪玻璃管等)。

制药工业生产用管道、阀门和管件的材料主要依据输送介质的浓度、温度、压力、腐蚀情况、供应来源和价格等因素综合考虑决定,应用最广泛的选材方法是查找腐蚀数据手册。

两种以上物质组成的混合物,如没有起化学反应,其腐蚀性一般为各组成物腐蚀性的和,只要查对应各组成物的耐蚀性即可(基准为混合物中稀释后的浓度)。但是有些混合物会改变性质,如硫酸与含有氯离子(如食盐)的化合物混合会产生盐酸,就不仅有硫酸的腐蚀性,还有盐酸的腐蚀性。所以查阅混合物时,应先了解各组成物是否已起了变化。

2. 管径及壁厚

除了安全因素外,管径的大小决定管道系统的建设投资和运行费用,管道投资费用与动力系统的消耗费用有着直接的联系。管径越大,建设投资费用越大,但动力消耗费用可降低,运行费用就少。

一般情况下,低压管道的壁厚可根据经验选取,压力较高的管道的壁厚应通过强度计算确定。

流量确定的情况下,可通过手册选取介质的流速,然后可通过下式求取管径:

$$d = \sqrt{\frac{4V_s}{\pi u}}$$

式中,d 为管道直径,单位为 m (或管道内径,mm);V_s 为管内介质的体积流量,单位为 m^3/s;u 为流体的流速,单位为 m/s。

管道的管径还应该符合相应管道标准的规格数据。

管径确定后,应该根据流体特性、压力、温度、材质等因素计算所需要的壁厚,然后根据计算的壁厚确定管道的壁厚。工程上为了简化计算,一般根据管径和各种公称压力范围,查阅有关手册(如《化工工艺设计手册》等)可得管壁厚度。

二、阀门

阀门是流体输送系统中的控制部件,具有截止、调节、导流、防止逆流、稳压、分流或溢流泄压等功能,阀门可用于控制空气、水、蒸汽、各种腐蚀性介质、泥浆、油品、液态金属和放射性介质等各种类型流体的流动,在制药生产中起着重要的作用。

(一)阀门的分类及标记

阀门品种繁多,根据阀体的类别、结构形式、驱动方式、连接方式、密封面或衬里、标准公称压力等,有不同品种和规格的阀门,应结合工艺过程、操作与控制方式选用。

按结构形式和用途的不同,有多种品种的阀门,常用的阀门有旋塞阀、球阀、闸阀、截止阀、止回阀、隔膜阀、蝶阀、疏水阀、减压阀、安全阀等。阀门根据材质还分为铸铁阀门、铸钢阀门、不锈钢阀门(201、304、316等)、铬钼钢阀门、铬钼钒钢阀门、双相钢阀门、塑料阀门、非标定制阀门等。

通用阀门规格标记应包含下列内容:采用的标准代号;阀门的名称、公称压力、公称直径;阀体材料、阀体连接形式;阀座密封面材料;阀杆与阀座结构;阀杆等内件材料,填料种类;阀体中法兰垫片种类、紧固件结构及材料;其他特殊要求等。

(二)常用阀门

下面按结构形式和用途的不同,介绍几种常用的阀门。

1. 闸阀

闸阀的结构如图4.1所示。闸阀体内有一个与介质的流动方向相垂直的平板阀芯,利用阀芯的升起或落下可实现阀门的启闭。闸阀不改变流体的流动方向,因而流动阻力较小。闸阀主要用作切断阀,常用作放空阀或低真空系统阀门,一般不用于流量调节,也不适用于含固体杂质的介质。其缺点是密封面易磨损,且不易修理。

2. 截止阀

截止阀的结构如图4.2所示。截止阀的阀座与流体的流动方向垂直,流体向上流经阀座时要改变流动方向,因而流动阻力较大。截止阀结构简单,调节性能好,常用于流体的流量调节,但不宜用于高黏度或含固体颗粒的介质,也不宜用作放空阀或低真空系统阀门。

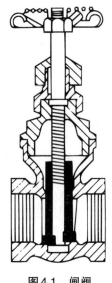

图 4.1　闸阀　　　　　图 4.2　截止阀

3. 球阀

球阀的结构如图 4.3 所示。球阀体内有一个可绕自身轴线做 90°旋转的球形阀瓣,阀瓣内设有通道。球阀结构简单,操作方便,旋转 90°即可启闭。球阀的使用压力比旋塞阀高,密封效果较好,且密封面不易擦伤,可用于浆料或黏稠介质。

4. 旋塞阀

旋塞阀的结构如图 4.4 所示。旋塞阀具有结构简单、启闭方便快捷、流动阻力较小等优点,常用于温度较低、黏度较大的介质以及需要迅速启闭的场合,但一般不适用于蒸汽和温度较高的介质。由于旋塞很容易铸上或焊上保温夹套,因此可用于需要保温的场合。此外,旋塞阀配上电动、气动或液压传动机构后,可实现遥控或自控。

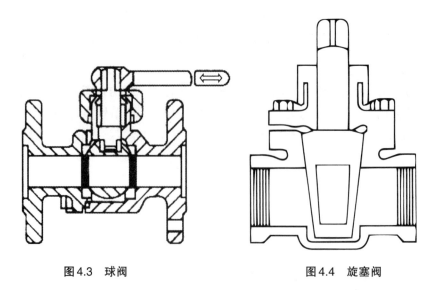

图 4.3　球阀　　　　　图 4.4　旋塞阀

5. 止回阀

止回阀的结构如图4.5所示。止回阀体内有一个圆盘或摇板,当介质顺流时,阀盘或摇板升起打开;当介质倒流时,阀盘或摇板自动关闭。因此,止回阀是一种自动启闭的单向阀门,又称为单向阀,用于防止流体逆向流动的场合,如在离心泵吸入管路的入口处常装有止回阀。止回阀一般不宜用于高黏度或含固体颗粒的介质。

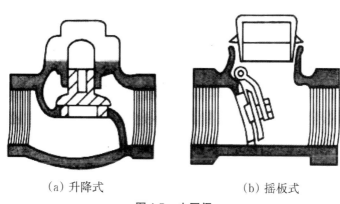

(a) 升降式　　　　　　(b) 摇板式

图4.5　止回阀

6. 疏水阀

圆盘式疏水阀的结构如图4.6所示,疏水阀安装布置方式如图4.7所示。疏水阀的作用是自动排出设备或管道中的冷凝水、空气及其他不凝性气体,同时又能阻止蒸汽的大量逸出。因此,凡需蒸汽加热的设备以及蒸汽管道等都应安装疏水阀。

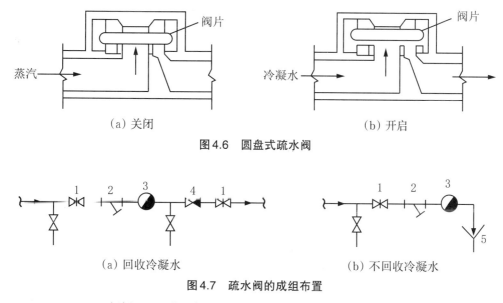

(a) 关闭　　　　　　(b) 开启

图4.6　圆盘式疏水阀

(a) 回收冷凝水　　　　　　(b) 不回收冷凝水

图4.7　疏水阀的成组布置

1.闸阀;2.Y形过滤器;3.疏水阀;4.止回阀;5.敞口排水阀

7. 减压阀

减压阀的结构如图4.8所示。减压阀体内设有膜片、弹簧、活塞等敏感元件,利用敏感元件的动作可改变阀瓣与阀座的间隙,从而达到自动减压的目的。减压阀仅适用于蒸汽、空气、氮气、氧气等清净介质的减压,但不能用于液体的减压。此外,在选用减压阀时还应注意其减压范围,不能超范围使用。

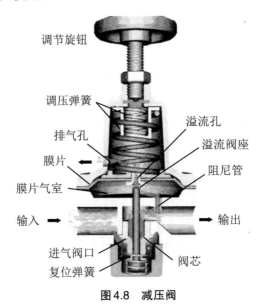

图4.8 减压阀

8. 安全阀

安全阀内设有自动启闭装置。当设备或管道内的压力超过规定值时阀即自动开启以泄出流体,待压力回复后阀又自动关闭,从而达到保护设备或管道的目的。安全阀的种类很多,以弹簧式安全阀最为常用,其结构如图4.9所示。当流体可直接排放到大气中时,可选用全启式安全阀;若流体不允许直接排放,则应选用封闭式安全阀,将流体排放到总管中。

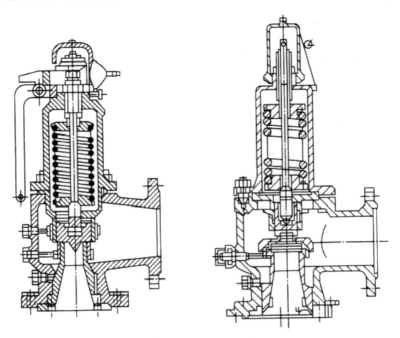

(a) 有提升把手及上下调节圈　　(b) 无提升把手,有反冲盘及下调节圈

图4.9 弹簧式安全阀

9. 隔膜阀

隔膜阀的结构如图4.10所示。利用弹性薄膜(橡皮、聚四氟乙烯)作阀的启闭机构,阀杆不与流体接触,不用填料箱,结构简单,便于维修,密封性能好,流体阻力小。不适用于有机溶剂和强氧化剂的介质。用于输送悬浮液或腐蚀性液体。

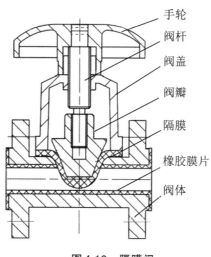

图4.10 隔膜阀

10. 蝶阀

蝶阀的结构如图4.11所示。蝶阀的关阀件是一圆盘形结构。结构简单,尺寸小,重量轻,开闭迅速,有一定调节能力。用于气体、液体及低压蒸汽管道,尤其适合用于较大管径的管路上。

图4.11 蝶阀

(三)阀门的选择与安装

1. 阀门的选择

阀门的种类很多,结构和特点各异。根据阀体的类别、结构形式、驱动方式、连接方式、密封面或衬里、标准公称压力等,有不同品种和规格的阀门,应结合工艺过程、操作与控制方式选用。

根据操作工况的不同,可选用不同结构和材质的阀门。一般情况下,阀门可按以下步骤进行选择:

(1) 根据被输送流体的性质以及工作温度和工作压力选择阀门材质。阀门的阀体、阀杆、阀座、压盖等部位既可用同一材质制成,也可用不同材质分别制成,以达到经济、耐用的目的。

(2) 根据阀门材质、工作温度及工作压力,确定阀门的公称压力。

(3) 根据被输送流体的性质以及阀门的公称压力和工作温度,选择密封面材质。密封面材质的最高使用温度应高于工作温度。

(4) 确定阀门的公称直径。一般情况下,阀门的公称直径可采用管子的公称直径,但应校核阀门的阻力对管路是否合适。

(5) 根据阀门的功能、公称直径及生产工艺要求,选择阀门的连接形式。

(6) 根据被输送流体的性质以及阀门的公称直径、公称压力和工作温度等,确定阀门的类别、结构形式和型号。

2. 阀门的安装

为了安装和操作方便,管道上的阀门和仪表的布置高度一般为:阀门安装高度0.8~1.5 m,取样阀1 m左右,温度计、压力计安装高度1.4~1.6 m,安全阀安装高度2.2 m。并列管路上的阀门、管件应保持应有距离,整齐排列安装或错开安装。

第二节 管件及管道连接与布置

一、管件

管件是管道系统中起连接、控制、变向、分流、密封、支撑等作用的零部件的统称。

管件是管与管之间的连接部件,延长管路、连接支管、堵塞管道、改变管道直径或方向等均可通过相应的管件来实现,如利用法兰、活接头、内牙管等管件可延长管路,利用各种弯头可改变管路方向,利用三通或四通可连接支管,利用异径管(大小头)或内外牙(管衬)可改变管径,利用管帽或管堵可堵塞管道等。

管件的种类很多,通常可根据用途、连接、材料、加工方式分类。

按用途分为如下几类:

(1) 用于管子互相连接的管件:法兰、活接、管箍、夹箍、卡套、喉箍等。

(2) 改变管子方向的管件:弯头、弯管等。

(3) 改变管子管径的管件:变径(异径管)、异径弯头、支管台、补强管等。

(4) 增加管路分支的管件:三通、四通等。
(5) 用于管路密封的管件:垫片、生料带、线麻、法兰盲板、管堵、封头、焊接堵头等。
(6) 用于管路固定的管件:卡环、拖钩、吊环、支架、托架、管卡等。

图4.12为常用管件示意图。

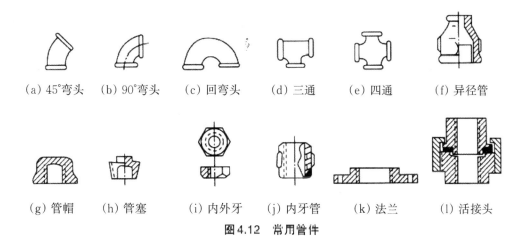

(a) 45°弯头　(b) 90°弯头　(c) 回弯头　(d) 三通　(e) 四通　(f) 异径管

(g) 管帽　(h) 管塞　(i) 内外牙　(j) 内牙管　(k) 法兰　(l) 活接头

图4.12　常用管件

二、管道连接

管道连接的基本方式有螺纹连接、焊接连接、法兰连接、承插式连接、卡箍连接和卡套连接。部分如图4.13所示。

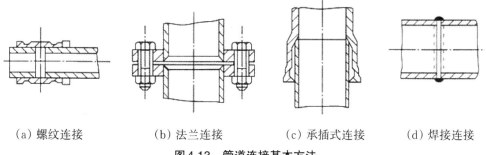

(a) 螺纹连接　　(b) 法兰连接　　(c) 承插式连接　　(d) 焊接连接

图4.13　管道连接基本方法

(一) 螺纹连接

螺纹连接用于低压流体输送、用焊接钢管及外径可以攻螺纹的无缝钢管的连接,一般公称通径在150 mm以下,工作压力在1.6 MPa以下。

连接管道的管螺纹有圆锥形管螺纹和圆柱形管螺纹。现场用绞板和套丝机加工的螺纹都是圆锥形管螺纹,某些管配件的螺纹如通牙的管接头和一般阀门的内螺纹则是圆柱形管螺纹。

管螺纹的加工也称套丝,有手工套丝和机械套丝两种方法。手工套丝使用管子绞板套出螺纹,机械套丝一般采用套丝机,有时也利用车床车制螺纹。

管道螺纹连接应留2~3牙螺尾。

(二) 焊接连接

焊接连接是管道工程中最重要且应用最广泛的连接方式。其主要优点是:接口牢固耐久,不易渗漏,接头强度和严密性高,使用后不需要经常管理。

钢管的焊接方式有很多,如电焊、气焊、手工电弧焊、手工氩弧焊、埋弧自动焊、埋弧半自动焊、接触焊和气焊。由于电焊焊缝强度比气焊高,并且比气焊经济,因此优先采用电焊焊接。气焊一般只用于公称通径<50 mm、壁厚<3.5 mm的管道。因条件限制不能采用电焊焊接的地方也可采用气焊焊接公称通径>50 mm的管子。

不锈钢管道焊接一般采用氩弧焊封底、手工电弧焊盖面,管内充氩保护,使管内侧焊缝不产生氧化。对于口径较小的不锈钢管,也可直接用氩弧焊封底和盖面。不锈钢管焊接后,应对焊缝表面进行酸洗、钝化处理。

(三) 法兰连接

法兰连接是将垫片放入一对固定在两个管口上的法兰的中间,用螺栓拉紧使其紧密结合起来。

按法兰与管子的固定方式,法兰可分为螺纹法兰、焊接法兰、松套法兰;按密封面形式,可分为光滑式、凹凸式、榫槽式、透镜式和梯形槽式法兰。

螺纹法兰主要用于镀锌水、煤气钢管的连接,其密封面为光滑式。

焊接法兰是管道连接中最常用的法兰,分为平焊法兰和对焊法兰。

平焊法兰:又叫搭焊法兰,与管子焊接时将管子插入法兰孔内,在法兰内外部与管子进行搭接角焊。平焊法兰的密封面有光滑式和凹凸式。

对焊法兰:又叫高颈法兰,与平焊法兰的区别是带有一段锥形短管。法兰与管子的结合实质上是短管与管子的对口焊接,故称对焊法兰。一般用于公称压力≥4.0 MPa或温度大于300 ℃的管道上。

松套法兰:也叫活套法兰或活动法兰。分为平焊松套法兰、对焊松套法兰、卷边松套法兰(主要用于有色金属管道、塑料管道,不过目前基本不用)。这种法兰接口就是利用钢环或管口卷边把法兰套在管端上,因此法兰可以在管端上活动,故称松套法兰。

(四) 承插连接

1. 铸铁管的承插连接

铸铁管的承插连接方式分为机械式接口和非机械式接口。机械接口利用压兰与管端上的法兰连接,将橡胶密封圈压紧在铸铁承插口间隙内,使橡胶圈压缩而与管壁紧贴形成密封。非机械接口根据填料的不同,分为石棉水泥接口、自应力水泥接口、青铅接口、橡胶圈接口。

承插口内密封圈有油麻丝和橡胶圈两种。密封圈的主要作用是阻挡接口填料进入管内,并防止管内介质向管外渗透。

2. 非金属管的承插连接

非金属管的承插连接一般采用承插粘接。粘接连接是采用黏合剂做粘接填料,将同质的管材、管件粘接在一起,从而起到密封作用。

(五)卡箍及卡套连接

1. 卡箍连接

卡箍连接是在管材、管件等管道接头部位加工成环形沟槽,用卡箍件、橡胶密封圈和紧固件等组成的套筒式快速接头。这种连接方式具有不破坏钢管镀锌层、施工快捷、密封性好、便于拆卸、操作简单、管道原有的特性不受影响、有利于施工安全、系统稳定性好、维修方便、经济效益良好等优点。

2. 卡套连接

卡套连接是小直径($\leqslant 40$ mm)管道、阀门及管件之间的一种常用的、用锁紧螺母和开口压紧环将管材压紧于管件上的连接方式。

卡套式管接头由三部分组成:接头体、卡套、螺母。当卡套和螺母套在管道上插入接头体后,旋紧螺母时,卡套前端外侧与接头体锥面贴合,内刃均匀地咬入管道,形成有效的密封。

卡套式管件密封面短,安装方便简单,无需专用工具,可以拆卸,相比螺纹连接要省事、美观。优点包括:连接牢靠,耐压能力高,耐温性、密封性和反复性好,安装检修方便,工作安全可靠等。

三、管道布置

(一)管路布置的一般原则

1. 两点间非直线连接原则

管道配置不适用几何学两点连直线距离最短的原理,因为采用此原理拉管线必将车间结成一个钢铁的蜘蛛网。管道配置的原则是贴墙、贴顶、贴地,沿 x、y、z 三个坐标配置管线,这样做虽然管线材料大大增加,但不影响操作与维修,使车间内变得有序。

2. 操作点集中原则

一台设备常常有许多接管口,连接有许多不同的管线,而且它们分布于上下、左右、前后不同层次的空间之中。合理的配管可以通过管道走向的变化将所有的阀门集中到一两处,高度统一适中,管路的操作点统一布置在一个操作平面上,不仅布置美观,而且方便操作,避免出错。

3. 总管集中布置原则

总管道尽可能集中布置,并靠近输送负荷比较大的一边。

4. 方便生产原则

管道配置还需考虑正常生产、开停车、维修等因素。

(二)管道布置注意事项

管道布置时,管道敷设、管道排列、坡度、高度、管道支撑、保温及热补偿等须按一定原则实施,以保证安全、正常生产,便于操作、检修。

1. 管道敷设

管道的敷设方式有明线和暗线两种,一般车间管道多采用明线敷设,以便于安装操作和检修,且造价也较为便宜。有清净要求的车间,管道应尽可能采用暗敷。

2. 管道排列

应根据生产工艺及输送介质的性质等综合考虑管道的排列方式。

(1)小直径管道可支承在大直径管道的上方或吊在大直径管道的下方。输送热介质的管道或保温管道应布置在上层;反之,输送冷介质的管道或不保温管道应布置在下层。

(2)输送无腐蚀性介质、气体介质、高压介质的管道以及不需经常检修的管道应布置在上层;反之,输送腐蚀性介质、液体介质、低压介质的管道以及需经常检修的管道应布置在下层。

(3)大直径管道、常温管道、支管少的管道、高压管道以及不需经常检修的管道应靠墙布置在内侧;反之,小直径管道、高温管道、支管多的管道、低压管道以及需经常检修的管道应布置在外侧。

3. 管道坡度

管道敷设应有一定的坡度,坡度方向大多与介质的流动方向一致,但也有个别例外。管道坡度与被输送介质的性质有关,常见管路的坡度为3‰~5‰。

4. 管道高度

管道距地面或楼面的高度应在100 mm以上,并满足安装、操作和检修的要求。当管路下面有人行通道时,其最低点距地面或楼面的高度不得小于2 m;当管道下布置机泵时,应不小于4 m;穿越公路时不得小于4.5 m;穿越铁路时不得小于6 m。上下两层管道间的高度差可取1 m、1.2 m、1.4 m。

5. 安装、操作和检修

管道的布置应不挡门窗、不妨碍操作,并尽量减少埋地或埋墙长度,以减轻日后检修的困难;当管道穿过墙壁或楼层时,在墙或楼板的相应位置应预留管道孔,且穿过墙壁或楼板的一段管道不得有焊缝;管路的间距不宜过大,但要考虑保温层的厚度,并满足施工要求;小直径水管可采用丝扣连接,并在适当位置配置活接头;大直径水管可采用焊接并适当配置法兰,法兰之间可采用橡胶垫片;为操作方便,一般阀门的安装高度可取1.2 m,安全阀可取

2.2 m,温度计可取1.5 m,压力计可取1.6 m;输送蒸汽的管道,应在管道的适当位置设疏水器以便及时排出冷凝水。

6. 管道安全

管道应避免从电动机、配电盘、仪表盘的上方或附近通过;若被输送介质的温度与环境温度相差较大,则应考虑热应力的影响,必要时可在管道的适当位置设补偿器,以消除或减弱热应力的影响;输送易燃、易爆、有毒及腐蚀性介质的管道不应从生活间楼梯和通道等处通过;凡属易燃、易爆介质,其贮罐的排空管应设阻火器;室内易燃、易爆、有毒介质的排空管应接至室外,弯头向下。

7. 管道的热补偿

管道的安装都是在常温下进行的,而在实际生产中被输送介质的温度通常不是常温,此时管道会因温度变化而产生热胀冷缩。当管道不能自由伸缩时,其内部将产生很大的热应力。管道的热应力与管子的材质及温度变化有关。为减弱或消除热应力对管道的破坏作用,在管道布置时应考虑相应的热补偿措施。一般情况下,管道布置应尽可能利用管道自然弯曲时的弹性来实现热补偿(自然补偿)。

当自然补偿不能满足要求时,应考虑采用补偿器补偿。常用的补偿器有U形和波型补偿器。U形补偿器通常由管弯制而成,在药品生产中有着广泛的应用。U形补偿器具有耐压可靠、补偿能力大、制造方便等优点;缺点是尺寸和流动阻力较大。波型补偿器常用0.5~3 mm的不锈钢薄板制成,其优点是体积小、安装方便;缺点是不耐高压。波型补偿器主要用于大直径低压管道的热补偿。当单波补偿器的补偿量不能满足要求时,可采用多波补偿器。

(三) 洁净车间管道的安装及保温

工艺管道的连接应采用焊接连接,不锈钢管应采用对接氩弧焊。管道与阀门连接宜采用法兰、螺纹或其他密封性能优良的连接件。接触工艺物料的法兰和螺纹的密封圈应采用不易污染物料的材料。

穿越医药洁净室墙、楼板、顶棚的管道应敷设套管,套管内的管段不应有焊缝、螺纹和法兰。管道与套管之间应有密封措施。医药洁净室内的管道应排列整齐,宜减少阀门、管件和管道支架的设置。管道支架应采用不易锈蚀、表面不易脱落颗粒性物质的材料。

管道与设备宜采用金属管材连接。采用软管连接时,应采用金属软管。

医药洁净室内管道的绝热方式应根据所输送介质的温度确定。冷保温管道的外壁温度不得低于环境的露点温度。医药洁净室内的管道绝热保护层表面应平整光滑,无颗粒性物质脱落。

医药洁净室内的各类管道,均应设置指明输送物料名称及流向的标志。

四、管道的验收及管路、阀门涂色

（一）管道的验收

安装完成后的管道需进行强度及气密性试验。小于 68.7 kPa 表压下操作的气体管道进行气压试验时,先将空气升到工作压力,用肥皂水试验气漏,然后升到试验压力维持一定时间,而下降值在规定值以下为合格。

（二）管路、阀门涂色

1. 管路涂色

管路涂色采取基本识别色和识别符号同时使用的方法。基本识别色用于识别管路内流体的种类和状态。识别符号用于识别管路内流体的性质、名称和流向。室内、外地沟内的管路不涂基本识别色和识别符号。不锈钢、有色金属、非金属材质的管路,以及保温管外有铝皮(或不锈钢)保护罩时,均不涂基本识别色,但应有识别符号。

（1）管路基本识别色及含义

绿色:水;红色:蒸汽;棕色:易燃液体、矿物油;黄褐色:气态或液态气体(空气、氧气外);紫色:酸;粉红色:碱;浅蓝色:空气或氧气;白色:真空;黑色:其他液体。

（2）管路基本识别色的涂刷

管路基本识别色的涂刷从以下方法中任选一种:① 涂刷在管路全长上。② 在管路上涂刷 150 mm 宽的色环。③ 在管路上用基本识别色胶带缠绕 150 mm 宽的色环。

基本识别色色环应涂刷在所有管路的交叉点、阀门和穿孔两侧等的管路上,以及其他需要识别的部位。

（3）保温层的涂色

在管路上涂刷 150 mm 宽的色环或在管路上用基本识别色胶带缠绕 150 mm 宽的色环。如管路本色或保温保护罩本色与基本识别色相近而不易识别,应在本色与基本识别色之间用对比明显的白色或黑色各涂刷 50 mm 宽的色环。

2. 阀门涂色

（1）阀体涂色的规定

阀体材质为铸铁:黑色;阀体材质为碳钢:中灰色;阀体材质为不锈钢:不涂色;阀体材质为合金钢:蓝色。

（2）阀门的手轮涂色规定

密封圈材料为铜:红色;密封圈材料为巴氏合金:黄色;密封圈材料为不锈钢:浅蓝色;密封圈材料为硬橡胶:绿色。

阀门除符合以上(1)及(2)的规定外,应符合阀门产品样本的规定。

3. 钢结构涂色

操作台、支架、梯子涂淡灰色,扶手及栏杆涂黄色。

4. 流体名称的标志

从以下方法中任选一种:

① 汉字表示(用仿宋体字):如硝酸;

② 化学符号表示:如HNO_3。

涂刷识别符号时,相近管径的字体大小应一致。流体名称应该用对比明显的白色或黑色标在基本识别色上或基本识别色色环附近的管路醒目位置上。

5. 流体方向

流体流向用对比明显的白色或黑色在基本识别色上或基本识别色色环附近的管路涂刷指向箭头,管路内若是双向流体,则按该方法涂刷双向箭头。

管路识别符号应涂刷在所有管路交叉点、阀门和穿孔两侧等的管路上,以及其他需要识别的部位。外径小于 80 mm 的管路上识别符号不易识别时,可采取在需要识别部位挂标示牌的方法,标示牌为矩形带尖角,矩形尺寸 250 mm×100 mm,指向尖角 90°,标示牌上标明管路内流体名称,尖角指示流体流向。

第五章 制药用水系统

第一节 制药用水概述

水在制药工业中是应用最广泛的工艺原料,用作药品的成分、溶剂、稀释剂等。水又是良好的溶剂,尤其是纯化水和注射用水,具有极强的溶解能力和极少的杂质,广泛用于制药设备和系统的清洗。因此,水在制药工业中既作为原料、溶剂,又作为清洗剂。

一、制药用水的分类及使用范围

(一)制药用水的分类

制药用水通常指制药工艺过程中用到的各种质量标准的水。《中国药典》有以下几种制药用水的定义:

1. 饮用水

为天然水经净化处理所得的水,其质量符合现行国家标准《生活饮用水卫生标准》(GB 5749—2006)。

2. 纯化水

为饮用水经蒸馏法、离子交换法、反渗透法或其他适宜的方法制得的制药用水。纯化水的主要指标是电阻率和细菌、热源,通过控制电阻率来控制纯化水离子含量。纯化水不含任何添加剂,其质量应符合《中国药典》纯化水项下的规定。

3. 注射用水

为纯化水经蒸馏所得的水,应符合细菌内毒素试验要求。注射用水必须在防止细菌内毒素产生的设计条件下生产、贮藏及分装,其质量应符合《中国药典》注射用水项下的规定。

4. 灭菌注射用水

为注射用水按照注射剂生产工艺制备所得,其质量应符合《中国药典》注射用水项下的规定。

（二）制药用水的使用范围

1. 饮用水

用于药品包装材料粗洗用水、中药材和中药饮片的清洗、浸润、提取等用水。

《中国药典》同时说明，饮用水可作为药材净制时的漂洗、制药用具的粗洗用水。除另有规定外，也可作为药材的提取溶剂。

2. 纯化水

用于非无菌药品的配料、直接接触药品的设备及器具和包装材料最后一次洗涤用水、非无菌原料药精制工艺用水、制备注射用水的水源、直接接触非最终灭菌棉织品的包装材料粗洗用水等。

纯化水可作为配制普通药物制剂用的溶剂或试验用水；中药注射剂、滴眼剂等灭菌制剂所用饮片的提取溶剂；配制口服、外用制剂的溶剂或稀释剂；非灭菌制剂用器具的精洗用水；非灭菌制剂所用饮片的提取溶剂。纯化水不得用于注射剂的配制与稀释。

3. 注射用水

用于直接接触无菌药品的包装材料的最后一次精洗用水、无菌原料药精制工艺用水、直接接触无菌原料药的包装材料的最后洗涤用水、无菌制剂的配料用水等，注射用水可作为配制注射剂、滴眼剂等的溶剂或稀释剂及容器的精洗。

4. 灭菌注射用水

灭菌注射用水用于灭菌粉末的溶剂或注射剂的稀释剂。

二、制水工艺流程

制药用水制备主要是纯化水和注射用水的制备。制药用水系统主要由生产及储存和分配部分组成。图5.1是采用反渗透制取纯化水、多效蒸馏水机制取注射用水的工艺流程示意图。

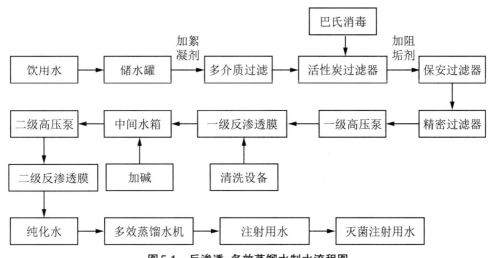

图5.1 反渗透、多效蒸馏水制水流程图

第二节 纯化水及注射用水的制备

一、纯化水的制备

纯化水的制备应以饮用水作为原水,常用的纯化水制备方法有膜过滤法、离子交换法、电渗析法、电法去离子(ED)法、蒸馏法等,采用合适的单元或将上述几种制备技术综合应用制备纯化水。本节主要介绍膜过滤法、离子交换法、电渗析法、电法去离子法,蒸馏法将在注射用水的制备技术中介绍。

制药行业纯化水制备系统一般由预处理系统和纯化系统两部分组成。

(一)水质预处理

饮用水的预处理可采用混凝、沉淀、澄清、过滤、软化、消毒、去离子等物理、化学或物理化学的方法,用于减少水中特定的无机物和有机物。预处理系统的主要目的是去除原水中的不溶性杂质、可溶性杂质、悬浮物、有机物、胶体、微生物和过高的浊度和硬度,使主要水质参数达到后续纯化系统处理设备的进水要求,有效减轻后续纯化系统的净化负荷。

预处理系统一般包括原水箱、多介质过滤器、活性炭过滤器、软化处理器、精密过滤器等多个单元,其流程如图5.2所示。

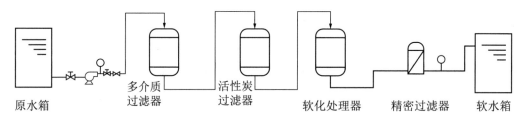

图5.2 水质预处理流程图

1. 原水箱

原水箱一般设置为一定体积的缓冲水罐,其体积的配置需要与系统产量相匹配,具备足够的缓冲时间并保证整套系统的稳定运行。原水箱的材质有FRP、PE或不锈钢等多种选择,可按预处理的消毒方式的不同适当选择。

2. 多介质过滤器

主要用于过滤除去原水中的大颗粒悬浮物、胶体及泥沙等,以降低原水浊度对后续纯化系统的影响,同时降低SDI(污染指数)值,出水浊度达到后续系统进水要求。过滤介质通常由下层鹅卵石、无烟煤,上层石英砂构成固定层。多介质过滤器工作原理如图5.3所示。

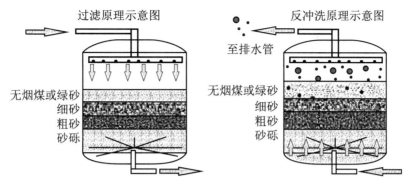

图5.3 多介质过滤器工作原理示意图

过滤后的水质：浊度<1、SDI<5、余氯<0.1 mg/L。当SDI>4时要对过滤器进行清洗，清洗采用反冲清洗法，如清洗后过滤器不能恢复过滤能力，应考虑更换石英砂。

3. 活性炭过滤器

主要用于去除水中的游离氯、色度、微生物、有机物以及部分重金属等有害物质，以防止它们对后续纯化系统造成影响。过滤介质通常是由颗粒活性炭构成的固定层。

由于活性炭过滤器会截留住大部分的有机物和杂质等，使其吸附在表面，因此，可以采用定期的巴氏消毒来保证活性炭的吸附作用。巴氏消毒工作原理：通过板式换热器对循环水进行加热，使其温度维持在80 ℃左右循环30分钟以上，湿热杀死微生物。

4. 加药装置

制备纯化水的原水通常采用市政水、地表水或地下水，水质本身比较稳定，为了提高后续去离子系统的处理效率，要投加特定化学品以去除悬浮物、溶解性有机物和过量难溶盐组分，改善进水水质。常用的化学药剂为混凝剂PAC（聚合氯化铝）、消毒剂NaClO（次氯酸钠）、还原剂$NaHSO_3$（亚硫酸氢钠）、NaOH（苛性钠）等。通常情况下，化学加药单元被设计在预处理系统中。

5. 保安过滤器和精密过滤器

保安过滤器对大于8 μm的微粒及有机物进一步过滤，精密过滤器对大于5 μm的微粒及有机物进一步过滤。过滤器内部采用PP熔喷、线绕、折叠、钛滤芯、活性炭滤芯等管状滤芯作为过滤元件，筒体外壳一般采用快装式、不锈钢材质制造，可以方便快捷地更换滤芯及清洗。

（二）反渗透法制备纯化水

反渗透法是在20世纪60年代发展起来的技术，目前国内主要用于原水处理和纯化水的制备。反渗透装置如图5.4所示。

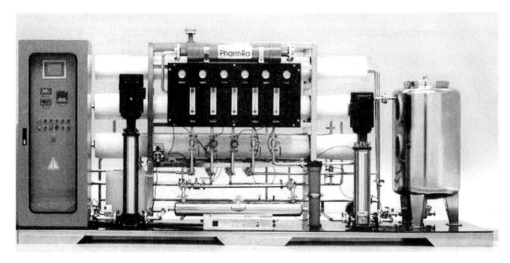

图5.4 反渗透装置

1. 原理

反渗透(RO)亦称逆渗透,采用压力驱动工艺,作用原理是扩散和筛分。利用半渗透膜去除水中溶解盐类,同时去除一些有机大分子、前阶段没有去除的小颗粒等。在进水侧(浓溶液)施加足够操作压力以克服水的自然渗透压,当高于自然渗透压的操作压力施加于浓溶液侧时,水分子自然渗透的流动方向就会逆转,进水中的水分子部分通过膜并成为稀溶液侧的纯化水。反渗透的原理如图5.5所示。

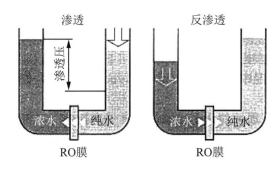

图5.5 反渗透原理示意图

2. 渗透方式

预处理系统的产水进入反渗透膜组,在压力作用下,大部分水分子和微量其他离子透过反渗透膜,经收集后成为产品水,通过产水管道进入后序设备;水中的大部分盐分、胶体和有机物等不能透过反渗透膜,残留在少量浓水中,由浓水管道排出。反渗透工艺流程如图5.6所示。

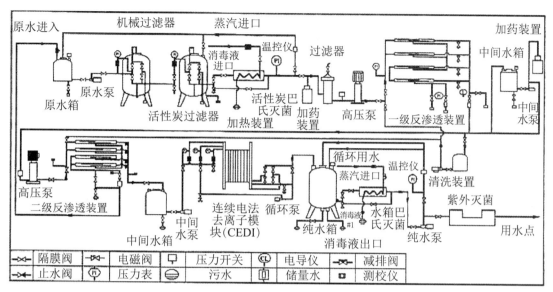

图5.6 二级反渗透纯化水工艺流程

反渗透工艺能够有效去除除气体外的所有污染物质,减少无机物污染、有机物污染,去除胶体、微生物、内毒素,而且化学试剂需求少。

3. 反渗透法的特点

(1)优点:除盐、除热源效率高,通过二级反渗透系统可除去水中胶体、无机离子、有机物、细菌、热原病毒等;制水过程为常温操作,对设备不会腐蚀,也不会结垢;制水设备体积小,操作简单、单位体积产水量大;设备及操作工艺简单,能源消耗低。

(2)缺点:不能完全去除水中的污染物,很难甚至不能去除极小分子量的溶解有机物;不能完全纯化进料水,通常是用浓水流来去除被膜截留的污染物;二氧化碳可以直接通过反渗透膜,反渗透产水的二氧化碳含量和进水的二氧化碳含量一样,所以水在进入反渗透前一般通过加 NaOH 除去二氧化碳;反渗透在实际操作中有温度的限制,大多数反渗透系统对进水的操作都是在 5~28 ℃ 之间进行;反渗透膜必须防止水垢的形成、膜的污染和膜的退化。所有的反渗透膜都能用化学剂消毒,这些化学剂因膜的选择不同而不同;对原水质量要求较高。

4. 反渗透膜组件

反渗透膜的结构:反渗透膜有非对称膜和均相膜两类。当前使用的膜材料主要为醋酸纤维素和芳香聚酰胺类。反渗透膜组件有中空纤维式、卷式、板框式和管式,制药行业中常使用卷式结构,其示意图如图5.7所示。

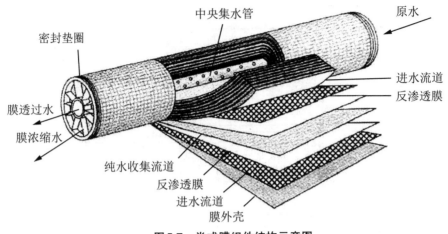

图5.7 卷式膜组件结构示意图

(三)电去离子制备纯化水

电去离子制备纯化水技术(EDI)是将电渗析(ED)与离子交换有机结合的脱盐工艺,EDI装置应用在反渗透系统之后,以反渗透纯水作为给水,取代传统的混合离子交换技术。EDI通过在电渗析器隔板中填充混床树脂,从而在直流电场作用下同时实现连续去离子和树脂的连续电再生,具有连续、稳定、清洁、高效、操作简单等显著优点。2000年,《美国药典》第24版推荐EDI作为"纯化水"的生产方法,目前已成为纯化水制备工艺中广为应用的除盐方法。

1. 工作原理

EDI设备是将电渗析和离子交换技术科学地结合在一起,使用阴阳离子交换树脂床、选择性的渗透膜、电极及淡浓水隔室部件组成EDI工作单元,并按需要装配成一定生产能力的模块,在直流电的驱动下实现优质、高效地制备纯化水。

在工艺过程中,驱动力为恒定的电场,使水中的无机离子和带电粒子迁移。阴离子向正电极(阳极)移动,而阳离子向负极移动,离子选择性的渗透膜确保只有阴离子能够到达阳极,阳离子能够到达阴极。与此同时,电位的势能又将水电解成氢离子和氢氧根离子,从而使树脂得以连续再生,且不需要添加再生剂。EDI工作原理如图5.8所示。

2. 工艺特点

EDI工艺具有流程短,占地面积小,自动化程度高,可连续运行,不会因再生而停机,操作管理简便,出水水质高且稳定,运行费用低,在高电能梯度下,产生大量H^+和OH^-,使纯化水腔的树脂利用电能而不需化学能实现连续再生,无酸碱废液排放,模块化生产,并可实现PLC全自动控制等特点。

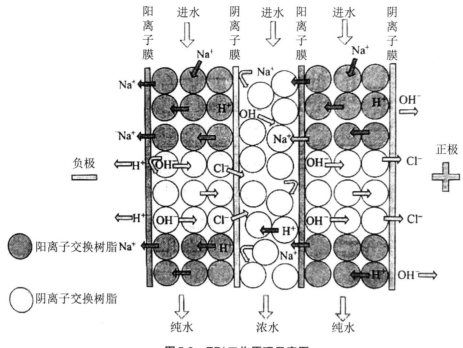

图5.8 EDI工作原理示意图

二、注射用水的制备

注射用水制备可以用蒸馏法和反渗透法，但《中国药典》收载的方法只有蒸馏法。注射用水是以纯化水为原水经蒸馏制得的。

蒸馏法是采用蒸馏水器来制备注射用水，蒸馏水器形式虽然有多种，但其基本结构相似，一般由蒸发锅、除沫装置和冷凝器组成。目前多采用列管式多效蒸馏水器、气压式蒸馏水器。

（一）列管式多效蒸馏水器

列管式多效蒸馏水器是国内广泛用来制备注射用水的设备，具有耗能低、产量高、水质优及自动化程度高等优点。多效蒸馏设备主要结构通常由两个或更多蒸发换热器、预热器、冷凝器、阀门、仪表和控制部分等组成。一般的系统有3~6效，每效包括一个蒸发器和一个预热器。多效蒸馏水器的效数不同，但工作原理相同，以三效蒸馏水器为例来介绍多效蒸馏水器的工作原理，其工作原理如图5.9所示。

一效塔内纯化水经高压三效蒸汽加热（温度可达130 ℃）而蒸发，蒸汽经除沫装置作为热源进入二效塔加热室，二效塔内的纯化水被加热产生的蒸汽作为三效塔的热源进入塔内加热纯化水，二效塔、三效塔的加热蒸汽被冷凝后生成的蒸馏水和三效塔内的蒸汽冷凝后蒸馏水汇集于收集器而成为注射用水。多效蒸馏水器的性能取决于加热蒸汽的压力和级数，压力愈大则产量愈大，效数愈多则热能利用效率愈高，但六效以上节能效果不明显。从出水质量、能耗、占地面积、维修等方面考虑,选用四效或五效的蒸馏水机较为合理。

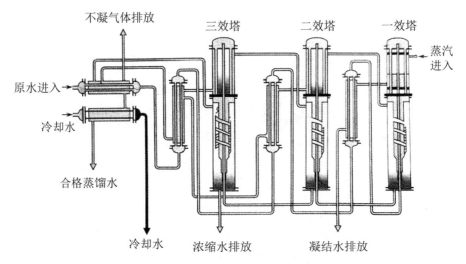

图5.9 三效蒸馏水器工作原理示意图

(二)气压式蒸馏水器

气压式蒸馏水器是利用动力对二次蒸汽进行压缩、循环蒸发而制备注射用水的设备,主要由自动进水器、热交换器、加热室、蒸发室、冷凝器及蒸气压缩机等组成。其工作原理是将进料水加热汽化产生二次蒸汽;把二次蒸汽经压缩机压缩成过热蒸汽,其压强、温度同时升高;使过热蒸汽通过管壁与进水进行热交换,使进水蒸发而过热蒸汽被冷凝成冷凝液,此冷凝液就是所制备的注射用水。气压式蒸馏水器具有多效蒸馏水器的优点,且不需冷却水,但电能消耗大。气压式蒸馏水器的工作原理如图5.10所示。

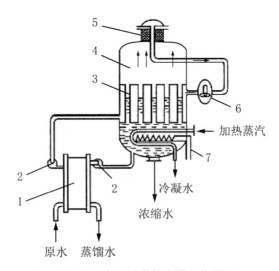

图5.10 气压式蒸馏水器工作原理
1.预热器;2.泵;3.蒸发冷凝器;4.蒸发室;5.除沫器;6.压缩机;7.电加热器

第三节 制药用水储存使用与验证

纯化水、注射用水储罐和输送管道所用材料应当无毒、耐腐蚀;储罐的通气口应当安装不脱落纤维的疏水性除菌滤器;管道的设计和安装应当避免死角、盲管。纯化水、注射用水的制备、储存和分配应当能够防止微生物的滋生。纯化水可采用循环、注射用水可采用70 ℃以上保温循环。应当对制药用水及原水的水质进行定期监测,并有相应的记录。

一、纯化水与注射用水储罐

(一) 纯化水储罐

基本要求:储罐材质为优质304不锈钢制作,内壁电抛光及钝化处理。储罐上部要安装万向清洗球。储罐呼吸口安装0.22 μm的疏水性滤芯(聚四氟乙烯),安装前进行完整性测试,膜起泡点压力应≥0.3 MPa。每月做一次完整性测试,每半年更换一次。

储罐能耐受纯蒸汽消毒,灭菌条件121 ℃、30 min,灭菌压力0.2~0.22 MPa。日常检测微生物限度超过警戒限时进行纯蒸汽灭菌。储罐要配置液位及温度显示装置。

纯化水循环存放:循环周期为每小时1~5次,回水流速大于1 m/s。

紫外线灭菌:根据流量选择紫外灭菌仪型号。紫外灯管的使用寿命在8000~9000小时,由于紫外灯激发的255 nm(2537Å)波长的光波与时间成反比,所以灭菌仪要有记录时间的仪表。根据使用时间记录,达到使用寿命时要及时更换紫外灯管,并做好相关更换记录。

(二) 注射用水储罐

基本要求:储罐为316 L不锈钢材质,内壁电抛光并做钝化处理。储罐上安装0.2 μm疏水滤芯(聚四氟膜滤芯)呼吸器,滤器要有电加热功能,电加热温度85 ℃左右,每月进行一次完整性测试,每半年更换一次。储罐微生物限度超标进行纯蒸汽灭菌,灭菌条件121 ℃、30 min,灭菌压力0.2~0.22 MPa。储罐配置液位和温度显示,总送、总回水管道要安装Pt100温度探头。

注射用水循环存放:储罐内水周转率为每小时1~5次。储罐要有加热装置,确保注射用水能够满足70 ℃以上保温循环。

二、循环管路及分配系统

（一）纯化水

(1) 用于纯化水储存和输送的储罐、管道、管件的材料,应无毒、耐腐蚀、易于消毒,并应采用内壁抛光的优质不锈钢或其他不污染纯化水的材料。

(2) 纯化水输送管道系统宜采取循环方式,设计和安装时,不应出现使水滞留和不易清洁的死角。循环干管的回水流速不宜小于 1 m/s,不循环支管长度不宜大于支管管径的 3 倍。纯化水终端净化装置的设置应靠近使用点。

(3) 纯化水储存和输送系统应有清洗和消毒措施。

（二）注射用水

(1) 用于注射用水储罐和输送的管道、管件等的材料应无毒、耐腐蚀、耐高温灭菌,并应采用内壁抛光的优质不锈钢管或其他不污染注射用水的材料。

(2) 注射用水输送管道系统应采取循环方式,不应出现使水滞留和不易清洁的死角。循环干管的水流速不应小于 1 m/s,循环温度保持在 70 ℃以上,不循环支管长度不宜大于支管管径的 3 倍。注射用水终端净化装置的设置应靠近使用点。

(3) 注射用水储存和输送系统应设置在线清洗、在线消毒设施。

三、水系统验证

（一）水系统的确认

1. 设计确认

设计确认包括系统基本生产参数的确认、主要组件的确认(生产能力、材料、抛光等)、关键仪表的确认(量程、精度等)、施工程序的确认(焊接、坡度、死角、压力测试、钝化等)、系统功能的确认(主要的报警联锁功能、消毒/灭菌方式等)以及偏差报告。

2. 安装确认

安装确认是由设备制造商、安装单位、制药企业中工程、生产、质量部门派人员参加,对安装的设备进行试运行评估,以确保工艺设备、辅助设备在设计运行范围内和承受能力下能正常持续运行。

3. 运行确认

(1) 检查水系统各设备的运行情况、测点设备参数。

(2) 检查管路情况、水泵运行情况、阀门及控制装置工作是否正常。

(3) 检查储罐情况。

(4)水系统的性能确认。

4. 性能确认

(1)取样频率:3个周期,前2个周期21天。纯化水第一阶段结束后再进行注射用水的验证,注射用水验证也是3个周期。具体取样点:储罐(每日取样)、总送总回(每日取样)、各使用点(每周期取样)。

(2)纯蒸汽验证:注射用水第一阶段合格后开始,注意冷凝水的取样方法(专用取样器)。水质检查的3个阶段:第一阶段3天、第二阶段1周、第三阶段4周。

(3)水质检测:测定水中的总有机碳、电导率。

(4)重新取样:因取样化验等因素造成个别点不合格时要重新取样。

(二)日常监测及验证周期

1. 水系统的日常监测

(1)取样点布置:总送总回每天取样一次;各使用点可轮流取样,但每月不少于一次。

(2)化学指标:微生物,纯化水≤100 CFU/mL,注射用水≤50 CFU/mL;细菌内毒素≤0.25 EU/mL。

(3)原水取样检测:每季度监测一次微生物限度。

2. 水系统的验证周期

(1)水系统新建或改建后必须验证。

(2)水系统正常运行后,一般循环水泵不停止工作,若较长时间停用,正式生产前需验证。

注:水处理设备的运行不得超出其设计能力。

第六章　药品生产质量控制与质量保证

第一节　药品生产质量控制

为了确保药品的质量,国家药品监督管理部门制定出药品质量控制和质量管理的依据,即药品质量标准。药品标准为依照药品管理法律法规、用于检测药品是否符合质量要求的技术依据。

一、药品质量分析检验

药品质量的形成由于受工艺、人员、设备设施、材料、方法、环境等主客观因素的影响,产品质量发生波动是必然的,在生产过程的各个环节和各道工序必须进行质量检验。

药品质量检验是指依据药品质量标准,借助一定的检测手段,对药品进行定性、定量以及进行有效性、均一性、纯度要求与安全性检查,并将结果与规定的质量标准比较,最终判断被检药品是否符合质量标准的质量控制活动。

原辅料及成品药检验是保证药品质量、保障用药安全的必然要求。

(一) 质量检验的分类

一般按药品生产过程,将质量检验分为三类:

1. 原料、辅料、包装材料的购进检验

即对所购进的原料、辅料、包装材料等进行入库前验收(验收主要内容:是否为合格供应商供应的物料、品名、规格、质量标准、批准文号或备案号、数量、包装质量等内容),验收合格方可入库待检,再经质量部门检验合格后,方可放行进入下一道工序使用。

2. 中间品检验

多生产单元的生产流程,需分析测定中间品质量,如性质、纯度等,或计算单元产品的产量,确定单元间质量传递关系,保证生产流程正常运行。同时监控工序是否稳定,及时调整和控制生产参数,对生产过程进行有效监控,使合格的中间品进入下一道工序。

3. 成品检验

即对产品成品进行全面分析检验,合格后方能出厂,进入销售和使用环节。

(二) 药品检验工作程序

药品质量检验工作是依照检验目的,根据相应品种的质量技术标准,通过实验而得出结果和结论。药品检验工作的基本程序如下:

取样→检验(性状、鉴别检查、含量测定)→记录与报告。

1. 取样

取样是指从整批成品中抽出一部分具有代表性的供试样品供检验、分析、留样观察之用。取样要有科学性、真实性和代表性,其原则是均匀、合理。为了达到这一取样原则,各种样品对取样量和取样方法都有特定的要求,并遵循一定的药品抽样指导原则。

对于化学原料药,一般取样样本数量 X 与药品包件总数 n 的关系为:$n \leqslant 3$ 时,每件取样;$n \leqslant 300$ 时按 $\sqrt{n}+1$ 随机取样;$n \geqslant 300$ 时,按 $(\sqrt{n}/2)+1$ 随机取样。

药材和饮片包装货件中抽取供检验用样品的原则是:总包数不足5件的,逐件取样;包数为5~99件的,随机抽取5件取样;包数为100~1000件的,按5%取样;超过1000件的,超过部分按1%取样;贵重药材和饮片,不论包装货件多少均逐件取样。取样要有记录,包括样品名称、目的、数量、方式、时间、地点、取样人等。

2. 检验

整个检验工作程序基本上按照标准项目内容的先后顺序依法进行。包括性状、鉴别、检查、含量测定等。

3. 记录

记录是记载分析检验工作的原始资料,也是判定药物质量、问题追溯的原始依据。要真实、完整,宜用钢笔或其他专用笔书写,不得涂改(如需更正,应签名或签章),记录内容一般包括供试品药品名称、来源、批号、数量、规格、取样方法、外观性状、包装情况、检验目的、检验方法及依据、收到日期、报告日期、检验中观察到的现象、检验数据、检验结果、结论等。应进行复核,做到无缺页缺损,妥善保存。

4. 报告

检验报告是药品质量的检验结果证明书,要求内容完整、无损页损角,文字简洁、字迹清晰、结论明确。检验报告的主要内容一般包括:检品名称、批号、规格、数量、来源、包装情况、检验目标、检验项目(定性鉴别、检查、含量测定等)、标准依据、取样日期、报告日期、检验结果(应列出具体数据或检测结果)、检验结论等内容。最后必须有检验人、复核人及有关负责人的签名或盖章。

记录和报告应妥善保存至药品有效期满1年及以上,以便备查。

（三）药品质量检验的主要内容

1. 鉴别

依据药物的化学结构和理化性质进行某种化学反应,测定某些理化常数或光谱、色谱特征,来判断药物及其制剂的真伪。

2. 检查

《中国药典》中规定检查项下包括反应药物的安全性、有效性的试验方法和限度、均一性与纯度等制备工艺要求等内容。

3. 含量测定

采用理化或生物学方法,测定药物中主要有效成分的含量(或效价),以确定药物的含量是否符合药品标准规定的要求。

判断一种药物质量是否符合要求,必须全面考虑鉴别、检查与含量测定三者的检验结果,只有这样才能正确评价一种药物的质量。

（四）药品质量分析检验常用方法

1. 化学分析法

化学分析法是以被测组分某种特定的化学反应为基础的分析方法,又称经典的分析方法。化学分析法又分为化学定性分析法和化学定量分析法。

（1）化学定性分析法

又称化学鉴别方法。主要通过化学反应现象进行定性鉴别,如颜色变化、产生沉淀或有气体放出等。如阿司匹林与铁盐的反应生成紫堇色配位化合物的鉴别方法。

（2）化学定量分析法

化学定量分析法是根据特定的化学反应及其计量关系对物质进行分析的方法。包括滴定分析法(容量分析法)和重量分析法。

化学分析法的应用范围广泛,所使用的仪器简单,测定结果准确度较高,但分析的灵敏度和选择性以及对微量组分测定均有一定局限。

2. 仪器分析法

仪器分析法是以物质的物理或理化性质为基础的分析方法。由于这类方法大都需要比较特殊的仪器,故称为仪器分析法。仪器分析法又分为光学分析法、分离分析法、电化学分析法及其他分析方法。

（1）光学分析法

光学分析法是基于物质发射的电磁辐射或物质与辐射相互作用后产生的辐射信号或发生的信号变化来测定物质的性质、含量和结构的一类仪器分析方法。光学分析法又分为非光谱法和光谱法两大类。

① 非光谱法

物质与辐射能作用时不发生能级跃迁,仅通过测量电磁辐射的某些基本性质(反射、折射、干涉、衍射和偏振)的变化,主要有折射法、旋光法、浊度法、X射线衍射法和圆二色法等。这些方法在药品物理常数测定、某些结构分析中较为常用。

② 光谱法

光谱法是基于物质与辐射能作用时,测量由物质内部发生量子化的能级之间的跃迁而产生的发射、吸收或散射辐射的波长和强度进行分析的方法。光谱法又可分为原子光谱法和分子光谱法。

原子光谱法是由原子外层或内层电子能级的变化产生的,它的表现形式为线光谱。属于这类分析方法的有原子发射光谱法、原子吸收光谱法、原子荧光光谱法以及X射线荧光光谱法等。

分子光谱法是由分子中电子能级、振动和转动能级的变化产生的,表现形式为带光谱。属于这类分析方法的有紫外-可见分光光度法、红外分光光度法、分子荧光光谱法和分子磷光光谱法等。

(2) 分离分析法

分离分析法主要包括色谱法、电泳法及其他分离方法。色谱法是根据被分离的混合物在互不相溶的两相间分配系数的不同而进行分离的方法。包括气相色谱法(GC)、高效液相色谱法(HPLC)、薄层色谱法(TLC)、离子色谱法(IC)、超临界流体色谱法(SFC)等。

(3) 电化学分析法

电化学分析法是建立在物质在溶液中的电化学性质基础上的一类仪器分析方法,通常将试液作为化学电池的一个组成部分,根据该电池的某种电参数(如电阻、电导、电位、电流、电量或电流-电压曲线等)与被测物质的浓度之间存在一定的关系而进行测定的方法。

(4) 其他分析法

常用的药物分析方法还有质谱法(MS)、热分析法、流动注射分析方法(FIA)、联用技术等。联用技术是将两种或两种以上仪器用适当的接口相结合,进行联用分析的技术。目前主要有色谱-色谱联用、色谱-光谱联用、色谱-质谱联用、色谱-核磁共振谱联用等。

二、药品质量控制

药品质量控制(Quality Control,QC)是对药品类产品的质量进行控制的行为的总称。为保证产品过程或服务质量,必须采取一系列的作业、技术、组织、管理等有关活动,这些都属于质量控制的范畴。包括相应的组织机构、文件系统以及进行取样、检验工作等,确保物料或产品在放行前完成必要的检验,确认其质量符合要求。担任这类工作的人员叫作QC人员。

药品质量控制的一般顺序为:① 明确质量要求;② 编制标准文件(生产管理文件、质量管理文件);③ 实施规范或控制计划;④ 按判断标准(药典、产品的注册标准)进行监督和评价。质量控制的范围涉及产品质量形成全过程的各个环节。

药品质量控制的基本要求如下:① 应当配备适当的设施、设备、仪器和经过培训的人员,有效、可靠地完成所有质量控制的相关活动;② 应当有批准的操作规程,用于原辅料、包装材料、中间产品、待包装产品和成品的取样、检查、检验以及产品的稳定性考察,必要时进行环境监测,以确保符合规范的要求;③ 由经授权的人员按照规定的方法对原辅料、包装材料、中间产品、待包装产品和成品取样;④ 检验方法应当经过验证或确认;⑤ 取样、检查、检验应当有记录,偏差应当经过调查并记录;⑥ 物料、中间产品、待包装产品和成品必须按照质量标准进行检查和检验,并有记录;⑦ 物料和最终包装的成品应当有足够的留样,以备必要的检查或检验,除最终包装容器过大的成品外,成品的留样包装应当与最终包装相同。

QC一般包括来料检验(IQC)、过程检验(IPQC)、成品检验(FQC)、出货检验(OQC)。QC所关注的是产品,而非管理系统(管理体系)。

第二节 药品生产质量保证

药品生产企业是药品质量的第一责任者。要保证药品质量,药品生产企业必须加强生产质量管理。

药品生产企业应当根据自身产品的特点制订合理的产品工艺,并结合设备特点制订相应的岗位标准操作规程,明确生产流程和重点工序质量监控点,明确分工,科学管理,通过对生产过程的监督和控制来保证产品的质量,通过有效的监管和预防来减少生产过程中的差错和污染,从而保证药品的质量。

药品生产企业要想搞好质量工作,应制订和执行质量管理的各项制度。质量管理制度主要包括:工艺卫生管理制度、产品清场管理制度、留样观察制度、质量事故报告制度、计量管理制度、用户访问制度、产品质量档案制度、生产管理制度、文件管理制度等。企业建立的各种制度既要满足行业规范方面的要求,又要符合企业的实际情况,具有可操作性。

企业建立各项制度应当得到有效的执行,并在执行过程中不断地修订和完善。否则,生产过程得不到有效监控,产品质量最终将无法保障。

药品生产企业除制订和执行质量管理的各项制度外,还应建立健全质量体系,切实把产品的质量建立在依据标准、精确计量和严格监督的基础之上。

一、药品质量风险管理

风险是指在一个特定的时间内和一定的环境条件下,人们所期望的目标与实际结果之间的差异程度。通俗地讲,风险就是发生不幸事件的概率。

风险管理是指如何在一个肯定有风险的环境里把风险可能造成的不良影响降至最低的管理过程。风险管理对现代企业而言十分重要,企业面临市场开放、法规解禁、产品创新,这些变化波动连带增加经营的风险性。良好的风险管理有助于降低决策错误的概率,避免损失,提高企业经济效益。

《药品生产质量管理规范》(2010版)引入了质量风险管理的概念,并相应增加了一系列新要求,如供应商的审计和批准、变更控制、偏差管理、超标调查、纠正和预防措施、持续稳定性考察计划、产品质量回顾分析等。这些制度分别从原辅料采购、生产工艺变更、操作中的偏差处理、发现问题的调查和纠正、上市后药品质量的持续监控等方面,对各环节可能出现的风险进行管理和控制,促使生产企业建立相应的制度,及时发现影响药品质量的不安全因素,主动防范质量事故的发生。

药品的质量风险管理是根据产品质量的风险、特别是对患者的风险,进行科学合理的资源安排,摆脱平均分摊资源的不合理状态。在采用基于风险的管理方法以后,企业最终取消那些对确保药品安全性或质量无意义的生产控制,从而在保证药品生产质量的同时降低成本、提高收益。

(一)药品质量风险的特征

1. 客观性
指药品质量风险是客观存在的,能够被人发现或预测出来,并根据实际情况予以解决。

2. 偶然性
指一些药品质量风险并不经常发生,在受到特定偶然因素的影响时才有可能发生。

3. 可变性
指药品质量风险发生的可能性和严重程度都是在不断发展变化的,并且在风险产生过程中也有可能诱发新的质量风险。

4. 不确定性
指药品质量风险虽然有一定的可预测性,但更有不确定性,不好掌控何时会发生以及发生的严重程度。

5. 普遍性
指药品质量风险可发生于整个产品生命周期的每个环节。

(二)药品质量风险管理

1. 药品质量风险管理的流程
是一个全过程、全企业、全员参与、动态科学适用的循环化过程,包括风险评估、风险控制、风险审核和风险回顾与沟通等环节。

(1)风险评估

风险评估是指在风险管理过程中,对用于支持风险决策的信息进行组织的系统过程,包括对质量危害源的识别和接触这些质量危害源造成的危害的分析和评价,包括三个步骤:风险识别、风险分析、风险评价。

① 风险识别:作为风险管理的第一个环节,是发现已知或潜在的质量危害的过程,通过这个过程,可以发现什么因素可能会导致出现质量危害,以及质量危害可能的后果。

② 风险分析：在对风险识别的基础上，对已识别质量危害进行估计、描述的过程，会涉及质量危害发生的可能性和严重性，可以用定性或定量方法进行描述。

③ 风险评价：指在风险识别、风险分析的基础上，对已发现、估计的质量危害进行比较、分析的过程。

经评估，风险可以分成以下三类：

可接受：风险通常比较低、可以被接受，对此类风险通过评估可以不必主动采取控制措施。

可降低：风险比较大，但依然在合理的范围，对此类风险可以通过采取一定的控制措施，有效降低风险至可以接受的水平。

不能接受：风险很大，不可以被接受，对此类风险只有采取有效的控制措施，才有可能抵制风险带来的损失，使之消除或降低。

(2) 风险控制

风险控制指在风险评估的基础上，将质量风险降低到可接受水平所采取各项决定和措施的过程，包括风险降低和风险接受。

① 风险降低：指质量风险大到超过可被接受的水平时采取措施用于降低和避免质量风险的过程，根据评价风险的参数，包括为降低风险的严重性、发生的可能性以及提高可预测性所采取的措施。

② 风险接受：指接受质量风险的过程，分为两种情况，一种是有准备的主动接受，另一种是毫无准备的被动接受。

(3) 风险审核

风险审核是指对质量风险管理的整个过程进行监测，并根据出现的最新情况及时作出调整，同时有规律、有系统地进行回顾的过程。风险管理是一个动态的质量管理过程，需要在整个过程中管理、审核、提高的同时，使其更具有科学性、适用性和有效性，以适应新的状况。

(4) 风险回顾与沟通

风险管理是个持续的过程，对于风险进行回顾也是必要的，一方面，随着技术的进步以及认识的提高，以前的一些危害源可能通过技术的进步而可以消除，从而大大降低风险；另一方面，也有可能随着认识的提高，对以前不认为是风险的地方，也会有新的认识，需要采取额外的控制措施。风险回顾的方式：日常检查或监督以及以计划的方式定期或针对特定活动和事件不定期地进行。

风险沟通是指在风险管理程序实施的各个阶段，决策者和相关部门应该对管理进行的程度和管理方面的信息进行交换和共享的过程。通过风险沟通，能使各方面掌握更为全面的信息，从而促进风险管理各阶段的实施。

2. 药品质量风险管理基础

(1) 建立有效的质量风险管理组织及体系

药品企业要设置相应的质量风险管理机构或岗位，并明确职责、权限，结合本企业实际经常性地开展质量风险管理内审，根据内审结果制定相应的改进措施，从而不断完善质量风险管理体系。

(2) 建立有效的质量风险管理流程

质量风险管理是一个持续的、循环的动态过程,确定适合本单位的明确流程,规范各细节,使得执行更简捷有效。

二、药品生产验证与确认

《药品生产质量管理规范》对"验证"的定义:证明任何操作规程(或方法)、生产工艺或系统能够达到预期结果的一系列活动;对"确认"的定义:证明厂房、设施、设备能正确运行并可达到预期结果的一系列活动。

验证的目的:通过验证确立控制生产过程的运行标准,通过对已验证状态的监控,控制整个工艺过程,确保质量。验证是为了改变"过程失控"。

确认针对"硬件",验证针对"软件"。确认要求能"正确运行",验证只要求达到结果。在制药行业中,是在设备、设施确认的基础上进行工艺验证。验证与确认的实施步骤如下所述。

1. 确认与验证的范围和程度

企业应当确定需要进行的确认或验证工作,以证明有关操作的关键要素能够得到有效控制。确认与验证的范围和程度应根据风险评估的结果确认。确认与验证应当贯穿于产品生命周期的全过程。

2. 验证总计划

所有的确认与验证活动都应当事先计划。确认与验证的关键要素都应在验证总计划或同类文件中详细说明。

验证总计划应当至少包含以下信息:

(1) 确认与验证的基本原则;确认与验证活动的组织机构及职责。

(2) 待确认或验证项目的概述。

(3) 确认或验证方案、报告的基本要求;在确认与验证中做偏差处理和变更控制的管理。

(4) 保持持续验证状态的策略,包括必要的再确认和再验证。

(5) 总体计划和日程安排;所引用的文件、文献。

(6) 对于大型和复杂的项目,可制订单独的项目验证总计划。

3. 验证文件

(1) 确认与验证方案应当经过审核和批准。确认与验证方案应当详述关键要素和可接受标准。

(2) 供应商或第三方提供验证服务的,企业应当对其提供的确认与验证的方案、数据或报告的适用性和符合性进行审核、批准。

(3) 确认或验证活动结束后,应当及时汇总分析获得的数据和结果,撰写确认或验证报告。应当在报告中对确认与验证过程中出现的偏差进行评估,必要时进行彻底调查,并采取相应的纠正措施和预防措施,变更已批准的确认与验证方案,应当进行评估并采取相应的控制措施。确认或验证报告应当经过书面审核、批准。

(4) 当确认或验证分阶段进行时,只有当上一阶段的确认或验证报告得到批准,或者确认或验证活动符合预定目标并经批准后,方可进行下一阶段的确认或验证活动。上一阶段的确认或验证活动中不能满足某项预先设定,标准或偏差处理未完成,经评估对下一阶段的确认或验证活动无重大影响,可对上一阶段的确认或验证活动进行有条件的批准。

(5) 验证结果不符合预先设定的可接受标准,应当进行记录并分析原因。如对原先设定的可接受标准进行调整,需进行科学评估,得出最终的验证结论。

(一)工艺验证

1. 一般要求

(1) 工艺验证应当证明一个生产工艺按照规定的工艺参数能够持续生产出符合预定用途和注册要求的产品。工艺验证应当包括首次验证、影响产品质量的重大变更后的验证、必要的再验证以及在产品生命周期中的持续工艺确认,以确保工艺始终处于验证状态。

(2) 应当有书面文件确定产品的关键质量属性、关键工艺参数、常规生产和工艺控制中的关键工艺参数范围,并根据对产品和工艺知识的理解进行更新。

(3) 采用新的生产处方或生产工艺进行首次工艺验证应当涵盖该产品的所有规格。企业可根据风险评估的结果采用简略的方式进行后续的工艺验证,如选取有代表性的产品规格或包装规格、最差工艺条件进行验证,或适当减少验证批次。

(4) 工艺验证批的批量应当与预定的商业批的批量一致。

(5) 工艺验证前应完成的工作:厂房、设施、设备经过确认并符合要求,分析方法经过验证或确认;日常生产操作人员应当参与工艺验证批次生产,并经过适当的培训;用于工艺验证批次生产的关键物料应当由批准的供应商提供,否则需评估可能存在的风险。

(6) 应当根据质量风险管理原则确定工艺验证批次数和取样计划,以获得充分的数据来评价工艺和产品质量。通常应当至少进行连续三批成功的工艺验证。对产品生命周期中后续商业生产批次获得的信息和数据,进行持续的工艺确认。

(7) 工艺验证方案应包括的内容:工艺的简短描述(包括批量等);关键质量属性的概述及可接受限度;关键工艺参数的概述及其范围;应当进行验证的其他质量属性和工艺参数的概述;所要使用的主要设备、设施清单以及它们的校准状态;成品放行的质量标准;相应的检验方法清单;中间控制参数及其范围;拟进行的额外试验,以及测试项目的可接受标准和已验证的用于测试的分析方法;取样方法及计划;记录和评估结果的方法(包括偏差处理);职能部门和职责;建议的时间进度表。

(8) 如从生产经验和历史数据中已获得充分的产品和工艺知识并有深刻理解,工艺变更后或持续工艺确认等验证方式,经风险评估后可进行适当的调整。

2. 持续工艺确认

（1）在产品生命周期中，应当进行持续工艺确认，对商业化生产的产品质量进行监控和趋势分析，以确保工艺和产品质量始终处于受控状态。

（2）在产品生命周期中，考虑到对工艺的理解和工艺性能控制水平的变化，应当对持续工艺确认的范围和频率进行周期性的审核和调整。

（3）持续工艺确认应当按照批准的文件进行，并根据获得的结果形成相应的报告。必要时，应当使用统计工具进行数据分析，以确认工艺处于受控状态。

（4）持续工艺确认的结果可以用来支持产品质量回顾分析，确认工艺验证处于受控状态。当趋势出现渐进性变化时，应当进行评估并采取相应的措施。

3. 同步验证

（1）在极个别情况下，允许进行同步验证。如因药物短缺可能增加患者健康风险、因产品的市场需求量极小而无法连续进行验证批次的生产。

（2）对进行同步验证的决定必须证明其合理性，并经过质量管理负责人员的批准。

（3）因同步验证批次产品的工艺和质量评价尚未全部完成产品即已上市，企业应当增加对验证批次产品的监控。

（二）清洁验证

（1）为确认与产品直接接触设备的清洁操作规程的有效性，应当进行清洁验证。应当根据所涉及的物料，合理地确定活性物质残留、清洁剂和微生物污染的限度标准。

（2）在清洁验证中，不能采用反复清洗至清洁的方法。目视检查是一个很重要的标准，但通常不能作为单一可接受标准使用。清洁验证的次数应当根据风险评估确定，通常应当至少连续进行三次。

（3）清洁验证计划完成需要一定的时间，验证过程中每个批次后的清洁效果需及时进行确认。必要时，在清洁验证后应当对设备的清洁效果进行持续确认。

（4）验证应当考虑清洁方法的自动化程度。当采用自动化清洁方法时，应当对所用清洁设备设定的正常操作范围进行验证。当使用人工清洁程序时，应当评估影响清洁效果的各种因素，如操作人员、清洁规程详细程度（如淋洗时间等），对于人工操作而言，如果明确了可变因素，在清洁验证过程中应当考虑相应的最差条件。

（5）活性物质残留限度标准应当基于毒理试验数据或毒理学文献资料的评估建立。如使用清洁剂，其去除方法及残留量应当进行确认。可接受标准应当考虑工艺设备链中多个设备潜在的累积效应。

（6）应当在清洁验证过程中对潜在的微生物污染进行评价，如需要，还应当评价细菌内毒素污染。应当考虑设备使用后至清洁前的间隔时间以及设备清洁后的保存时限对清洁验证的影响。

（7）采用阶段性生产组织方式时，应综合考虑阶段性生产的最长时间和最大批次数量，以作为清洁验证的评价依据。采用最差条件产品的方法进行清洁验证模式时，应当对最差条件产品的选择依据进行评价，当生产线引入新产品时，需再次进行评价。如多用途设备没有单一的最差条件产品,最差条件的确定应当考虑产品毒性、允许日接触剂量和溶解度等。每个使用的清洁方法都应当进行最差条件验证。

(8) 在同一个工艺步骤中,使用多台同型设备生产,企业可在评估后选择有代表性的设备进行清洁验证。如无法采用清洁验证的方式来评价设备清洁效果,则产品应当采用专用设备生产。

(9) 清洁验证方案应当详细描述取样的位置、所选取的取样位置的理由以及可接受标准。应当采用擦拭取样和(或)对清洁最后阶段的淋洗液取样,或者根据取样位置确定的其他取样方法取样。擦拭用的材料不应当对结果有影响。如果采用淋洗的方法,应当在清洁程序的最后淋洗时进行取样。应当评估取样的方法有效性。

(10) 对于处于研发阶段的药物或不经常生产的产品,可采用每批生产后确认清洁效果的方式替代清洁验证。

(三) 确认

1. 设计确认

对新的或改造的厂房、设施、设备按照预定用途和规范及相关法律法规要求制定用户需求,并经审核、批准。设计确认应当证明设计符合用户需求,并有相应的文件。

2. 安装确认

新的或改造的厂房、设施、设备需进行安装确认。应当根据用户需求和设计确认中的技术要求对厂房、设施、设备进行验收并记录。安装确认至少包括以下方面:

(1) 根据新的工程图纸和技术要求,检查设备、管道、公用设施和仪器的安装是否符合设计标准。

(2) 收集及整理(归档)由供应商提供的操作指南、维护保养手册。

(3) 相应的仪器仪表应进行必要的校准。

3. 运行确认

应当证明厂房、设施、设备的运行符合设计标准。运行确认至少包括以下方面:

(1) 根据设施、设备的设计标准制定运行测试项目。

(2) 试验/测试应在一种或一组运行条件之下进行,包括设备运行的上下限,必要时选择"最差条件"。

运行确认完成后,应当建立必要的操作、清洁、校准和预防性维护保养的操作规程,并对相关人员培训。

4. 性能确认

根据已有的生产工艺、设施和设备的相关知识制定性能确认方案,使用生产物料、适当的替代品或者模拟产品来进行试验/测试,应当评估测试过程中所需的取样频率。安装和运行确认完成并符合要求后,方可进行性能确认。在某些情况下,性能确认可与运行确认或工艺验证结合进行。

（四）再确认和再验证

（1）对设施、设备和工艺，包括清洁方法进行定期评估，以确认它们持续保持验证状态。关键的生产工艺和操作规程应当定期进行再验证，确保其能够达到预期效果。

（2）采用质量风险管理方法评估变更对产品质量、质量管理体系、文件、验证、法规符合性、校准、维护和其他系统的潜在影响，必要时，进行再确认或再验证。

（3）当验证状态未发生重大变化时，可采用对设施、设备和工艺等的回顾审核，来满足再确认或再验证的要求。当趋势出现渐进性变化时，应当进行评估并采取相应的措施。

三、质量保证

美国质量管理协会（ASQC）对质量保证（Quality Assurance，QA）的定义为："QA是以保证各项质量管理工作实际地、有效地进行与完成为目的的活动体系。"

QA是一个管理体系，是一个管理措施的集合。从大概念上讲，QA包含QC，即QC是质量保证的一部分，但是日常讲的QA主要是除了QC工作以外的部分。典型的QA工作一般包括：质量管理文件的建立及维护，供应商审核，生产过程的监督，生产记录的审核和物料、中间产品放行，产品质量偏差调查，质量投诉调查及处理，各种验证的组织及审核批准，等等。

QA的工作不是简单地面向取样所得的样品，也不是简单地根据检验结果判定产品是否合格，而是通过一系列的活动（包括对实验室的控制）向公司最高层及政府监管部门保证产品是合格的（通过活动保留的记录等）。

QA系统应当确保如下方面：

（1）药品的设计与研发体现规范的要求。

（2）管理职责明确，生产管理和质量控制活动符合规范的要求；严格按照规程进行生产、检查、检验和复核；保证确认、验证的正确实施。

（3）采购和使用的原辅料和包装材料正确无误；生产中间产品得到有效控制。

（4）每批产品经质量受权人批准后方可放行。

（5）在贮存、发运和随后的各种操作过程中有保证药品质量的适当措施。

（6）按照自检操作规程，定期检查评估质量保证系统的有效性和适用性。

第三节　药品质量受权人制度

《药品生产质量管理规范》（2010版）在"机构与人员"一章中明确将质量受权人和企业负责人、生产管理负责人、质量管理负责人一并列为药品生产企业的关键人员，并从学历、技术职称、工作年限等方面明确了资质要求，并明确规定了其职责。这标志着质量受权人制度在我国的正式实施。

2019年12月1日实施的《中华人民共和国药品管理法》,正式将质量受权人写入法律,确立法律地位,明确规定"持有人的质量受权人承担上市放行责任""药品生产企业的质量受权人承担出厂放行责任"。2020年7月1日,《药品生产监督管理办法》正式实施,明确规定质量受权人作为持有人和药品生产企业的关键人员,需在药品生产许可证正本上载明,并作为登记事项进行管理。

一、药品质量受权人的概念和科学内涵

(一)我国实施药品质量受权人制度的背景

(1)药品质量受权人制度在欧盟等发达国家和地区成功实施。1975年,欧盟颁布75/319/EEC法令,首次写入药品质量受权人制度,制度规定每家企业至少应有一位质量受权人,生产的每批药品都要质量受权人签字放行后才能上市销售。欧盟多年的成功实践证明,受权人制度能有效地保证企业各级人员自觉履行质量职责,保障药品质量。

(2)我国正处于药品安全风险高发期和矛盾凸显期,药品安全监管形势严峻。一方面,少数药品不良事件的发生是企业主观故意违法违规;另一方面,大部分不良事件的发生是由于企业的质量管理体系不完善,特别是企业的法人代表绝大部分都不是专业人员,不懂药品质量管理,错误决策,干扰质量管理活动,质量部门的地位低下、职权被淡化或削弱所致。监管部门对药品生产企业的外部监督力度不断加大,投入的监管成本不断增加,但效果却并不理想。片面强调外部监管难以从根本上解决问题,只有当监管部门施加的外部压力转化为企业内部自发的前进动力,方能取得事倍功半的效果。因此,建立药品质量受权人制度、树立企业质量管理部门特别是受权人的崇高地位和权威,是解决问题的重要途径。

(二)药品质量受权人的概念

受权人在欧盟的指令和GMP指南中表述为"QP",即"Qualified Person",意为"具备资质的人""受权人"或"产品(药品)放行责任人"。被赋予了负责成品批放行的职责和权利。

1997年,世界卫生组织(WHO)颁布的GMP指南则表述为"AP",即"Authorized Person",意为"被授权的人",被赋予了以负责成品放行为目标的相关药品质量管理权利。

在我国药品生产质量受权人是指接受药品生产企业授予的药品生产质量管理权利的高级专业管理人员。药品质量受权人制度是药品生产企业授权其药品质量管理人员对药品质量管理活动进行监督和管理,对药品生产的规则符合性和质量安全保证性内部审核,并由其承担药品放行责任的一项制度。

(三)药品质量受权人的科学内涵

药品质量受权人具有非常丰富的内涵,可以归纳为五个关键词:独立、权威、专业、体系、团队。

1. 受权人具有独立性

这是受权人最核心的内涵。受权人的工作必须是保持相对独立地行使质量管理职责和不受其他因素干扰、不向其他因素妥协。它对于保证产品质量具有重要意义,也是受权人制度实施的根本目的。

2. 受权人具有很高的权威性

受权人是药品质量管理方面的专家,在企业中具有极高权威。当企业要在药品质量方面做出决策,特别是一些重大决策,如产品召回时,必须充分尊重并听取受权人的意见。

3. 受权人工作具有很强的专业性

药品质量管理是专业性很强的工作,必须由专业水平高、管理能力强的专业人员担任。

4. 受权人制度的实施依靠质量管理体系良好运行

受权人制度是一个质量管理体系,受权人行使职责必须建立在质量管理体系全面建立和良好运行的基础上。

5. 受权人依靠团队支持

受权人不可能全面掌握药品生产过程中所涉及的每一个阶段或步骤。受权人的职责在很大程度上取决于一个团队的努力,依靠团队的合作来达到质量目标。

二、受权人的任职条件、职责及法律地位

(一)受权人的任职条件

《药品生产质量管理规范》(2010版)规定:药品质量受权人应当至少具有药学或相关专业本科学历(或中级专业技术职称或执业药师资格),具有至少5年从事药品生产和质量管理的实践经验,从事过药品生产过程控制和质量检验工作。

质量受权人应当具有必要的专业理论知识,并经过与产品放行有关的培训,方能独立履行其职责。

质量受权人和质量管理负责人可以兼任。

(二)受权人的主要职责

(1)参与企业质量体系建立、内部自检、外部质量审计、验证以及药品不良反应报告、产品召回等质量管理活动。

(2)承担产品放行的职责,确保每批已放行产品的生产、检验均符合相关法规、药品注册要求和质量标准。

(3)在产品放行前,质量受权人必须按照上述第2项的要求出具产品放行审核记录,并纳入批记录。

(三)受权人的法律地位及责任

受权人制度是一种企业内部质量管理模式,也是国际上发达国家推行的一种药品质量管理模式。

受权人履行药品质量管理职责,确保药品质量的工作行为受到法律保护。如果受权人玩忽职守或故意渎职,也应承担相应的责任。

三、授权、转授权及授权人的管理

(一)企业授权

1. 授权的概念及特征

药品质量管理授权是药品生产企业授予药品质量管理人员对药品质量管理活动进行监督和管理的权利和责任,受权人在企业的监督下对本企业药品生产的法规符合性和质量安全保证性进行内部管理,并由其承担药品放行责任。

2. 药品质量受权人的主要特征

(1)药品生产企业是授权人,企业指定的药品质量管理人员,是受权人,授权人对受权人享有监督权,受权人对授权人负有责任与义务。

(2)企业授予受权人行使药品生产质量管理权利,并不能免除企业自己的责任,授权后,药品生产企业对受权人的行为负有监督和最终负责的责任和义务。

3. 授权形式和内容

法律授权:EU(欧盟)和 WHO(世界卫生组织)实行的授权形式是法律授权(法律规定)。

企业法人授权:受权人行使药品质量管理职责是由企业法人授权,必须以书面的形式授权。我国药品质量受权人制度实行企业法人授权。

企业的法定代表人应代表企业法人行使授权的权利,与受权人签署书面的授权书。授权书应明确授权人与受权人的权利与责任。

(二)受权人的转授权

(1)转授权的前提:在受权人对质量管理体系有效监控的情况下,受权人可根据需要,把部分职权转授他人,就是转授权。

(2)转授权的程序:受权人向法定代表人提出书面申请,将部分职权转授给专业技能相当的人员,经批准后,方可正式转授。这里的受权人就是转授权人。

(3)转授权的要求:接受转授权的人员(转受权人)应具备与其承担的工作相适应的专业背景和技能,并经必要的培训后,方可上岗。

(4)受权人对其转受权人的相应药品质量管理行为承担责任(转授权不能转受责任)。

通常情况下一个企业有一名受权人,如果工作量大可以转授权;企业可以设多个受权人,但必须指定一名对质量管理负全面责任的人员。

(三) 受权人的管理

1. 企业内部对受权人的管理

药品生产企业选取质量受权人,考核、评价其工作是实施受权人制度的关键。

受权人聘用:企业必须按照《药品生产质量管理规范》(2010版)的条件要求,建立受权人聘用制度,选取符合任职条件的人作为受权人,并使受权人的聘用管理程序化和规范化,避免聘用的主观性。

受权人考核:企业应建立受权人考核制度,包括聘用考核、继续考核、年度考核等。

受权人解聘:企业应建立受权人的解聘制度,对于不能胜任工作、在履行质量管理工作中有渎职失职等行为的受权人,按制度给予解聘。

2. 监督管理部门对受权人的管理

质量受权人为《药品生产许可证》(图6.1)载明事项中的登记事项,变更质量受权人应当在企业完成变更后三十日内,向原发证机关申请药品生产许可证变更登记。原发证机关应当自收到企业变更申请之日起十日内办理变更手续。

图6.1 药品生产许可证副本

各地药品监督管理部门在对企业的日常检查、注册检查、合规性检查中会对质量受权人职责履行情况进行检查,作为对企业质量体系评价的重要依据。

(四）受权人的培训

受权人应加强自身学习，及时掌握国家的政策法规，掌握药品生产管理和生产技术新知识，应根据自身的专业知识水平和知识结构，不断加强自身修养和知识更新，提高专业知识水平，以提高自身综合质量管理能力。

企业应为质量受权人提供必要的培训条件或机会。

药品监督管理部门应对质量受权人的工作给予培训或指导，以提高质量受权人的专业水平和综合能力。

第七章 药剂生产基本技术

第一节 制药卫生

药品不仅要有确切的疗效,还必须安全、质量稳定,药品一旦受到微生物的污染,微生物在一定的条件下会大量生长繁殖,从而导致药品腐败变质,甚至会危及人体生命安全。

根据人体对环境微生物的耐受程度,《中国药典》对不同给药途径的药物制剂大体分为:无菌制剂和非无菌制剂(限菌制剂)。限菌制剂是指允许一定限度的微生物存在,但不得有规定控制菌存在的药物制剂。《药品生产质量管理规范》(2010年)根据药物制剂不同的给药途径,对药物制剂的生产环境规定了洁净度标准。因此,药物生产的技术和生产的环境与药物的质量有直接关系,采用合适的技术手段和措施对药物生产技术及生产环境加以控制,对保障药品的质量具有十分重要的意义。

一、灭菌法

灭菌法是指用适当物理或化学手段将物品中活的微生物杀灭或除去的方法。

灭菌的主要目的是杀灭或除去所有微生物繁殖体和芽孢,最大限度地提高药物制剂的安全性,保护制剂的稳定性,保证制剂的临床疗效。因此,有效的灭菌方法和正确的方式对药品的质量至关重要。

(一)常用灭菌法

药物制剂技术中灭菌法通常分为物理灭菌法和化学灭菌法。

1. 物理灭菌法

利用蛋白质与核酸具有遇热、射线不稳定的特性及过滤等方法杀灭或除去微生物的技术称为物理灭菌法,亦称物理灭菌技术。该技术包括热灭菌法、射线灭菌法和过滤除菌法。

(1)热灭菌法

热灭菌法指利用热能将微生物进行杀灭的灭菌技术。

① 干热灭菌法:指在干燥环境中加热灭菌的技术,其中包括火焰灭菌法和干热空气灭

菌法。

火焰灭菌法是指用火焰直接灼烧而达到灭菌的方法。该方法迅速、可靠、简便,但不适合药品的灭菌。

干热空气灭菌法是指用高温干热空气灭菌的方法。由于在干燥状态下,热穿透力较差,微生物的耐热性强,必须在高温下长时间作用才能达到灭菌的效果。为了确保灭菌效果,通常采用的灭菌温度与相应时间分别为160~170 ℃灭菌120分钟以上;170~180 ℃灭菌60分钟以上或250 ℃灭菌45分钟以上。

② 湿热灭菌法:指用饱和蒸汽、沸水或流通蒸汽进行灭菌的方法。由于蒸汽潜热大,热穿透力强,容易使蛋白质变性或凝固,因此该法的灭菌效率在相同温度下远高于干热灭菌法,是药物制剂生产过程中最常用的灭菌方法。湿热灭菌法可分为热压灭菌法、流通蒸汽灭菌法、煮沸灭菌法和低温间歇灭菌法。

热压灭菌法是指利用高压饱和水蒸气加热杀灭微生物的方法。该法利用高压饱和蒸汽、过热水喷淋等手段使微生物菌体中的蛋白质、核酸发生变性而杀灭微生物。该法有灭菌可靠、操作方便、易于控制和经济等优点。灭菌温度高,且有很强的杀灭效果,能杀灭所有细菌繁殖体和芽孢。常用的设备有灭菌锅和热压灭菌柜。

流通蒸汽灭菌法是指在常压下,采用100 ℃流通蒸汽加热杀灭微生物的方法。灭菌时间通常为30~60分钟。该法适用于消毒及不耐高热制剂的灭菌。但不能保证杀灭所有的芽孢,是非可靠的灭菌法。

煮沸灭菌法是指将待灭菌物置沸水中加热灭菌的方法。煮沸时间通常为30~60分钟。该法灭菌效果较差,常用于生产器具和清洁器具的消毒。

低温间歇灭菌法是指将待灭菌物置于60~80 ℃的水或流通蒸汽中加热60分钟,杀灭微生物繁殖体后,在室温条件下放置24小时,让待灭菌物中的芽孢发育成繁殖体,再次加热灭菌、放置使芽孢发育、再次灭菌,反复多次,直至杀灭所有芽孢。该法适合于不耐高温、热敏感物料和制剂的灭菌。其缺点是费时、工效低、灭菌效果差。

(2) 射线灭菌法

射线灭菌法是指采用辐射、微波和紫外线杀灭微生物的方法。

① 辐射灭菌法:指将灭菌物品置于适宜放射源辐射的γ射线或适宜的电子加速器发生的电子束中进行电离辐射而达到杀灭微生物的方法。本法最常用的为放射性核素(^{60}Co和^{137}Cs)放射的γ射线,可杀灭微生物和芽孢。

② 微波灭菌法:采用微波(频率为300~300000 MHz)照射产生的热能杀灭微生物的方法。

③ 紫外线灭菌法:指用紫外线(能量)照射杀灭微生物的方法。用于紫外灭菌的波长一般为200~300 nm,灭菌力最强的波长为254 nm,该方法用于表面灭菌。紫外线不仅能使核酸蛋白变性,而且能使空气中氧气产生微量臭氧,而达到共同杀菌作用。

(3) 过滤除菌法

过滤除菌法是利用细菌不能通过致密具孔材料的原理以除去气体或液体中微生物的方法,常用于热不稳定的药品溶液或原料的除菌。

为了有效地除尽微生物,滤器孔径必须小于芽孢大小(芽孢的直径$>0.5~\mu m$)。除菌过滤器采用孔径分布均匀的微孔滤膜作为滤材。微孔滤膜分亲水性和疏水性两种,根据过滤物品的性质及过滤目的选择。药品生产中采用的除菌滤膜孔径一般不超过 $0.22~\mu m$。

2. 化学灭菌法

利用化学药品(又称化学消毒剂)使微生物蛋白质变性而产生沉淀、与微生物的酶系统结合而影响其代谢功能或降低微生物的表面张力、增加菌体胞浆膜的通透性,进而使细胞破裂或溶解的作用等特性,将微生物杀灭的方法称为化学灭菌法。该法包括气体灭菌法和药液灭菌法。

(1) 气体灭菌法

气体灭菌法指用化学药剂形成的气体蒸气杀灭微生物的方法。常用的化学消毒剂有环氧乙烷、甲醛、臭氧(O_3)、戊二醛等。该法适合设备和设施等的消毒,而且特别适合生产厂房的消毒。运用该法消毒后应注意空间排空,防止消毒剂的残留对人体造成危害。

(2) 药液灭菌法

药液灭菌法指采用杀菌剂溶液进行灭菌的方法。该法常应用于其他灭菌法的辅助措施,适合于皮肤、无菌器具和设备的消毒。常用消毒液有75%乙醇、3%双氧水溶液、1%聚维酮碘溶液、0.1%~0.2%苯扎溴铵(新洁尔灭)溶液、酚或煤酚皂溶液等。

(二) 注射剂湿热灭菌工艺的验证

从严格意义上讲,无菌药品应不含任何活的微生物,但由于目前检验手段的局限性,绝对无菌的概念不能适用于对整批产品的无菌性评价,因此目前所使用的"无菌"概念,是概率意义上的"无菌"。特定批次药品的无菌特性只能通过该批药品中活微生物存在的概率低至某个可接受的水平,即无菌保证水平(Sterility Assurance Level, SAL)来表征,所以对湿热灭菌工艺的验证至关重要。

注射剂的湿热灭菌工艺应首选过度杀灭法,即 F_0(标准灭菌时间)值$\geqslant$12 min 的灭菌工艺;对热不稳定的药物,可以选择残存概率法,即 F_0 值$\geqslant$8 min 的灭菌工艺。在注射剂设计灭菌工艺参数时,通常依据注射剂灭菌工艺决策树进行试验筛选。注射剂灭菌工艺决策树如图 7.1 所示。

湿热灭菌工艺的验证一般分为物理确认和生物学确认两部分,物理确认包括热分布试验、热穿透试验等,生物学确认主要是微生物挑战试验。物理确认和生物学确认结果应一致,两者不能相互替代。

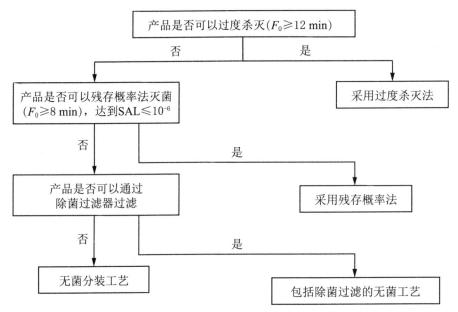

图7.1 注射剂灭菌工艺决策树

1. 物理确认

(1) 物理确认的前提

物理确认所用的温度测试系统应在验证前、后进行校准,所涉及的灭菌设备应该在灭菌工艺验证前已通过设备确认。

(2) 空载热分布试验

如果在实施灭菌工艺验证前已经在包含拟验证工艺条件下完成了空载热分布试验,且在验证合格期限内,原则上可以引用相关数据和结论。

(3) 装载热分布试验

装载热分布试验的目的是在拟采用的装载方式下,考察产品装载区内实际获得的灭菌条件与设计的灭菌周期工艺参数的符合性。

装载热分布试验需要考虑最大、最小和生产过程中典型装载量情况,试验时应尽可能使用待灭菌产品。如果采用类似物,应结合产品的热力学性质等进行适当的风险评估。待灭菌产品的装载方式和灭菌工艺等各项参数的设定应与正常生产时一致,应采用示意图或照片描述产品的装载方式,并评估探头放置是否合理。每一装载方式的热分布试验需要至少连续进行三次。

(4) 热穿透试验

热穿透试验用于考察灭菌器和灭菌程序对待灭菌产品的适用性,目的是确认产品内部也能达到预定的灭菌温度、灭菌时间或 F_0 值。一个好的灭菌器和灭菌程序,既要使所有待灭菌产品达到一定的 F_0 值,以保障产品的 $SAL \leqslant 10^{-6}$,同时又不能使部分产品受热过度而造成产品中活性成分的降解,导致同一灭菌批次的产品出现质量不均一。

通过热穿透试验可以确定在设定的灭菌程序下,灭菌器内各个位置的待灭菌产品是否能够到达设定的灭菌温度、灭菌时间或 F_0 值。再结合灭菌前微生物污染水平的检测,可以确定灭菌器内各个位置的待灭菌产品是否能够达到预期的无菌保证水平。

对于F_0值最大点位置的样品,由于其受热情况最为强烈,因此应评估该位置产品的稳定性情况,如需要进行有关物质的检测等,以进一步确认灭菌对于产品的稳定性没有影响。

通常情况下,热分布试验的保温阶段内温度波动应在±1.0 ℃之内,升、降温过程的温度波动可通过总体F_0值来反映。如果温度或F_0值差别超过可接受范围,提示灭菌器的性能不符合要求、装载方式选择不当等,需要寻找原因并进行改进,重新进行验证。另外,对于热敏感的药物,还应该控制灭菌器的升温和降温时间,以保证输入的热能控制在合理的范围内,不会对产品的热稳定性造成影响。

2. 生物学确认

湿热灭菌工艺的微生物挑战试验是指将一定量已知DT值(DT——生物指示剂在温度T/℃下的耐热参数,单位:min)的耐热芽孢在设定的湿热灭菌条件下进行灭菌,以验证设定的灭菌工艺是否确实能使产品达到预定的无菌保证水平。生物指示剂被杀灭的程度,是评价一个灭菌程序有效性的直观指标。

(1)生物指示剂选用的一般原则

生物指示剂的选用参照《中国药典》(2020年版)四部通则9207"灭菌用生物指示剂指导原则"。针对具体的灭菌工艺和具体的产品,还应注意所用的生物指示剂的耐受性应强于待灭菌产品中的污染菌。

(2)生物指示剂的使用和放置

实际验证过程中可以将生物指示剂接种到待灭菌产品中或直接使用市售的生物指示剂成品。无论采用哪种来源的生物指示剂均应考虑待灭菌产品对细菌芽孢耐受性的影响,如果待灭菌产品会使芽孢的耐受性增加,应采用直接接种到待灭菌产品的方法。如果生物指示剂与产品不相容,可以用与产品相似的溶液来代替产品。使用市售生物指示剂时,应确保生物指示剂的DT值和总芽孢数等主要质量参数的准确性。

生物指示剂的接种量(即初始芽孢数)应符合挑战性试验的要求。

装有生物指示剂的容器应紧邻于装有测温探头的容器,直接接种供试品宜放置在热穿透试验产品的紧邻位置,灭菌器的其他部位应装载产品或者类似物,以尽可能地模仿实际生产时的状况。

(3)灭菌

生物指示剂挑战试验应该按照产品设定的灭菌工艺进行灭菌。每个产品的每一灭菌程序,至少需要连续进行三次生物指示剂挑战试验。

(4)检查和培养

完成灭菌后,尽快将挑战指示剂放入培养基中进行培养。建议参照所用生物指示剂的特性和供应商的说明书来选择培养条件,同时应放置阳性对照品和阴性对照品。

(5)试验结果的评价

根据生物指示剂的DT值、接种量以及挑战试验验证结果,结合产品灭菌前微生物的污染水平来评价产品在验证的灭菌条件下实际达到的SAL值。如果验证结果出现不合格,需要分析原因,采取相应的改进措施后重新进行验证工作。

3. 基于风险评估的验证方案设计

湿热灭菌工艺验证时,在不牺牲无菌保证水平的前提下,为减少验证试验数量,降低验证成本,可综合各方面因素考虑,在风险评估的基础上,通过充分的合理性论证,选用具有代表性的灭菌器、待灭菌产品和装载方式等进行灭菌工艺验证,可不必对所有情况进行验证。

二、无菌操作及微生物限度检查

(一) 无菌操作

无菌操作是指整个操作过程在避免被微生物污染的环境下进行的操作。通常运用于不能加热灭菌或不宜用其他方法灭菌的无菌制剂的制备和微生物限度检查操作,如无菌粉末分装及无菌冻干即是运用无菌操作法进行生产的。

1. 无菌操作室的灭菌

无菌操作室应定期进行灭菌,可采用紫外线液体和气体灭菌法对无菌操作室的环境进行灭菌,甲醛溶液加热熏蒸法是用于无菌操作室灭菌常用的一种方法。室内空间的用具、地面、墙壁等可用消毒剂擦拭消毒,可用热压灭菌的物品尽可能用热压灭菌的方法进行灭菌,以保持操作环境的无菌状态。

2. 无菌操作

操作人员进入无菌操作室应严格遵守无菌操作的工作规程,按规定更换无菌工作鞋后洗手消毒,然后换上无菌工作服、戴上无菌工作帽和口罩。头发不得外露并尽可能减少皮肤的外露,不得裸手操作,以免造成污染。

(二) 无菌检查

无菌检查是指检查药典要求无菌的药品、原料、辅料及其他品种是否无菌的一种操作方法。无菌检查应在环境洁净度C级下的局部洁净度A级的单向流空气区域内或隔离系统中进行,其全过程中必须严格遵守无菌操作,防止微生物污染。

《中国药典》规定的无菌检查法有直接接种法和薄膜过滤法,前者适用于非抗菌作用的供试品,后者适用于有抗菌作用或大量的供试品。

(三) 微生物限度检查

微生物限度检查应按《中国药典》规定的微生物限度检查法。

微生物限度检查法是检查非规定灭菌制剂及其原料、辅料受微生物污染程度的方法。检查项目包括细菌数、霉菌数、酵母菌数及控制菌检查。

微生物限度检查应在环境洁净度C级下的局部洁净度A级的单向流空气区域内进行。检验全过程必须严格遵守无菌操作,防止再污染。

第二节 物料干燥

一、概述

干燥是利用热能或其他适宜方法使物料中湿分(水分或其他溶剂)汽化,并利用气流或真空带走湿分,从而获得干燥产品的操作。干燥的目的在于提高物料的稳定性,或使成品、半成品具有一定的规格标准,便于进一步处理等。药品生产中,干燥的程度不是水分含量越低越好,需要根据制剂工艺的要求来控制。

(一)干燥机制

在干燥过程中,当湿物料与热空气接触时,热空气作为干燥介质将热能传至物料表面,再由表面传至物料内部,这是一个传热过程;同时湿物料受热后,其表面湿分首先汽化,物料内部与表面之间产生湿分浓度差,于是湿分由物料内部向表面扩散,并不断向空气中汽化,这是一个传质过程。物料干燥的过程同时存在着传热过程和传质过程,两者方向相反。

(二)影响干燥的因素

影响物料干燥的因素主要包括物料中水分的性质、物料自身的性质、干燥介质的性质、干燥速度和采取的干燥方法。

1. 物料的性质

(1) 物料中水分的性质

① 平衡水分与自由水分:物料与干燥介质(空气)相接触,以物料中所含水分能否干燥除去来划分平衡水分与自由水分。平衡水分是指在一定空气条件下,物料表面产生的水蒸气压等于该空气中水蒸气分压,此时物料中所含水分为平衡水分,是在该空气条件下不能干燥的水分。而物料中多于平衡水分的部分称为自由水分,是能干燥除去的水分。

② 结合水分与非结合水分:物料干燥过程中,按水分干燥除去的难易程度划分为结合水分与非结合水分。结合水分是指借物理化学方式与物料相结合的水分,这种水分与物料的结合力较强,干燥速度缓慢,如结晶水、动植物细胞内的水分、物料内毛细管中的水分等。非结合水分是指以机械方式与物料结合的水分,水分与物料结合力较弱,干燥速度较快,如附着在物料表面的水分、物料堆积层中大空隙中的水分等。

(2) 物料自身的性质

包括物料本身的结构,形状与大小,料层的厚薄等。通常颗粒状物料比粉末干燥快;有组织细胞的药材比膏状物干燥快;此外,物料中湿分的沸点和蒸发面积也是影响干燥的重要因素。

2. 介质的性质

（1）温度

干燥介质的温度越高,其与湿物料间温度差越大,传热速度越快,干燥速度越快。但应在制剂有效成分不被破坏的前提下提高干燥温度。

（2）湿度

干燥介质的相对湿度越低,湿度差越大,物料越易干燥。在干燥过程中,采用热空气作为干燥介质,不仅可提供水分汽化所需的热量,还可降低空气的相对湿度,加快干燥速度。

（3）压力

压力与蒸发速度成反比,减压能降低湿分的沸点,使湿分在较低的温度下完成传质过程,同时又避免物料中不耐热的成分受热破坏。因而减压是加快干燥的有效手段之一。

3. 干燥速度

干燥速度不宜过快,否则物料表面湿分很快蒸发,使表面粉粒彼此黏着,甚至结成硬壳,阻碍内部水分的扩散和蒸发,使干燥不完全,出现外干内湿的现象。

4. 干燥方法

在干燥过程中,物料处于静态还是动态,会影响干燥的效率。静态干燥时,气流掠过物料层表面,干燥暴露面积小,干燥效率差;动态干燥时,物料处于跳动或悬浮于气流之中,粉粒彼此分开,大大增加了干燥暴露面积,干燥效率高,如沸腾干燥、喷雾干燥等。

二、常用干燥技术

干燥技术的分类方式有多种,按操作方式分为连续式、间歇式;按操作压力分为常压干燥、减压干燥;按加热方式分为热传导干燥、对流干燥、辐射干燥、介电加热干燥等。下面是制剂生产中常用的一些干燥技术。

（一）常压干燥

常压干燥是在常压状态下进行干燥的方法。常压干燥简单易行,但干燥时间长,温度较高,易因过热引起成分破坏,干燥物较难粉碎,主要用于耐热物料的干燥。

制剂生产中常压干燥的常用设备是厢式干燥器,小型的称为烘箱,大型的称为烘房。主要以蒸气或电能为热源,为间歇式干燥器。其设备简单,操作方便,适用性强,适用于小批量生产物料的干燥,干燥后物料破损少、粉尘少。缺点是干燥时间长、物料干燥不够均匀、热利用率低、劳动强度大。厢式干燥器多用于中药材、药材提取物及丸剂、散剂、颗粒等的干燥。

（二）减压干燥

减压干燥又称真空干燥,是在负压状态下进行干燥的方法。此法具有干燥温度低、干燥速度快、设备密闭可防止污染和药物变质、产品疏松易于粉碎等特点,主要适用于热敏性物料,也可用于易受空气氧化、有燃烧危险或含有机溶剂等的物料的干燥。

（三）沸腾干燥

沸腾干燥又称流化床干燥，干燥过程中从流化床底部吹入的热空气流使湿颗粒向上悬浮，流化翻滚如"沸腾状"，热气流在悬浮的湿粒间通过，在动态下进行热交换，带走水汽，达到干燥的目的。沸腾干燥是流化技术在干燥中的应用，主要用于湿粒性物料的干燥，如颗粒剂的干燥、片剂生产中湿颗粒的干燥等。

沸腾干燥具有以下特点：
（1）传热系数大，传热良好，干燥速度较快。
（2）干燥床内温度均一，并能根据需要调节，所得到的干燥产品较均匀。
（3）物料在干燥床内停留时间可任意调节，适用于热敏物料的干燥。
（4）可在同一干燥器内进行连续或间歇操作。
（5）沸腾干燥器物料处理量大，结构简单，占地面积小，投资费用低，操作维护方便。

沸腾干燥的缺点主要是不适宜于含水量高、易黏结成团的物料干燥，干燥后细粉比例较大，干燥室内不易清洗等。

沸腾干燥的设备为沸腾干燥器（流化床干燥器），有立式和卧式，在制剂工业中常用卧式多室流化床干燥器，如图7.2所示。

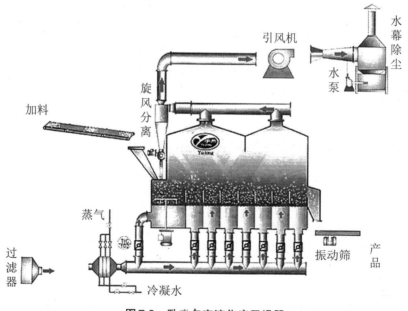

图7.2 卧式多室流化床干燥器

（四）喷雾干燥

喷雾干燥是以热空气作为干燥介质，采用雾化器将液体物料分散成细小雾滴，当与热气流相遇时水分迅速蒸发而获得干燥产品的操作方法。此法能直接将液体物料干燥成粉末状或颗粒状制品。

喷雾干燥的特点如下：

(1) 干燥速度快、干燥时间短,具有瞬间干燥的特点。
(2) 干燥温度低,避免物料受热变质,特别适用于热敏性物料的干燥。
(3) 由液态物料可直接得到干燥制品,省去蒸发、粉碎等单元操作。
(4) 操作方便,易自动控制,减轻劳动强度。
(5) 产品多为疏松的空心颗粒或粉末,疏松性、分散性和速溶性均好。
(6) 生产过程处在密闭系统,适用于连续化大型生产,可应用于无菌操作。

喷雾干燥的缺点是传热系数较低,设备体积庞大,动力消耗多,一次性投资较大,干燥时物料易发生黏壁等。

喷雾干燥的设备为喷雾干燥器,由空气过滤及加热系统、料液雾化系统、干燥系统、气固分离系统、风机等组成,如图7.3所示。

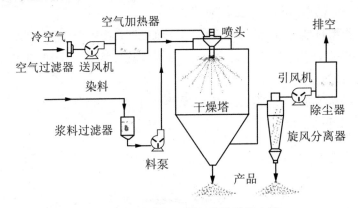

图7.3 喷雾干燥工艺流程示意图

(五)冷冻干燥

冷冻干燥是指在低温、高真空条件下,使水分由冻结状态直接升华除去而进行干燥的一种方法。

冷冻干燥特别适用于易受热分解的药物。生物制品、抗生素以及粉针剂常采用冷冻干燥技术。

(六)其他干燥技术

1. 红外干燥

红外干燥是利用红外辐射元件所发射的红外线对物料直接照射而加热的一种干燥方式。红外干燥时,由于物料表面和内部的分子同时吸收红外线,故受热均匀,干燥快,质量好。缺点是电能消耗大。

远红外隧道烘箱即利用远红外线进行灭菌干燥的设备,该设备广泛用于各种安瓿瓶、西林瓶及其他玻璃容器的干燥灭菌。

2. 微波干燥

微波是指频率很高、波长很短,介于无线电波和光波之间的一种电磁波。

微波干燥的原理：将湿物料置于高频电场内,湿物料中的水分子在微波电场的作用下,不断地迅速转动,产生剧烈的碰撞与摩擦,部分能量转化为热能,物料本身被加热而干燥。

微波干燥具有加热迅速、均匀、干燥速度快、穿透力强、热效率高等优点,微波操作控制灵敏、操作方便,对含水物料的干燥特别有利。而其缺点是成本高、对有些物料的稳定性有影响。

3. 吸湿干燥

吸湿干燥指将干燥剂置于干燥柜架盘下层,而将湿物料置于架盘上层进行干燥的方法。常用的干燥剂有无水氧化钙、无水氯化钙、硅胶等。常用于含湿量较小及某些含有芳香成分的药材的干燥。

第三节 粉　　碎

粉碎是借助机械力将大块物料破碎成适宜大小的颗粒或细粉的操作。

粉碎度,又称粉碎比,可用来表示物料被粉碎的程度,常以粉碎前的粒度(D)与粉碎后的粒度的比值来表示。粉碎度越大,物料粉碎得越细。粉碎度的大小应根据药物性质、剂型和使用要求等来确定。

一、药物粉碎的目的与方法

（一）粉碎的目的

粉碎的主要目的在于减小粒径,增加物料的表面积,对制剂生产具有重要的意义：
（1）增加表面积,有利于提高难溶性药物的溶出度和生物利用度。
（2）提高固体药物的分散度。
（3）有利于制剂生产中各成分的均匀混合。
（4）有助于药材中有效成分的浸出。

粉碎对制剂质量影响很大,但也应注意粉碎过程可能带来晶型转变、热分解、黏附性增强、流动性变差、粉尘飞扬等不良作用。

（二）药物粉碎方法

1. 常用粉碎方法

粉碎过程常用的外加力有冲击力、压缩力、剪切力、弯曲力、研磨力等,多数粉碎过程是这几种作用力综合作用的结果。冲击力、压缩力对脆性物料的粉碎更有效,剪切力对纤维状物料更有效,粗碎以冲击力和压缩力为主,细碎以剪切力、研磨力为主。药物生产中,需根据被粉碎物料的性质和粉碎程度的不同,选择不同的粉碎方法和设备。以下是几种常用的粉碎方法。

(1) 干法粉碎与湿法粉碎

干法粉碎是指把物料经过适当干燥处理,降低水分再进行粉碎的操作,是制剂生产中最常用的粉碎方法。湿法粉碎是指在物料中添加适量的水或其他液体进行研磨粉碎的方法。湿法粉碎可避免粉尘飞扬,粉碎度高,对于某些刺激性较强或毒性药物的粉碎具有特殊意义。

(2) 单独粉碎与混合粉碎

单独粉碎是指对同一物料进行的粉碎操作。贵重药物、刺激性药物、混合易引起爆炸的药物(如氧化性药物和还原性药物混合)、适宜单独处理的药物(如滑石粉、石膏等)等应采用单独粉碎。混合粉碎是指两种或两种以上物料同时粉碎的操作。若处方中某些物料的性质及硬度相似,则可以将其掺合在一起粉碎,混合粉碎既可避免一些黏性药物单独粉碎的困难,又可使粉碎与混合操作结合进行。

(3) 低温粉碎

低温粉碎是指利用物料在低温时脆性增加,韧性与延伸性降低的性质,使物料在低温条件下进行粉碎的操作。此法适宜在常温下粉碎困难的物料,如树脂、树胶、干浸膏等,对于含水、含油较少的物料也能进行粉碎。低温粉碎能保留物料中的香气及挥发性有效成分,并可获得更细的粉末。

(4) 流能粉碎

流能粉碎是指利用高压气流使物料与物料之间、物料与器壁间相互碰撞而产生强烈的粉碎作用的操作。采用气流粉碎可得到粒度要求为 3~20 μm 的微粉,在粉碎的同时可进行粒子分级。由于高压气流在粉碎室中膨胀时产生冷却效应,故适用于热敏性物料和低熔点物料的粉碎。

2. 药物粉碎的特殊方法

根据药物的性质和粉碎度要求还可以采取以下粉碎方法:

(1) 水飞法

水飞法属于湿法粉碎,适应于难溶于水的药物,如朱砂、珍珠、炉甘石、滑石等。该法将药物与水共置于研钵或球磨机中研磨,使细粉混悬于水中,然后将此混悬液倾出,余下药物加水反复操作,直至全部药物研磨完毕。所得混悬液沉降,倾去上清液,将湿粉干燥,可得极细粉末。

(2) 串研法与串油法

串研法与串油法均属于混合粉碎,是将含黏性或油性较大的药物经特殊处理后进行粉碎的方法。含糖较多的黏性药物如熟地黄、山茱萸、麦冬等,先将处方中其他干燥药物研成粗粉,然后掺入黏性药物中使之成块状或颗粒状,于 60 ℃以下充分干燥后再粉碎,俗称串研法。含油脂较多的药物如杏仁、桃仁、苏子等,须先捣成稠糊状,再把处方中已粉碎的其他药粉分次掺研粉碎,使药粉及时将油吸收,以便于粉碎与过筛,俗称串油法。

(3) 蒸罐法

处方中如含有树脂及糖分较多的药物,则需蒸制后再粉碎。该法先将适于蒸制的药物置于蒸罐中,加入适量黄酒加热蒸制,以酒被吸尽为度;另将处方中不宜蒸制的药物(如含有挥发油及芳香药)粉碎为粗粉,与蒸制的药物混合均匀,干燥后粉碎为细粉。

二、药物粉碎常用设备及粉碎过程管理

(一)常用粉碎设备

1. 研钵

又称乳钵,一般用陶瓷、玻璃、金属和玛瑙制成。研钵由钵和杵棒组成,钵为圆弧形、上宽下窄,底部有较厚的底座,杵棒的棒头较大,以增加研磨面。杵棒与钵内壁接触,通过研磨、碰撞、挤压等作用力使物料粉碎、混合均匀。研钵主要用于少量物料的粉碎或供实验室用。

2. 球磨机

球磨机是由圆柱形球磨缸以及其中装入一定数量、不同大小的钢球或瓷球构成。使用时将物料装入圆筒内密盖后,由电动机带动球磨缸旋转,物料经圆球的冲击和研磨作用而被粉碎、磨细。球磨机的粉碎效率较低、粉碎时间较长,但由于密闭操作,故适用于贵重物料的粉碎、无菌粉碎。球磨机可进行干法粉碎或湿法粉碎,必要时还可充入惰性气体对物料进行保护,适应范围较广。

3. 冲击式粉碎机(万能粉碎机)

冲击式粉碎机对物料的粉碎作用力以冲击力为主,结构简单,操作维护方便,其典型的粉碎结构有锤击式和冲击柱式两种。冲击式粉碎机适用于脆性、韧性物料以及中碎、细碎、超细碎等粉碎,应用广泛,故又称为万能粉碎机(图7.4)。

图7.4 万能粉碎机

4. 流能磨

又称气流粉碎机(图7.5),是利用高压气流带动物料,产生强烈的撞击、冲击、研磨等作用而使物料粉碎,粉碎后的物料随高压气流由出料口进入旋风分离器或袋滤器进行分离,较大颗粒沿器壁外侧重新进入粉碎室进行粉碎。流能磨常用的有圆盘形流能磨和轮型流能磨,可进行粒度要求为3～20 μm的超微粉碎、热敏性物料和低熔点物料的粉碎,以及无菌粉末的粉碎。

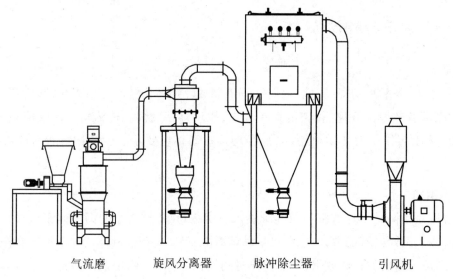

气流磨　　旋风分离器　　脉冲除尘器　　引风机

图7.5　气流粉碎机

(二) 粉碎过程的管理与控制

1. 粉碎过程管理要点

(1) 固体制剂粉碎岗位操作室一般按D级洁净度要求,室内与相邻操作室呈负压,须有捕尘装置,温度18～26 ℃、相对湿度45%～65%。

(2) 物料严禁混有金属物。

(3) 物料含水分不应超过5%。

(4) 粉碎过程中的物料应有标示,防止发生混药、混批。

(5) 按设备的清洁要求进行清洁。

2. 质量控制要点

(1) 外观色泽均匀,无异物。

(2) 粉碎后物料的粒度均匀,符合制剂工艺规定。

第四节 筛分与混合

一、筛分

筛分是借助网孔工具将粗细物料进行分离的操作。通过筛分可对粉碎后的物料进行粉末分等,从而获得较均匀粒度的物料,同时筛分还有混合作用。此外,为提高粉碎效率,已达细度要求的物料也必须及时筛出以减少能量的消耗。

由于筛分时较细的粉末先通过筛孔,较粗的粉末后通过,所以筛分后的粉末应适当加以搅拌,以保证药粉的均匀度。

(一)药筛的种类及规格

1. 药筛的种类

筛分用的药筛按其制作方法不同可分为编织筛与冲制筛两种。编织筛的筛网由钢丝、不锈钢丝、尼龙丝、绢丝等编织而成,但使用中筛孔易变形。尼龙丝对一般药物较稳定,在制剂生产中应用较多。冲制筛是在金属板上冲压出圆形的筛孔而成,筛孔牢固,孔径不易变动,常用于高速粉碎过筛联动的机械上。

2. 药筛的规格

《中国药典》所用药筛,选用国家标准的 R40/3 系列,共规定了九种筛号,一号筛的筛孔内径最大,依次减小,九号筛的筛孔最小。目前制药工业习惯以目数来表示筛号及粉末的粗细,即以每英寸(2.54 cm)长度有多少筛孔来表示。例如每英寸长度有100个孔的筛子叫作100目筛,目数越大,筛孔越小。《中国药典》现行版规定了9种筛号,工业用筛的规格与《中国药典》规定的筛号对照见表7.1。

表7.1 《中国药典》标准筛及工业筛规格

药典规定筛号	筛孔内径(μm,平均值)	目号(相当于工业筛目)
一号筛	2000±70	10
二号筛	850±29	24
三号筛	355±13	50
四号筛	250±9.9	65
五号筛	180±7.6	80
六号筛	150±6.6	100
七号筛	125±5.8	120
八号筛	90±4.6	150
九号筛	75±4.1	200

3. 粉末的等级

粉末的等级是按通过相应规格的药筛而定的,《中国药典》现行版把固体粉末分为六种规格。粉末的分等标准如下:

最粗粉:指能全部通过一号筛,但混有能通过三号筛不超过20%的粉末。

粗粉:指能全部通过二号筛,但混有能通过四号筛不超过40%的粉末。

中粉:指能全部通过四号筛,但混有能通过五号筛不超过60%的粉末。

细粉:指能全部通过五号筛,但混有能通过六号筛不超过95%的粉末。

最细粉:指能全部通过六号筛,但混有能通过七号筛不超过95%的粉末。

极细粉:指能全部通过八号筛,但混有能通过九号筛不超过95%的粉末。

(二) 常用过筛设备

制剂生产中常用的筛分设备有旋振筛、往复振动筛粉机和悬挂式偏重筛粉机等。

1. 旋振筛

旋振筛是利用在旋转轴上配置不平衡重锤或配置有棱角形状的凸轮使筛产生振动的过筛装置。筛网的振动方向具有三维性质,对物料产生筛选作用。旋振筛(图7.6)可用于单层或多层分级使用,结构紧凑、操作维修方便、分离效率高,单位筛面处理能力大,适用性强,故被广泛应用。

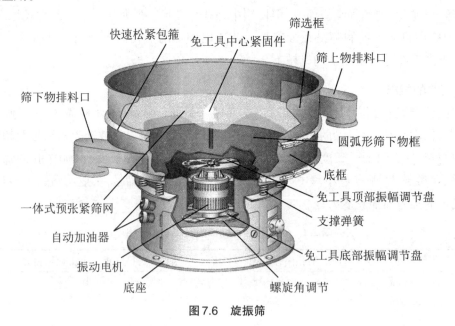

图7.6 旋振筛

2. 往复振动筛粉机

往复振动筛粉机是利用偏心轮对连杆所产生的往复振动而筛选粉末的装置。操作时物料由加料斗加入,落至筛子上,借电机带动皮带轮,使偏心轮做往复运动,从而使筛体往复运动,对物料产生筛选作用。振动筛适用于无黏性的药材粉末或化学药物的过筛。由于其密闭于箱内也适宜剧毒药物、刺激性药物及易风化或易潮解药物的过筛。

3. 悬挂式偏重筛粉机

悬挂式偏重筛粉机是利用偏重轮转动时不平衡惯性而产生振动的粉末筛选设备。工作时电机带动主轴、偏重轮，产生高速旋转，由于偏重轮一侧有偏重铁，使两侧重量不平衡而产生振动，故通过筛网的粉末很快落入接收器中。偏重筛粉机结构简单，造价低，占地小，效率高，适用于矿物药、化学药品和无显著黏性的药材粉末的过筛。

（三）筛分过程管理与控制

1. 生产管理要点

（1）筛分岗位操作室一般按D级洁净度要求。室内保持干燥且有捕尘装置，与相邻操作室保持负压，温度18~26 ℃，相对湿度45%~65%。

（2）物料保持干燥，严格按操作规程设置药筛规格、筛分速度、料层厚度及筛分时间等。筛分过程时刻注意设备声音。

（3）生产过程所有物料均应有标示，防止发生混药、混批。

（4）按设备的清洁要求进行清洁。

2. 质量控制点

（1）外观：色泽、粒度均匀。

（2）粒度：筛分后粉体的粒度应符合制剂工艺规定。

二、混合

混合是指将两种或两种以上物料均匀混合的操作。混合以含量均匀一致为目的，使处方组分均匀地混合，色泽一致，以保证剂量准确和用药安全。混合是制剂生产的基本操作，几乎所有的制剂生产都涉及混合操作。

混合机内粒子经随机的相对运动完成混合，混合机制主要有三种：

1. 对流混合

固体粒子群在机械转动的作用下，产生较大的位移进行的总体混合。

2. 剪切混合

由于粒子群内部力的作用结果产生滑动面，破坏粒子群的团聚状态而进行的局部混合。

3. 扩散混合

由于粒子的无规则运动，在相邻粒子间相互交换位置而进行的局部混合。

上述三种混合机制在实际的操作中往往同时发生，但所表现的程度因混合机的类型、粉体性质、操作条件等不同而存在差异。

（一）混合方法及原则

1. 混合方法

混合的方法主要有研磨混合、搅拌混合和过筛混合三种。

（1）研磨混合

是将各组分物料置乳钵中共同研磨的混合操作，此技术适用于小量尤其是结晶性药物的混合。不适用于引湿性及爆炸性成分的混合。

（2）搅拌混合

是将各物料置于适当大小容器中搅匀，多作初步混合之用。大量生产中常用混合机混合。

（3）过筛混合

是将处方中各组分药粉先初步混合，再通过适宜的药筛一次或多次使之混匀，由于较细较重的粉末先通过筛网，故在过筛后仍须加以适当的搅拌混合。

2. 混合的原则

物料混合中组分的量或密度差异较大时，应注意以下几方面原则：

（1）组分的比例量

混合物料比例量相差悬殊时，应采取等量递加混合法（习称配研法）即将量大的物料先取出部分，与量小物料约等量混合均匀，如此倍量增加量大的规格物料，直至全部混匀为止。

（2）组分的堆密度

混合物料堆密度相差较大时，应将堆密度小的先放在混合机内，再与堆密度大的物料进行混匀。

（3）混合设备的吸附性

将量小的药物先置于混合机内，会因混合器壁的吸附造成较大损耗，故应先取少部分量大的组分于混合机内先行混合再加量小的药物混匀。

（二）常用混合设备

制剂生产中的混合设备多采取容器旋转或搅拌的方式实现物料均匀混合的目的。常用的混合设备大致有两大类，即容器固定型和容器旋转型。

1. 容器固定型混合设备

容器固定型混合设备是物料在容器内靠叶片、螺带或气流的搅拌作用进行混合的设备。其特点是：可间断或连续操作，容器外可设夹套进行加热或冷却，适用于品种少、批量大的药物生产，对于黏附性、凝结性物料也能适应。

（1）槽形混合机

槽形混合机是一种以机械方法对混合物料产生剪切力而达到混合目的的设备。槽形混合机由搅拌轴、混合室、驱动装置和机架组成（图7.7）。槽形混合机的特点是结构简单，操作维修方便，混合所需时间较长，密度相差较大的物料易分层。故槽形混合机较适合于密度相近物料的混合。

图7.7　槽形混合机

(2) 锥形混合机

锥形混合机由锥体部分和传动部分组成。锥体内部装有一个或两个与锥壁平行的提升螺旋(图7.8)。混合过程主要由螺旋的自转和公转不断改变物料的空间位置来完成。锥形混合机的特点是混合效率高,混合物料均匀,动力消耗较其他混合机少,操作时锥体密闭。故适合于粉粒状物料的混合。

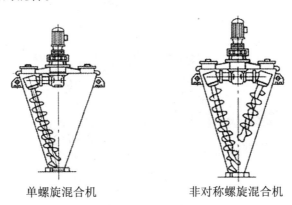

单螺旋混合机　　　　非对称螺旋混合机

图7.8　锥形混合机

2. 容器旋转型混合设备

容器旋转型混合设备是靠容器本身的旋转作用带动物料上下运动而使物料混合的设备。其特点包括:分批操作,适宜于多品种小批量生产;可用带夹套的容器进行加热或冷却操作;对于流动性好、物料差异不大的粉粒体,混合效果好;对于黏附性、凝结性强的粉粒体必须在机内设置强制搅拌叶或挡板,或加入钢球。不足之处包括:物料加入及排出时会产生粉尘,必须注意防尘;对于较硬的凝结块往往不易混合均匀。

(1) V形混合机

V形筒装在水平轴上并有支架,由传动装置带动绕轴旋转(图7.9),装在筒内的干物料随着混合筒转动。V形结构使物料反复分离、合一,用较短时间即可混合均匀。

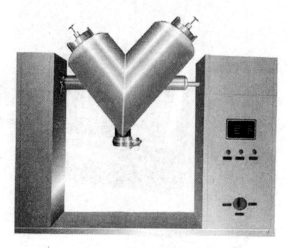

图7.9　V形混合机

（2）二维运动混合机

二维运动混合机（图7.10）在运转时混合筒既转动又摆动，同时筒内带有螺旋叶片，使筒中物料得以充分混合。该机具有混合迅速、混合量大、出料便捷等特点，尤其适用于大批量，每批可混合250～2500 kg的固体物料。该机属于间歇式混合操作设备。

图7.10　二维运动混合机

（3）三维运动混合机

主要由混合容器和机架组成（图7.11）。混合桶可作三维空间多方向摆动和转动，使桶中物料交叉流动与扩散，混合中无死角，混合均匀度高。适合于干燥粉末或颗粒的混合。最佳填充率为60%左右，最大填充率可达80%。

（三）混合过程中的管理与控制

1. 生产管理要点

（1）固体制剂混合岗位操作室一般按D级洁净度要求。室内必须保持干燥且有捕尘装置,室内与相邻操作室呈负压,温度18~26 ℃、相对湿度45%~65%。

(2) 严格按操作规程设置混合时间,混合过程随时注意设备声音。

(3) 生产过程所有物料均应有标示,防止发生混药、混批。

(4) 按设备的清洁要求进行清洁。

图7.11　三维运动混合机

2. 质量控制要点

混合均匀度应符合制剂工艺规定。

3. 注意事项

(1) 混合是制剂生产的基本操作,以含量均匀一致为目的。

(2) 混合物料比例量相差悬殊时,应采取等量递加混合法。

(3) 混合物料堆密度相差较大时,应将堆密度小的先放入混合机内,再加堆密度大的物料进行混匀。

第五节　蒸馏与蒸发

一、蒸馏

蒸馏是指加热使液体气化,再经冷凝成为液体的过程。主要利用混合物各组分在相同压力、温度下挥发性能间的差异来进行。

蒸馏除用于制备蒸馏水、制药用水之外,在药剂生产中还广泛用于浸出液的浓缩、溶剂的回收以及挥发油的提取等多个方面,是生产中常用的基本单元操作。

（一）常用的蒸馏方法与设备

1. 常压蒸馏

（1）概念

常压蒸馏指在常压下进行的蒸馏。

（2）特点

常压蒸馏时，由于液体表面压力大，溶液必须在较高的温度下才能气化，因此物料受热时间长，不适用于对热不稳定的成分，主要用于耐热物料的制备以及溶剂的回收和精制。常压蒸馏设备较简单，易于操作。

（3）蒸馏装置

主要由蒸馏器、冷凝器和接收器三部分组成，如图7.12所示。

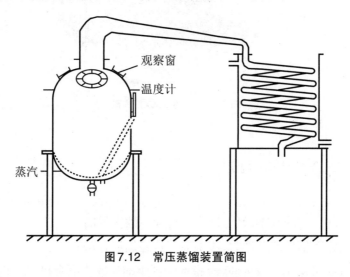

图7.12 常压蒸馏装置简图

（4）操作方法

将需要蒸馏的物料放入蒸馏器中，通过蒸馏器底部的蒸汽进行加热，溶剂气化后经过上升管道进入冷凝管被冷凝，流入下部接收器中。被浓缩的物料从蒸馏器底部出口放出。

2. 减压蒸馏

（1）概念

减压蒸馏是指在减压条件下，使被蒸馏的成分在较低的温度下蒸馏的方法。

（2）特点

减压蒸馏的沸点较低，被蒸馏的成分在较低的温度下汽化，因此具有高热时间短、温度低、效率高和速度快的特点。主要用于不耐热成分的蒸馏。

（3）设备

一般减压蒸馏装置主要由蒸馏器、冷凝器、接收器和真空泵等部分组成，如图7.13所示。

（4）操作方法

开启真空泵把内部空气抽出，物料自入口吸入，继续抽至压力降至最低，慢慢开启蒸汽进口,放入适量蒸汽于夹层内,以保持锅内液体适度沸腾为宜。放入蒸汽的同时开启废气出口以放出不凝气体,并打开排水口排掉冷凝水,等到不凝气体排尽,废气出口处有蒸汽外逸时,关闭废气出口,关小排水口至保持能继续排水即可。被蒸馏液体的蒸汽经隔沫装置与气沫分开,进入冷凝器并冷凝,最后流入收集器中。

蒸馏结束后先关闭真空泵,打开放气阀放入空气后,浓缩液经出口放出。蒸馏时可通过观察窗随时观察内部情况。

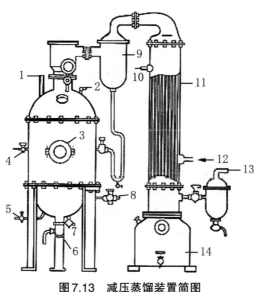

图7.13 减压蒸馏装置简图

1. 测温;2. 排气;3. 观察窗;4. 进料口;5. 进蒸汽;6. 排浓缩液;7. 夹层排水;
8. 排废气;9. 除沫;10. 排冷却水;11. 冷凝器;12. 进冷却水;13. 抽气;14. 接收器

3. 精馏

(1) 概念

精馏(分馏)操作是多次蒸发汽化与冷凝同时连续进行的蒸馏方法。药剂生产中常用精馏提高乙醇等回收溶剂的浓度,供重复利用。

(2) 精馏原理

当混合液受热部分汽化后,蒸汽即上升至精馏塔,到冷凝器时,部分蒸汽被冷凝,回流入精馏塔,途中与上升的蒸汽接触进行热交换,使易挥发物被气化,高沸点物被冷凝下来,在分凝器交换冷凝的蒸汽则进入一级冷凝器,部分冷凝后流入贮液槽,馏出液中易挥发性成分越来越高。

(3) 精馏设备

间歇式精馏装置主要由蒸馏釜、精馏塔、冷凝器、分凝器等组成,如图7.14所示。

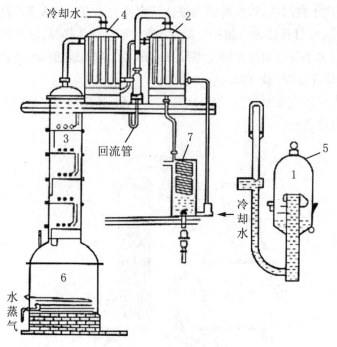

图7.14 间歇蒸馏装置

1.测比重；2.冷凝器；3.精馏塔；4.分凝器；5.玻璃钟；6.蒸馏釜；7.辅助冷凝器

二、蒸发

蒸发是用加热的方法使溶液中部分溶剂除去,提高溶液浓度的方法。常用于浸出液等的浓缩。蒸发的操作形式有自然蒸发和沸腾蒸发两种。

自然蒸发是指自然条件下,溶剂在低于沸点的情况下气化,这样气化仅发生在溶液的表面,因此蒸发速度慢,效率低。

沸腾蒸发是指沸腾状态下的蒸发,溶剂在沸腾条件下气化,气化的面积大大增加,不仅在溶液的表面,在溶液的内部溶剂也不断气化,因此蒸发速度快、效率高,生产上多用此种蒸发形式。

(一)影响蒸发的因素

1. 蒸发温度的影响

对于耐热的物料,蒸发的温度越高,蒸发进行得就越快。

2. 蒸发面积的影响

蒸发面积越大蒸发越快。

3. 被蒸发溶液表面压力的影响

溶液表面压力越大,蒸发越慢,因此减压蒸发可提高效率。

4. 蒸汽浓度的影响

被蒸发出来的蒸汽会影响分子逸出,降低蒸发速度,若被蒸发出的蒸汽能被及时排出,可提高蒸发速度。

5. 搅拌的影响

由于蒸发现象在液面最显著,因而液面温度下降较快会影响进一步蒸发。搅拌可使液面和溶液内部不断进行热交换,增大传热系数,提高蒸发效率。

(二)常用的蒸发方法及设备

1. 常压蒸发

(1) 概念

对于有效成分耐热的溶液,在1 atm(1 atm=101325 Pa)条件下进行蒸发。

(2) 应用特点

适用于耐热成分,操作简单易行,但效率较低。

(3) 操作形式

常压蒸发有无限空间(敞口式)蒸发和有限空间(封闭式)蒸发两种。一般多用敞口式蒸发,溶剂不需回收,但应注意生产环境的通风和排气,防止蒸汽在操作现场弥漫,影响进一步的蒸发。封闭式蒸发主要用于耐热药剂的制备和溶剂的回收或转制。

(4) 常用设备

大量生产常用的设备为蒸汽夹层蒸发锅。常选用换热面大及液柱静压小的形式。有的蒸发锅可旋转倾倒,把连接管自冷凝液出口处拆开,即可倾倒出内容物。敞口倾斜式夹套锅如图7.15所示。

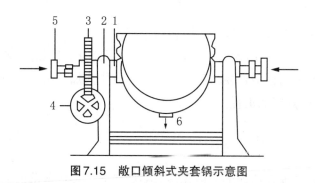

图7.15 敞口倾斜式夹套锅示意图

1.空心轴;2.支柱;3.涡轮;4.舵轮;5,6.连接管

2. 减压蒸发

(1) 概念

减压蒸发是指在蒸发器内形成一定的真空度,将溶液的沸点降低而进行的沸腾蒸发操作。

(2) 应用特点

适用于热敏性物料,由于降低了溶液的蒸发沸点,因此有效地保护了成分的稳定性。具有温度低、蒸发快、效率高的特点,在药剂生产中应用较广泛。

(3) 操作形式

减压蒸发可采用减压蒸馏蒸发和多效节能减压蒸发两种形式。

(4) 常用设备

减压蒸发采用减压蒸馏器(图7.13)和多效减压蒸发装置(图7.16)。

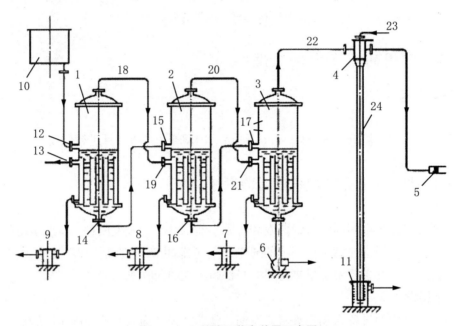

图7.16 三效减压蒸发装置示意图

1,2,3.蒸发器;4.冷凝器;5.抽气;6.离心泵;7,8,9.蒸汽阱;10.加液槽;11.水封;
12,13,15,17,19,21.入口;14,16.出口;18,20,22,23.导管;24.气压管

减压蒸馏器蒸发操作方法与减压蒸馏相同。

由于在大生产中蒸汽产生的二次蒸汽量很大,为了充分利用热能,通过多效减压蒸发装置,利用各效的压力差,将前效产生的蒸汽引入后一效作为加热蒸汽,依次向下循环,蒸汽可反复利用,大大降低了热能的消耗。

3. 薄膜蒸发

(1) 概念

为了提高蒸发效率使被浓缩的液体在蒸发器加热面上形成薄薄的液膜而进行的蒸发为薄膜蒸发。

(2) 应用特点

液体形成薄膜后具有极大的表面积,热传播快且均匀,无液体静压的影响,能较好地避免药液的过热现象,药物受热时间短,可连续操作。适用于处理蒸发热敏性物料。已成为国内外广泛应用的较先进的蒸发方法。

(3) 操作形式

常用的有常压薄膜蒸发、减压薄膜蒸发、离心薄膜蒸发等形式。常压薄膜适用于大量生产应用,小量液体的蒸发一般使用小型减压薄膜蒸发器。

(4) 设备与装置

常压薄膜蒸发设备如图7.17所示。图中所示为生产中常用的升膜式蒸发器。主要由列管蒸发器、气液分离器、列管预热器及冷凝器等部分组成。

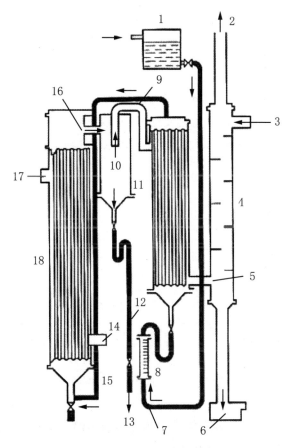

图7.17 常压薄膜蒸发装置

1. 料槽;2,5. 排气;3. 进冷凝水;4. 混合冷凝器;6. 排冷凝水;7,15. 输液管;8. 流量计;
9. 二次蒸汽;10. 气液分离器;11. 预热器;12. 浓缩液管;13. 排浓缩液;14. 排蒸汽;
16. 排气;17. 进蒸汽;18. 列管蒸发器

(5) 操作方法:将欲蒸发的药液通过流量计、经输液管道进入预热器预热后自上部流出,从蒸发器底部进入列管蒸发器,被蒸汽加热后,气化生成的泡沫和二次蒸汽沿加热管上升,并把溶液拉拖成薄膜状沿管壁高速向上流动,溶液就在成膜状上升的过程中,以泡沫的内外表面为蒸发面而迅速蒸发。泡沫与二次蒸汽的混合物自气沫出口进入分离器中,此时气沫分离为二次蒸汽与浓缩液,浓缩液经连接于分离器下口的导管流入接收器收集,二次蒸汽自导管进入预热器的夹层中供预热药液之用。

升膜式蒸发器适用于蒸发量较大、有热敏性、黏度不大于 5×10^{-2} Pa·s 和不易结焦的溶液的蒸发。

降膜式蒸发器可用于热敏性、浓度较大和黏度较大的溶液的蒸发,但不适宜易结晶结垢溶液的蒸发。

刮板式薄膜蒸发器是利用旋转的刮板将料液分散成均匀的薄膜进行物料浓缩的操作。其浓缩比例大,一般为6:1至10:1,可得到高浓度的浓缩液。

第六节 分 离

分离是利用混合物中各组分的物理性质、化学性质或生物学性质的某一项或几项差异,通过适当的装置或分离设备,通过进行物质迁移,使各组分分配至不同的空间区域或在不同的时间依次分配至同一空间区域,从而将某混合物系分离纯化成两个或多个组成彼此不同的产物的过程。

一、分离概述

(一) 分离方法

分离方法主要根据原料(混合物)性质、分离过程原理、分离装置、分离过程中传质等不同进行分类。在实际分离过程中,往往是几种分离方法的结合。

1. 按照分离过程原理分类

按照分离过程的原理分为机械分离和传质分离两大类。

(1) 机械分离

在分离过程中,利用机械力,在分离装置中简单地将混合物互相分离的过程称为机械分离,分离对象为两相混合物,分离时相间无物质传递。其目的只是简单地将各相加以分离,如过滤、沉降、离心分离、旋风分离、中药材的风选、清洗除尘等。

(2) 传质分离

传质分离的原料可以是均相体系,也可以是非均相体系。其特点是在相间发生质量传递现象,如在萃取过程中,第二相即是加入的萃取剂。传质分离又可分为平衡分离和速率分离两大类。

2. 按照分离方法的性质分类

按分离方法的性质,可以分为物理分离法、化学分离法和其他分离方法。

(1) 物理分离法

物理分离法是指以被分离组分所具有的物理性质不同为依据,采用适宜的物理手段进行组分分离的方法。常用的有离心分离法、气体扩散法、电磁分离法等。

(2) 化学分离法

化学分离法是以被分离组分在化学性质上的差异,通过化学过程使组分得到分离的方法。包括沉淀法、溶剂萃取法、色谱法、离子交换法、泡沫浮选法、电化学分离法、溶解法等。

(3) 其他分离方法

基于被分离组分的物理化学性质进行分离的方法,如熔点、沸点、电荷和迁移率等,包括蒸馏与挥发、电泳和膜分离法等。习惯上也常将这些分离方法归属于化学分离法。

3. 按照分离过程相的类型分类

几乎所有的分离技术都是以组分在两相之间的分布为基础的,因此状态(相)的变化常用来表达分离的目的。例如,沉淀分离就是利用被分离组分从液相进入固相而进行分离的方法;溶剂萃取是利用组分在两个不相混溶的液相之间的转移来达到分离的目的。

(二) 分离的功能及应用

1. 分离的功能

(1) 提取:原料药经过提取后成为液体混合物。

(2) 澄清:即对连续相为液体的混合物进行分离。

(3) 增浓:对分散相而言的,分散相可以是固体也可以是液体。

(4) 脱水或脱液:可以是固液混合物,也可以是液液混合物的分离。

(5) 洗涤:是对固体分散相而言的。

(6) 净化或精制:将气体、液体或固体中杂质的含量降到允许的程度。

(7) 分级:对固体物料按粒度均相分离。

(8) 干燥:固液混合物或液液混合物的进一步分离、纯化。

增浓、脱水和干燥是根据物料中残留液量的多少来划分的,这些过程中产物的残留液量依次减少。

2. 分离的应用

(1) 产品的提取、浓缩。如中药中提取有效成分,生物下游产品的精制,淀粉、蔗糖等的生产,从植物中提取营养成分、芳香性物质、色素或其他有用成分等。

(2) 提高产品纯度。如从药物、食物中除去有毒或有害成分、蔗糖精制、淀粉洗涤精制、牛奶净化(除去固体杂质等)等。

(3) 有用物质回收。如从反应终产物中回收未转化的反应物、催化剂等以便循环使用,降低生产成本;从淀粉废水或淀粉气溶胶中回收淀粉等。

(4) 延长产品保藏寿命。如食品的脱水干燥。

(5) 减少产品重量或体积,便于贮运。如增浓、脱水和干燥等。

(6) 提高机器或设备的性能。如压缩机进气脱水、气流磨进气脱油等。

(7) 三废(废水、废气、废渣)处理。

二、过滤设备

过滤是在推动力作用下,使物料通过多孔过滤介质,而固体颗粒则被截留在介质上,实现液固分离的过程。过滤是非均相混合物常用的分离方法,是传统的化工单元操作。

(一)过滤的基本原理

过滤过程是混合物通过过滤介质达到液固分离。由于分离物料的多样性,存在着多种多样的过滤方法和设备。为了防止过滤介质的堵塞,加快过滤,加入助滤剂,同时处理量、过滤面积、推动力等都是影响过滤的因素。

1. 过滤过程

过滤过程的物理实质是流体通过多孔介质和颗粒床层的流动过程。将要分离的含有固体颗粒的混合物置于过滤介质一侧,在推动力(如重力、压力差或离心力等)作用下,流体通过过滤介质的孔道流到介质的另一侧,而流体中的颗粒被介质截留,从而实现流体与颗粒的分离。

2. 过滤介质

过滤介质是所有过滤系统的柱石,过滤器是否能够满意地工作,很大程度上取决于过滤介质。

良好的过滤介质应满足以下要求:① 过滤阻力小,滤饼容易剥离,不易发生堵塞;② 耐腐蚀,耐高温,强度高,容易加工,易于再生,廉价易得;③ 过滤速度稳定,符合过滤机制,适应过滤机的型式和操作条件。工业生产中常见的过滤介质有以下几类:

(1)织物介质(滤布)

包括由棉、毛、丝、麻等织成的天然纤维滤布和合成纤维滤布,由玻璃丝、金属丝等织成的网。这类介质能截留的颗粒粒径范围为 5~65 μm。织物介质在工业上应用最为广泛。

(2)粒状介质

硅藻土、珍珠岩石、细砂、活性炭、白土等细小坚硬的颗粒状物质或非编织纤维等堆积而成,层较厚,多用于深层过滤。

(3)多孔固体介质

是具有很多微细孔道的固体材料,如多孔玻璃、多孔陶瓷、多孔塑料或多孔金属制成的管或板,此类介质较厚,孔道细,阻力较大,耐腐蚀,适用于处理只含有少量细小颗粒的腐蚀性悬浮液及其他特殊场合,一般截留的粒径范围为 1~3 μm。

(4)多孔膜

由高分子材料制成,孔很细,膜很薄,一般可以分离到 0.005 μm 的颗粒,应用多孔膜的过滤有微滤和超滤。

(二)常用过滤设备

1. 板框式压滤机

板框式压滤机是间歇式过滤机中应用最广泛的一种,主要用于固体和液体的分离。

(1)板框式压滤机的工作原理

板框式压滤机利用滤板来支撑过滤介质,待过滤的料液通过输料泵在一定的压力下,因受压而强制从后顶板的进料孔进入到各个滤室,通过滤布(滤膜),固体物被截留在滤室中,并逐步堆积形成滤饼,液体则通过板框上的出水孔排出机外,成为不含固体的清液。

(2) 板框式压滤机的结构

板框式压滤机主要由止推板(固定滤板)、压紧板(活动滤板)、滤板和滤框、横梁(铁架)、过滤介质(滤布或滤纸等)、压紧装置、集液管等组成的机架、压紧机构和过滤机构三个部分构成,如图7.18所示。

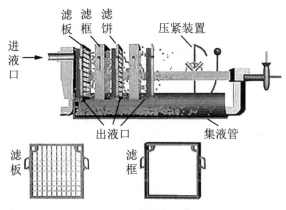

图7.18 板框式压滤机

(3) 板框式压滤机过滤过程

板框式压滤机操作过程主要分为过滤和洗涤两个阶段。

过滤:滤浆由滤浆通路经滤框上方进入滤框空间,固体颗粒被滤布截留,在框内形成滤饼,滤液穿过滤饼和滤布流向两侧的滤板,再经滤板的沟槽流至下方通孔排出,此时洗涤板起过滤板作用。

洗涤:洗涤板下端出口关闭,洗涤液穿过滤布和滤框的全部向过滤板流动,从过滤板下部排出。结束后除去滤饼,进行清理,重新组装。

(4) 板框式压滤机的优缺点

板框式压滤机的优点:体积小,过滤面积大,单位过滤面积占地少;对物料的适应性强,过滤面积的选择范围宽;耐受压力高,滤饼的含湿量较低;动力消耗小;结构简单,操作容易,故障少,保养方便,机器寿命长;滤布的检查洗涤、更换较方便;造价低、投资小;因为是滤饼过滤,所以可得到澄清的滤液,固相回收率高;过滤操作稳定。

板框式压滤机的缺点:间歇操作,装卸板框劳动强度大,每隔一定时间需要人工卸除滤饼;辅助操作时间长;滤布磨损严重。

2. 真空过滤机

真空过滤机是利用物料重力和真空吸力实现固液分离的高效设备。

真空过滤设备一般以真空度作为过滤推动力,过滤介质的上游为常压,下游为真空,由上下游两侧的压力差形成过滤推动力而进行固、液分离的设备。

常见的真空过滤设备有转鼓真空过滤机、水平回转圆盘真空过滤机、垂直回转圆盘真空过滤机和水平带式真空过滤机等。

(1) 转鼓式真空过滤机是一种连续式真空过滤设备,生物工业中用得最多的是转鼓式真空过滤机。转鼓式真空过滤机将过滤、洗饼、吹干、卸饼分别在转鼓的一周转动中完成。连续且滤饼阻力小,为恒压恒速过滤过程。

(2) 水平带式真空过滤机主要由橡胶滤带、滤布、真空盒、驱动辊、胶带支承平台、进料斗、滤布调偏装置、驱动装置、滤布洗涤装置、机架等部件组成。环形橡胶滤带由电机经减速拖动连续运行,滤布铺敷在胶带上与之同步运行。胶带与真空室滑动接触(真空室与胶带间有环形摩擦带并通入水形成水密封),当真空室接通真空系统时,在胶带上形成真空抽滤区。料浆由布料器均匀地分布在滤布上,在真空的作用下,滤液穿过滤布经胶带上的横沟槽汇总并由小孔进入真空室,固体颗粒被截留而形成饼,进入真空的液体经气水分离器排出。随着橡胶带移动,已形成的滤饼依次进入滤饼洗涤区、吸干区,最后滤布与胶带分开,在卸滤饼辊处将滤饼卸出,卸除滤饼的滤布经清洗后获得再生,再经过一组支承辊和纠偏装置后重新进入过滤区。

三、离心设备

离心分离是基于分离体系中固液和液液两相之间密度存在差异,在离心场中使不同密度的两相相分离的过程。通过离心机的高速运转,使离心加速度超过重力加速度的成百上千倍,而使沉降速度增加,以加速药液中杂质沉淀并除去的一种方法。比较适合于分离含难于沉降过滤的细微粒或絮状物的悬浮液。

利用离心力来达到悬浮液及乳浊液中固-液、液-液分离的方法通称离心分离。实现离心分离操作的机械称为离心机。

(一) 常用离心机

离心机是一种利用物料被转鼓带动旋转后产生的离心力来强化分离过程的分离装备。主要用于澄清、增浓、脱水、洗涤或分级。

离心机的构造很多,高速旋转的转鼓是其基本结构或主要部件。转鼓转速一般很高,由每分钟上千转到几万转,分离因素相应的可达几千以上,也即离心机的分离能力是重力沉降的几千倍以上。在离心机内,由于离心力远远大于重力,所以重力的作用可以忽略不计。

1. 过滤式离心机

实现离心过滤操作过程的设备称为过滤离心机。离心机转鼓壁上有许多孔,供排出滤液用,转鼓内壁上铺有过滤介质,过滤介质为金属丝底网和滤布组成。加入转鼓的悬浮液随转鼓一同旋转,悬浮液中的固体颗粒在离心力的作用下沿径向移动,被截留在过滤介质表面,形成滤渣层。与此同时,液体在离心力作用下透过滤渣、过滤介质和转鼓壁上的孔被甩出,从而实现固体颗粒与液体的分离。过滤离心机一般用于固体颗粒尺寸大于 $10~\mu m$、固体含量较高的悬浮液的过滤。

三足式离心机是常见的过滤式离心机,也是最早出现的液-固分离设备,是一种间歇式离心机,主要部件是一个篮式转鼓,转鼓壁面钻有许多小孔,内壁衬有金属丝及滤布。整个机座和外罩借三根弹簧悬挂于三足支柱上,以减轻运转时的振动。三足式离心机的结构如图7.19所示。

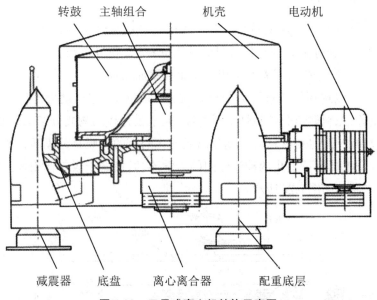

图7.19 三足式离心机结构示意图

三足式离心机操作时,料液从机器顶部加入,经布料器在转鼓内均匀分布,滤液受转鼓高速回转所产生的离心力作用穿过过滤介质,从鼓壁外收集,而固体颗粒则截留在过滤介质上,逐渐形成一定厚度的滤饼层,使悬浮液或其他脱水物料中的固相与液相分离开来。

三足离心机的优点:① 对物料的适应性强,被分离物料的过滤性能有较大变化时,也可通过调整分离操作时间来适应,可用于多种物料和工艺过程;② 离心机结构简单,制造、安装、维修方便,成本低,操作方便;③ 弹性悬挂支承结构能减少由于不均匀负载引起的震动,使机器运转平稳;④ 整个高速回转机构集中在一个封闭的壳体中,易于实现密封防爆。

三足离心机的缺点:① 间歇操作,进料阶段需启动、增速,卸料阶段需减速或停机,生产能力低;② 人工上部卸料三足式离心机劳动强度大,操作条件差;③ 敞开式操作,易染菌;④ 轴承等传动机构在转鼓的下方,检修不方便,且液体有可能漏入而使其腐蚀等。

2. 碟片式离心机

碟片式离心机是工业上应用最广的一种离心机。碟片式分离机是立式离心机的一种,利用混合液(混浊液)中具有不同密度且互不相溶的轻、重液相和固相,在高速旋转的转鼓内离心力的作用下成圆环状,获得不同的沉降速度,密度最大的固体颗粒向外运动积聚在转鼓的周壁,轻相液体在最内层,达到分离分层或使液体中固体颗粒沉降的目的。

四、膜分离

膜分离是借助一种特殊制造的、具有选择透过性能的薄膜,在某种推动力的作用下,利用流体中各组分对膜渗透速率的差别而实现组分分离的单元操作。膜分离特别适用于热敏性介质的分离。此外,该技术操作方便,设备结构简单,维护费用低。

(一)膜分离技术

膜是具有选择性分离功能的材料。利用膜的选择性分离实现料液不同组分的分离、纯化、浓缩的过程称作膜分离。其与传统过滤的不同在于,膜可以在分子范围内进行分离,并且这个过程是一种物理过程,不需发生相的变化和添加助剂。

膜分离技术是以选择性透过膜为分离介质,在膜两侧一定推动力的作用下,如压力差、浓度差、电位差等,原料侧组分选择性地透过膜,大于膜孔径的物质分子加以截留,以实现溶质的分离、分级和浓缩的过程,从而达到分离或纯化的目的。膜是分隔两种流体的一个薄的阻挡层,通过这个阻挡层可阻止两种流体间的力学流动,借助于吸着作用及扩散作用来实现膜的传递。工作原理如图7.20所示。

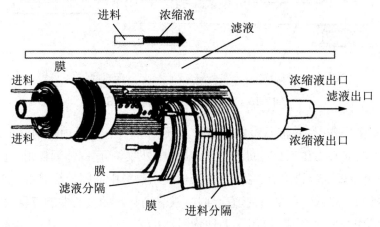

图7.20 膜分离工作原理示意图

(二)膜分离的特点

(1)选择性好,分离效率较高。膜分离以具有选择透过性的膜分离两相界面,被膜分离的两相之间依靠不同组分透过膜的速率差来实现组分分离。

(2)膜分离过程能耗较低。相变化的潜热很大,大多数膜分离过程是在室温下进行的,膜分离过程不发生相变化,被分离物料加热或冷却的能耗很小。另外,膜分离无需外加物质,不对环境造成二次污染。

(3)特别适用于热敏性物质。大多数膜分离过程的工作温度接近室温,特别适用于热敏性物质的分离、分级与浓缩等处理。

(4)膜分离过程的规模和处理能力可在很大范围内灵活变化,但其效率、设备单价、运送费用等变化不大。

(5)膜分离效率高,设备体积通常比较小,不需要对生产线进行很大的改变,可以直接应用到已有的生产工艺流程中。

(6)膜组件结构紧凑,处理系统集成化,操作方便,易于自动化,且生产效率高。

膜分离过程的不足之处:膜的强度较差、使用寿命不长、易被污染而影响分离效果,在使用过程中不可避免地产生浓度极差、膜污染现象,从而影响膜的使用寿命,增加操作费用。

(三) 常见的膜分离过程

1. 反渗透

利用反渗透膜选择性透过溶剂(水)的性质,对溶液施加压力,克服溶液的渗透压,使溶剂通过膜从溶液中分离出来。

把相同体积的稀溶液和浓溶液分别置于一容器的两侧,中间用半透膜阻隔,稀溶液中的溶剂将自然地穿过半透膜,向浓溶液侧流动,浓溶液侧的液面会比稀溶液的液面高出一定高度,形成一个压力差,达到渗透平衡状态,此种压力差即为渗透压。若在浓溶液侧施加一个大于渗透压的压力,浓溶液中的溶剂会向稀溶液流动,此种溶剂的流动方向与原来渗透的方向相反,这一过程称为反渗透。

2. 超滤

超滤膜在透过溶剂的同时,透过小分子溶质,截留大分子溶质。截留的粒径范围是 1~20 nm,也可截留相应粒径的胶体微粒。超滤技术的优点是操作简便,成本低廉,不需增加任何化学试剂,尤其是超滤技术的实验条件温和,与蒸发、冰冻、干燥相比没有相的变化,而且不引起温度、pH 的变化,因而可以防止生物大分子的变性失活和自溶。在生物大分子的制备技术中,超滤主要用于生物大分子的脱盐、脱水和浓缩等。

超滤法也有一定的局限性,它不能直接得到干粉制剂。对于蛋白质溶液,浓度一般只能达到 10%~50%。

第八章 口服固体制剂的生产

目前,在临床上片剂、胶囊剂、颗粒剂、散剂等口服固体制剂被大量采用,这些口服固体制剂的共同特点是:与液体药剂相比,物理、化学稳定性好,生产制备成本较低,服用与携带方便;在其制备过程中,具有一些共同的操作单元,且各剂型之间有着密切的联系。如药物进行粉碎、筛分、混合后直接分装,可制备成散剂;如将混合均匀后的物料进行制粒、干燥后分装,可得到颗粒剂;如将制备的颗粒压缩成片状,可得到片剂;如将混合的粉末或颗粒分装入胶囊壳中,可制备成胶囊剂等。

第一节 片 剂

片剂是指药物与适宜辅料均匀混合后经制粒或不经制粒压制而成的圆形片状或异型片状制剂。目前片剂是市场上品种多、产量大、用途广、使用和贮运方便、质量稳定的剂型之一。片剂在我国以及其他许多国家的药典所收载的制剂中,均占1/3以上,可见其应用的广泛性。

一、概述

(一) 片剂的分类

目前一般都是采用压片机压制而成的片剂。压制片剂按给药途径不同,主要分为以下几种类型:

1. 口服片剂

指口服通过胃肠道吸收而发挥作用,是应用最广泛的一类片剂。常用的有普通片、包衣片、咀嚼片、泡腾片、多层片或包衣片、分散片、缓释片、控释片几种。

2. 口腔用片

常用的有口含片、舌下片、口腔崩解片、口腔黏附片等。

3. 其他给药途径的片剂

溶液片:指临用前加适量水溶解成一定浓度溶液后而使用的片剂。

阴道片:指供塞入阴道内产生局部作用的片剂,起消炎、杀菌、杀精子等作用。

注射用片:指临用前用注射用水溶解后供注射用的无菌片剂,供皮下或肌内注射。因溶液不能保证完全无菌,现已少用。

植入片:指用特殊注射器或手术埋植于皮下产生持久药效(数月或数年)的无菌片剂,适用于需要长期使用的药物。如避孕药制成植入片已获得较好效果。

(二) 片剂的质量要求

(1) 含量准确、重量差异小、硬度适中、外观光洁、色泽均匀。
(2) 崩解度和溶出度符合药典要求。
(3) 含小剂量药物或作用剧烈药物的片剂,应符合含量均匀度要求。
(4) 符合微生物限度要求,另外植入片、注射用片应无菌,口含片、舌下片、咀嚼片应具有良好的口感等。

(三) 片剂的辅料

片剂是由药物和辅料两部分组成。辅料是片剂中除主药外一切物质的总称,为非治疗性物质。根据所起的作用不同,片剂的辅料种类如下:

1. 填充剂

填充剂的主要作用是用来增加制剂的重量和体积,有利于制剂成型。常用的种类有淀粉、糖粉、乳糖、微晶纤维素、无机盐类等。

2. 润湿剂与黏合剂

(1) 润湿剂是指本身没有黏性,但能诱发待制粒物料黏性,以利于制粒的液体。常用的润湿剂有纯化水和乙醇。

(2) 黏合剂是指本身具有黏性,能增加无黏性或黏性不足的物料的黏性,从而有利于制粒的物质。

3. 崩解剂

崩解剂是指能促使片剂在胃肠道迅速崩解成小粒子的辅料。除了缓(控)释片以及某些特殊作用(如口含等)的片剂以外,一般的片剂中都加入崩解剂。

常用的崩解剂有干淀粉、羧甲基淀粉钠(CMS-Na)、低取代羟丙基纤维素(L-HPC)、交联聚乙烯吡咯烷酮(交联PVP)、交联羧甲基纤维素钠(CCNa)、泡腾崩解剂、表面活性剂等。

4. 润滑剂

润滑剂在片剂的制备过程中起助流、抗黏和润滑作用。助流作用是指降低颗粒或粉末间的摩擦力,增加流动性;抗黏作用是指防止黏冲,并使片剂表面光洁;润滑作用是指能降低颗粒间以及颗粒与冲头和模孔壁间的摩擦力。

理想的润滑剂应具有上述三种作用,目前能达到理想条件的还很少,故通常将具有上述任何一种作用的辅料都称为润滑剂。常用的润滑剂有硬脂酸镁、微粉硅胶、滑石粉、氢化植物油等。

5. 矫味剂、着色剂

（1）矫味剂

许多药物具有不良的苦、咸、腥味，加入矫味剂可掩盖和矫正制剂的不良嗅味，增加患者对医嘱的依从性。但是，剧毒药物为避免误服，矫味应慎重，对有意利用苦味作用的制剂如复方龙胆合剂等苦味健胃药则不应矫味。

常用的矫味剂包括甜味剂、芳香剂、胶浆剂及泡腾剂。

（2）着色剂

着色剂按来源分为天然色素和人工合成色素两大类，按用途分为食用色素和外用色素，只有食用色素才可用作内服药剂的着色剂。选用的颜色与所加的矫味剂应配合协调，如薄荷味用绿色，橙皮味用橙黄色等。

二、片剂的制备

（一）片剂生产区域及工艺流程

片剂的生产区域分为一般生产区和控制区，无洁净度要求的生产房间、辅助房间为一般生产区。对洁净度和菌落数有一定要求的生产房间、辅助房间为D级洁净区，如原辅料的粉碎、过筛、混合、制粒、整粒压片、中间站、包衣、分装等工序为D级控制区，其他工序为一般生产区。粉碎、过筛、混合、制粒、压片、包衣等设备及设施应安装有效的排风除尘装置和防污染的隔离措施，制粒、整粒、压片、包衣岗位与外室应保持相对负压，具有热气的化糖间应设置排气设施，干燥间设置除湿装置。片剂生产区域划分及工艺流程如图8.1所示。

片剂生产岗位包括：原辅料预处理、配料、制粒、干燥、质量检查、压片、包衣、包装等岗位。

片剂的制备方法按制备工艺不同分为直接压片法和制粒压片法，直接压片法分为粉末直接压片法和结晶压片法，制粒压片法又可分为湿法制粒压片、干法制粒压片、一步制粒压片。

（二）湿法制粒

将药物和辅料粉末混合后加入黏合剂或润湿剂制成颗粒，经干燥后压制成片的工艺方法。制粒的目的：① 增加物料的流动性，改善可压性；② 增大药物松密度，使空气逸出，减少片剂松裂；③ 减少各成分分层，使片剂中药物含量准确；④ 避免粉尘飞扬及粉末黏附于冲头表面造成黏冲、挂模现象。

湿法制粒压片可较好地解决粉末流动性差和可压性差的问题，常用于湿热稳定的药物。湿法制粒压片工艺流程如图8.2所示。

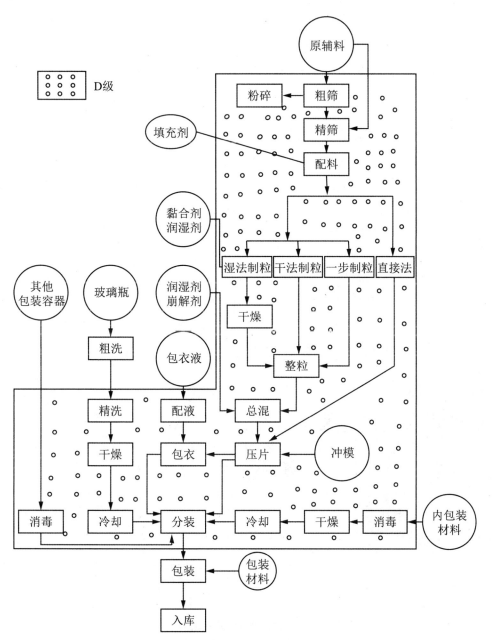

图8.1 片剂生产区域划分及工艺流程图

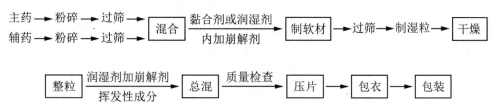

图8.2 湿法制粒压片工艺流程

1. 原辅料的准备和处理

主药和辅料在投料前需进行质量检查,鉴别和含量测定合格的物料经干燥、粉碎后过80～100目筛,毒剧药、贵重药及有色药物宜更细(120目左右),然后按照处方规定称取药物和辅料投料。

2. 湿法制粒

湿法制粒主要包括制软材、制湿颗粒、湿颗粒干燥、整粒等几个过程。

(1) 制软材

软材是指原辅料与适宜润湿剂或黏合剂混匀后形成的干湿适度的塑性物料。在挤压过筛制粒过程中,制软材是关键步骤。生产中多凭操作者经验来掌握软材的干湿度,适宜的软材以"握之成团、轻压即散"为准。大生产常采用高效搅拌制粒机等制备软材。

(2) 制湿颗粒

① 挤压制粒法。将软材用手工或机械强制挤压通过一定大小孔径的筛网制成湿颗粒的方法。常用制粒设备有摇摆式颗粒机、螺旋挤压式制粒机、旋转挤压式制粒机。摇摆式颗粒机制粒如图8.3所示。软材置于加料斗中,通过其下部的钝六角形棱柱状滚轴做往复转动,将软材挤压搓过筛网制成湿颗粒。

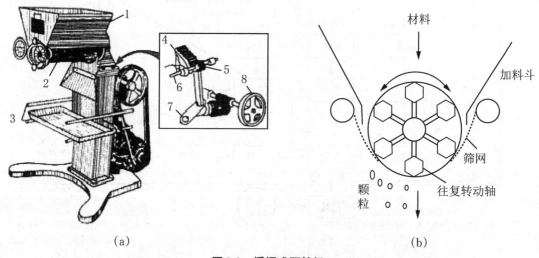

图8.3 摇摆式颗粒机

1.加料斗;2.滚轴;3.置盘架;4,5.齿轮;6.转轴;7.偏心轮;8.皮带轮

一般软材通常为一次过筛制粒,若一次过筛制得的颗粒细粉较多、色泽不匀、颗粒成条状,可采用多次(2～3次)过筛制粒。此法可使颗粒质量更好,色泽均匀,细粉较少。常用筛网有尼龙筛网、不锈钢筛网,一般尼龙筛网有弹性,制得的颗粒比筛网孔径稍大。

② 高速搅拌制粒。将药物粉末、辅料加入到高速搅拌制粒机的容器内,搅拌均匀后加入黏合剂或润湿剂,迅速混匀并制成颗粒的方法。

高速搅拌制粒机主要由容器、搅拌桨、切割刀组成,如图8.4所示。

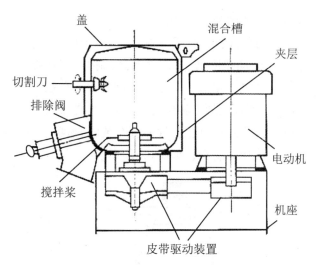

图8.4 高速搅拌制粒机

在搅拌桨作用下使物料混合并按一定方向翻动、分散甩向器壁后向上运动,形成较大颗粒;在高速旋转的切割刀的作用下将大块的颗粒切割绞碎成较小的颗粒,并与搅拌桨的作用相呼应,使颗粒得到强大的挤压、滚动而形成大小适宜、致密均匀、近似球形的颗粒。通过改变搅拌桨的结构、调节切割刀位置和黏合剂用量可制得大小和致密性不同的颗粒。

高速搅拌制粒法既可制备致密、高强度用作胶囊剂的颗粒,又可制备松软适合压片的颗粒。

高速搅拌制粒法比挤压制粒法简便、快速、省工序,制得的颗粒大小均匀、质地结实、细粉少、流动性好,压出的片剂硬度高,崩解、溶出均较好。

制得的湿颗粒需进行中间体检查,湿颗粒的质量检查多凭经验,一般湿粒置于手掌上颠动,应有沉重感且应细粉少、颗粒大小均匀、无长条。

(3) 湿颗粒的干燥

湿颗粒制成后应立即干燥,以免受压变形或结块。

干燥温度根据药物性质而定,一般以50~60 ℃为宜,对湿热稳定的药物可适当提高到80~100 ℃。一些含结晶水的药物,干燥温度不宜高、时间不宜长,以免失去结晶水使颗粒松脆而造成松片。干燥时温度应逐渐升高,以免颗粒表面干燥后形成硬膜而影响内部水分的蒸发,造成颗粒外干内湿的现象。如颗粒中加了淀粉、糊精等,受骤热易引起熔化或糊化,不但使颗粒坚硬,而且片剂不易崩解。

为了使颗粒受热均匀,颗粒厚度不宜超过2.5 cm,并应在湿颗粒基本干燥时进行翻动。实践中颗粒干燥程度一般凭经验掌握,即用手紧握干颗粒,在手放松后颗粒应不黏结成团,手掌也不应有细粉黏附。

颗粒干燥设备的类型较多,常用厢式干燥器(如烘箱、烘房)、流化床(沸腾)干燥器,远红外干燥和微波干燥等设备。

(4) 一步制粒

一步制粒又称流化床制粒,通过热气流将固体粉末悬浮流化后,再喷入黏合剂或润湿剂溶液,使粉末黏合或润湿凝结成颗粒的方法。

① 流化床制粒的特点:将沸腾混合、喷雾制粒、气流干燥甚至包衣工序在一台密闭的容器内完成,简化工艺、省时、劳动强度低、生产效率高;制得的颗粒粒度大小均匀、外形圆整,流动性和可压性好,压出的片剂质量好。除了用于制备片剂颗粒外,还可用于固体颗粒的包衣。但若处方中含有密度差别较大的多种组分,可能会造成片剂的含量不均匀。

② 流化床制粒的设备:主要由流化室、气体分布装置、喷嘴、气固分离装置、空气进口与出口、颗粒排出口等组成。流化床制粒机如图8.5所示。

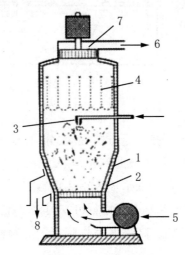

图8.5 流化床制粒机

1.容器;2.筛板;3.喷嘴;4.袋滤器;5.空气进口;6.排气;7.风机;8.出料

流化床制粒机的流化室呈倒锥形,底部装有60～100目不锈钢筛网的筛板,它支撑物料并将热空气均匀分配。操作时,从筛网下部通入预先净化并加热至60 ℃左右的热空气,筛网上的物料(药物与辅料的混合物)被自下而上的热气流吹起,保持悬浮的沸腾状态,然后向流化床喷入黏合剂或润湿剂溶液,使粉末润湿并黏合聚结成粒子,经过反复的喷雾与干燥,粒子逐渐增大。当颗粒大小符合要求时停止喷雾,形成的颗粒继续被热气流干燥后出料,送至下一道工序。设备顶部装有滤袋回收细粉。

(5) 喷雾制粒

喷雾制粒是与流化床制粒法相类似的另一种先进的制粒方法,该法是将药物与辅料制成药物溶液、混悬液以及药物浆状物,然后用高压泵输送至干燥室中,经离心式雾化器的高压喷嘴雾化成大小适宜的液滴喷出,干燥室的热气流使液滴中的水分迅速蒸发而获得近似球形的干燥细颗粒。此法在几秒至几十秒内完成药液浓缩、制粒、干燥过程,制得的颗粒可压性和流动性良好。喷雾制粒的方法原理和设备与喷雾干燥方法原理和设备相同,以干燥为目的的过程称为喷雾干燥,以制粒为目的的过程称为喷雾制粒。

（三）压片前干颗粒的处理

1. 干颗粒质量检查

干颗粒除了应具备良好的流动性和可压性外，还需达到以下要求：

(1) 主药含量符合要求。

(2) 干颗粒的含水量为1%～3%，过多会引起黏冲，过少会引起松片或裂片。

(3) 干颗粒的松紧度以手用力一捻能碎成细粉为宜。干颗粒的松紧度与压片时片重差异和片剂外观均有关系，太松易发生顶裂，太紧会出现麻面。

(4) 干颗粒的含细粉量一般控制在20%～40%，干颗粒的含细粉量与片剂外观和片重差异有关。颗粒质硬、片子小细粉可多一些，但太多会造成松片和裂片，太少则片剂表面粗糙、重量差异超限。

2. 整粒

整粒的目的是使粘连或结块的颗粒分散开，以得到大小均匀，适合压片的颗粒。干颗粒的整粒一般用摇摆式颗粒机，一些坚硬的大块物料可用旋转式制粒机。整粒的筛网孔径应根据干颗粒的松紧情况灵活掌握，一般选用12～20目筛。

3. 总混

加入润滑剂与崩解剂：一般将润滑剂过100目以上筛，外加崩解剂预先干燥过筛，然后加入到整粒的干颗粒中，置于混合机内进行"总混"。

加入挥发油及挥发性药物：挥发油可加在润滑剂与颗粒混合后筛出的部分细粒中，或直接用80目筛从干颗粒中筛出适量的细粉吸收挥发油后，再与全部干颗粒"总混"。若挥发性的药物为固体（薄荷脑、脑等），可用适量乙醇溶解，或与其他成分混合研磨共熔后喷入干颗粒中混合均匀，密闭数小时，使挥发性药物在颗粒中渗透均匀。

加入主药剂量小或对湿热不稳定的药物：有些情况下，先制成不含药物的空白干颗粒或将稳定性的药物与辅料制成颗粒，然后将剂量小或对湿热不稳定的主药加入到整粒后的上述干颗粒中"总混"。

"总混"后经测定主药含量，计算片重后即可压片。

（四）压片

1. 多冲旋转式压片机

该压片机是目前大生产中广泛使用的压片机，其由均匀分布于转台的多副冲模按一定轨道做圆周升降运动，通过上下压轮挤压将颗粒状物料压制成片剂。

多冲旋转式压片机的构造主要由动力部分、转动部分及工作部分三部分组成，如图8.6所示。

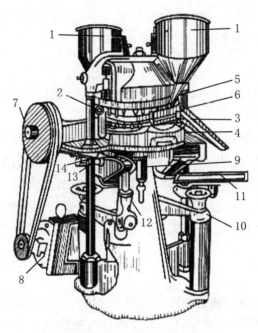

图8.6 旋转式压片机结构示意图

1. 料斗；2,4. 上下冲；3. 横盘；5. 饲料；6. 刮板；7. 带轮；8. 电机；
9. 调片重；10. 安全装置；11. 置盘架；12. 调压力；13. 开关；14. 压轮

旋转式压片机的压片过程分为填充、压片和出片三个步骤：

(1) 填充

当下冲转到饲粉器之下时，颗粒填入模孔，当下冲继续进行到片重调节器时略有上升，经刮粉器将多余的颗粒刮去。

(2) 压片

当下冲行至下压轮上面、上冲行至上压轮下面时，两冲间的距离最近，将颗粒挤压成片。

(3) 出片

上冲和下冲分别沿各自轨道上升，当下冲运行至推片调节器上方时，片剂被推出模孔并被刮粉器推开导入容器中，如此反复进行，实现片剂连续化生产。

为了防止粉尘飞扬，压片机一般带有吸粉捕尘装置。

旋转式多冲压片机的类型有多种型号，按冲模数目分为16冲、19冲、27冲、33冲、55冲、75冲等多种型号。按流程分为单流程型和双流程型两种。单流程型仅有一套上、下压轮，中盘旋转一周每副冲仅压制出一个药片。双流程型有两套压轮、饲粉器、刮粉器、片重调节器和压力调节器等，中盘旋转一周，每副冲压制出两个药片，双流程压片机的冲数皆为奇数。

2. 二次(三次)压片机

二次(三次)压片机可以满足粉末直接压片的需要。二次压片机结构如图8.7所示。

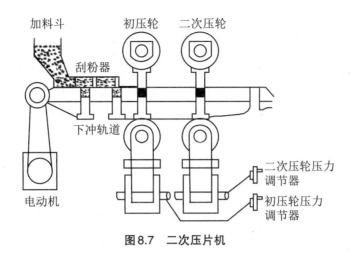

图8.7 二次压片机

粉粒体经过初压轮(第一压轮)适宜的压力压缩后,到达第二压轮时进行第二次压缩。整个受压时间延长,片剂内部密度分布比较均匀,更易于成型。为了减少复方制剂的配伍变化或制备缓控释制剂,可利用此变化或制备缓控释制剂,可利用此压片机制成双层片。

3. 压片机的冲和模

冲和模是压片机的重要工作部件,由优质钢材制成。一般均为圆形,端部具有不同的弧度,如深弧度的一般用于压制包糖衣片的片芯。此外,还有压制异形片的冲模,如三角形、椭圆形等。

(五)直接压片法

直接压片法的优点是:设备简单、生产工艺少、利于连续自动化生产,尤其适合于湿热不稳定的药物制片。直接压片法又分为结晶药物直接压片法和粉末直接压片法。根据药物的性质采用不同的方法。

1. 结晶药物直接压片

药物为结晶状,流动性和可压性较好,只需适当粉碎、筛分和干燥,加入适量崩解剂、润滑剂混合均匀后即可直接压片。如氯化钠、氯化钾、硫酸亚铁、溴化钠等无机盐类药物的片剂。

2. 粉末直接压片

药物和辅料混合均匀后直接进行压片的方法称为粉末直接压片法。该法避免了制粒、干燥等过程,工序简便、设备简单、节能、省时,适合于对湿热不稳定的药物。当药物本身有良好的流动性和可压性,并且剂量较大时,可采用粉末直接压片法。粉末直接压片法工艺流程如图8.8所示。

图8.8 粉末直接压片工艺流程

（六）干法制粒压片

干法制粒是将药物和辅料混合均匀后，用适宜的设备压成块状、片状，然后再粉碎成适当大小的干颗粒的方法。对湿热敏感、遇水易分解、有吸湿性或采用直接压片法流动性差的药物，多采用干法制粒压片。制备方法有滚压法和重压法。

1. 滚压法

利用滚压机将药物与辅料混合物压制成硬度适宜的薄片，然后再破碎成颗粒。

2. 重压法

将药物与辅料的混合物用重型压片机压制成大片，然后再破碎成一定大小颗粒的方法，又称大片法。此法压片机需用巨大的压力压片，冲模等部件损耗大，细粉量较多，目前已少用。

三、中药片剂的制备

中药片剂是指药材细粉或提取物与适宜的药材细粉或辅料混合后压制而成的片状制剂。中药片剂的制法与化学药物片剂的制法大体相同，但中草药成分复杂，除含有效成分外，还含大量无效成分，如淀粉、糖类、树胶、树脂、纤维素等。这使中药片剂的制备有一定的特殊性。大部分采用制粒压片法制备，其工艺流程如图8.9所示。

图8.9　中药片剂制备工艺流程

1. 中药材处理的一般原则

中药材品种不同，其处理方法也不同，一般原则如下：

（1）含淀粉较多的药材，可部分或全部粉碎后作辅料加入，以节省其他辅料用量。

（2）含挥发性成分的药材（如荆芥、薄荷、紫苏叶等），可用水蒸气蒸馏法提取挥发性成分，压片前加入到干颗粒中，残渣必要时再加水煎煮，制成稠膏或干浸膏。

（3）含纤维较多、黏性较大、质地较硬的药材，以及方剂中可入汤煎药者，均采用水煎煮提取，提取液浓缩成稠膏或干浸膏备用，如甘草浸膏。

（4）含醇溶性成分的药材，可用不同浓度的乙醇以渗漉法、浸渍法或回流法提取有效成分后制成稠膏，如刺五加浸膏、颠茄浸膏。

（5）有效成分已知的药材，根据有效成分特性，提取有效成分，精制分离出纯品。

（6）用量较少的贵重药、毒剧药、细料，为避免损失，一般不经提取，磨成细粉后，过100目筛，制粒时或压片前加入，如麝香、雄黄等。

要求粉碎的药材应按规定进行粉碎并过筛，要求提取有效成分的药材，应选用适宜的方法和溶剂提取有效成分，除去无效成分，以缩小片剂体积，减少服用剂量，保证产品质量，便于贮存和服用。

2. 中药浸膏片、半浸膏片中的稠膏的处理

一般稠膏可浓缩至相对密度1.2~1.3,有的可达到1.4。直接用浸膏粉碎成的颗粒压片,因颗粒较硬,药片易产生麻点和崩解困难。现在不少药厂将药材提取液用喷雾干燥法制得浸膏粉,然后再制粒压片,不仅改善了中药片剂硬度大、崩解差、易出现麻面和斑点等质量问题,还提高了中药片剂的生产效率。

3. 制颗粒

中药片剂制湿颗粒时一般选用12~20目筛。制湿颗粒的方法根据中药片剂种类不同,方法也有差异。

(1) 全粉末片制粒

把中药全部磨成细粉,混匀,加入适量的黏合剂或润湿剂制成适宜软材,挤压过筛制粒。此法工艺简单,适用于药味少、剂量小、质地细腻的中药制片。

(2) 全浸膏片制粒

全部药材提取浓缩成稠膏,干燥得干浸膏后再制粒。

干浸膏片吸湿性强,需包糖衣层或薄膜衣层防潮,此种片剂硬度大,崩解度差,制备时宜采用乙醇沉淀法去除一些药材中的黏性杂质,减压干燥制得较疏松的干浸膏来克服。

(3) 半浸膏片制粒

处方中大部分(80%~90%)药材提取、浓缩成稠膏作黏合剂用,小部分(10%~20%)药材磨成细粉作稀释剂和崩解剂用,将这两部分混合,制软材、制粒。这样合理利用中药材,既减少用量,又降低了成本,稠膏和粉末的比例合适与否是决定半浸膏片制粒成败的关键。这类片剂吸湿性强,需包衣处理,另外贮存期间有的片剂变硬,崩解度超限。

(4) 有效成分片制粒

中药材用适宜的提取分离方法得到有效部位或有效成分的单体或混合物结晶,经含量测定后,按西药片剂工艺制备颗粒。

4. 工艺特点

(1) 干燥:湿粒干燥温度一般为60~80 ℃,以免颗粒中淀粉糊化而黏结成块影响压片和崩解。含挥发性成分的颗粒应在60 ℃以下干燥,干颗粒水分含量控制在3%~5%之间。

(2) 整粒:中药颗粒较粗和硬,压成的片剂易出现花斑、麻面,因此,中药干颗粒比化学药物的颗粒要求细些,一般过14~22目筛或更细的筛整粒。全浸膏片的颗粒较硬,可用40目筛整粒,细粉不宜过多,以免产生裂片。

(3) 压片:中药片压片方法与一般化学片剂相同,但压力需增大一些,以免出现松片和裂片。

(4) 防细菌污染:由于全粉末片或半浸膏片中的药材细粉未经加热处理而容易被细菌污染,所以中药原料应经合理净化,在加工压片过程中注意操作卫生,以保证片剂质量。

(5) 防潮:制粒和压片时控制环境的相对湿度,包装应选用防潮性能好的材料或采取包衣技术。

四、片剂的包衣

(一) 包衣的目的、种类及质量要求

片剂的包衣是指在普通压制片(称为片芯或素片)的表面包上适宜材料的衣层,使药物与外界隔离的操作过程。包成的片剂称包衣片,包衣的材料称包衣材料或衣料。

1. 包衣的目的

(1) 改善片剂外观和便于识别。

(2) 掩盖药物的不良味道。

(3) 增加药物稳定性,衣层可防潮、避光、隔绝空气、防止药物挥发。

(4) 防止药物配伍变化,可将有配伍禁忌的药物分别制粒包衣后再压片,也可将一种药物压制成片芯,片芯外包隔离层后再与另一种药物颗粒压制成包芯片。

(5) 改变药物的释放部位,可将对胃有刺激或易受胃酸、胃酶破坏的药、肠道驱虫药等制成肠溶衣片。

(6) 控制药物的释放速度,采用不同的包衣材料,调整包衣膜的厚度和通透性,可使药物达到缓释、控释的作用。

2. 包衣片的种类及质量要求

(1) 种类

根据包衣材料不同,包衣片通常分为糖衣片和薄膜衣片,薄膜衣片根据溶解性能不同又可分为胃溶型、肠溶型及胃肠不溶型薄膜衣片三类。

(2) 包衣的质量要求

① 片芯要有适宜的弧度,选用深弧度的冲头,使包衣材料能覆盖边缘部位;② 片芯的硬度、崩解度应符合药典有关规定,其硬度能承受包衣过程中的振动、碰撞和摩擦;③ 衣层应均匀牢固,层层干燥,衣料与药物不起任何反应;④ 贮存期间仍能保持光亮美观、色泽一致、无裂片变色,不影响片剂的崩解及药物释放等性质。

(二) 包衣方法与设备

常用的有滚转包衣法、流化包衣法和压制包衣法等。

1. 滚转包衣法

在包衣锅中,使片剂做滚转运动,包衣材料一层层均匀黏附于片剂表面上形成包衣的方法称为滚转包衣法,亦称锅包衣法,是目前生产中最常用的方法。包括滚转锅包衣法(普通锅包衣法)、埋管锅包衣法、高效锅包衣法。

(1) 普通锅包衣法

① 荸荠形糖衣机:也是滚转式包衣设备,因其锅体为荸荠形而得名。荸荠形糖衣机由于锅内空气交换效率低,干燥速度慢,气路不能密闭,有机溶剂污染环境等不利因素,以及噪

声大、劳动强度大、成品率低、对操作工人技术要求较高等诸多缺点,目前已经逐步被具有自动化配置的其他包衣法所代替。

② 喷雾包衣机:是在荸荠形糖衣机的基础上加载喷雾设备,从而克服产品质量不稳定、粉尘飞扬严重、劳动强度大、对个人技术要求高等问题,且投入较小,该设备是目前包制普通糖衣片的常用设备,还常兼用于包衣片加蜡后的刨光。

(2) 埋管锅包衣法

采用埋管包衣机,即在普通包衣锅底部装有通入包衣材料溶液、压缩空气和热空气的埋管,埋管喷头和空气入口管插入物料层内,不仅可防喷液飞扬,还能加快物料运动和干燥速度,如图8.10所示。

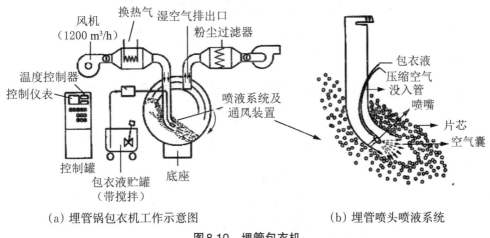

(a) 埋管锅包衣机工作示意图　　(b) 埋管喷头喷液系统

图8.10　埋管包衣机

(3) 高效锅包衣法

采用高效包衣机,它由包衣锅、包衣浆贮罐、高压喷浆泵、空气加热器、吸风机、控制台等主辅机组成。包衣锅为短圆柱形并沿水平轴旋转,四周为多孔壁,热风由上方引入,由锅底部的排风装置排出,特别适用于包制薄膜衣。工作时,片芯在包衣锅洁净密闭的旋转转筒内不停地做复杂轨迹运动,翻转流畅,交换频繁。恒温包衣液经高压泵,同时在排风和负压作用下从喷枪喷洒到片芯。由热风柜供给的洁净热风穿过片芯,从底部筛孔经风门排出,包衣介质在片芯表面快速干燥,形成薄膜。

高效包衣机的锅型结构大致可分成间隔网孔式、网孔式、无孔式三类。网孔式高效包衣机如图8.11所示。

高效包衣机干燥时,热风表面的水分或有机溶剂进行热交换,并能穿过片芯间隙,使片芯表面的湿液充分挥发,因而保证包衣的厚薄一致,且提高了干燥效率、充分利用了热能。其具有密闭、防爆、防尘、热交换效率高的特点,并且可根据不同类型片剂的不同包衣工艺,将参数一次性地预先输入计算机(也可随时更改),实现包衣过程的程序化、自动化、科学化。

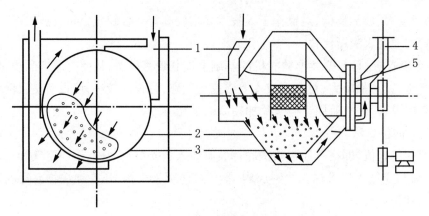

图8.11　网孔式高效包衣机

1. 进气管；2. 锅体；3. 片芯；4. 排风管；5. 风门

2. 流化包衣法

流化包衣法亦称沸腾包衣法或悬浮包衣法，包衣原理与流化喷雾制粒相类似，设备如图8.12所示。

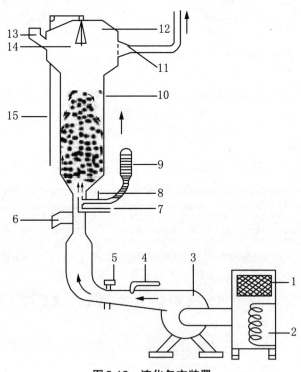

图8.12　流化包衣装置

1. 空气过滤；2. 预热；3. 风机；4. 测温；5. 调风量；6,13. 进出料；7. 空气进口；
8. 喷嘴；9. 包衣液；10. 包衣室；11. 棚网；12. 扩大室；14. 起动塞；15. 拉绳

将待包衣的片芯（或颗粒、胶囊、小丸等）置于流化床中，通入热气流使流化床中的片芯悬浮翻腾呈流化状态。同时喷入包衣材料溶液，使片芯表面黏附一层包衣材料，由于热空气流的作用，溶剂迅速挥散，表面干燥形成薄膜状衣层，依此方法包制若干层，得到符合规定要求的薄膜衣片。

流化包衣的整个包衣过程在密闭容器内进行,卫生、安全、可靠;包衣速度快、时间短、工序少、自动化程度高;无需特别熟练的操作技艺,一般薄膜衣包制只需1 h,适合工业化大生产。可用于片剂、丸剂、颗粒剂、胶囊剂等多种剂型包薄膜衣和肠溶衣。

3. 压制包衣法

以特制的传动器连接两台压片机配套使用,一台压片机专门用于压制片芯,然后由传动器将压成的片芯输送至另一台压片机的包衣转台模孔中,模孔中预先填入包衣材料作为底层,然后在转台的带动下,片芯的上层又被加入等量的包衣材料,然后加压,使片芯压入包衣材料中而得到包衣片剂。压制包衣装置如图8.13所示。

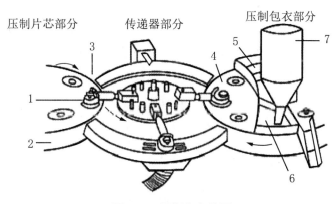

图8.13　压制包衣装置

1.输送杯;2.转盘;3.压制片芯;4.置入片芯;
5.衣料上部填充;6.衣料下部填充;7.衣料料斗

压制包衣生产流程将压片和包衣过程结合在一起,自动化程度高,劳动条件好,简化了包衣流程,大大缩短了包衣时间,且能源利用效率高,不浪费资源,因此从环保、时效和能量利用等包衣工艺方面来看,压制包衣代表了包衣技术未来的发展方向。但由于其对压片机械的精度要求较高,目前国内尚未广泛使用。

(三) 包衣物料及包衣工艺

包衣物料决定采用何种包衣工艺,下面主要介绍糖衣片和薄膜衣片的包衣物料及工艺。

1. 糖衣片

糖衣片是指以蔗糖为主要包衣物料的包衣片。糖衣可掩盖药物的不良气味,改善外观,使药物易于吞服,对片剂崩解度影响较小,具有一定的防潮、隔绝空气作用。包糖衣历史悠久,是目前国内广泛应用的一种包衣方法。

(1) 包糖衣生产工艺流程

包糖衣生产工艺流程如图8.14所示。

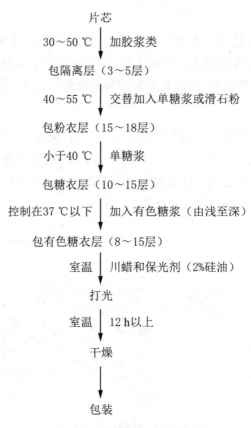

图8.14 包糖衣生产工艺流程

(2) 包糖衣物料及操作要点

① 包隔离层

包隔离层可将药物与外界隔绝,防止药物吸潮变质或糖衣被酸性药物破坏,同时还可增加片剂硬度。

材料:10%~15%明胶浆、30%~35%阿拉伯胶浆、10%玉米朊乙醇溶液、15%~20%虫胶乙醇溶液、10%醋酸纤维素酞酸酯(CAP)乙醇溶液。CAP是肠溶材料,选用CAP应控制好衣层厚度,否则会影响包衣片在肠中的崩解。

操作要点:将一定量片芯置于包衣锅内,开动包衣锅,加适量胶浆,以能使片芯表面润湿为度,用戴橡皮手套的手帮助搅拌,使胶浆能均匀黏附于片剂表面。可加适量滑石粉到恰不粘连为止,继续搅拌,使其均匀黏附于片芯上,开始加热或吹热风至30~50 ℃,每层干燥时间约30 min,一般包3~5层。因包隔离层使用的是有机溶剂,应注意防火防爆。

② 包粉衣层

包粉衣层可清除片剂的棱角,使片面平整。

材料:过100目筛的滑石粉与65%~75%(g/g)单糖浆交替加入。

操作要点:撒一次浆,撒一次粉,温度控制在40~55 ℃,热风干燥20~30 min,重复操作15~18次,直到片剂棱角消失。为了增加糖浆的黏度,可在糖浆中加入10%明胶浆或阿拉伯胶浆。

③ 包糖衣层

包糖衣层是为了增加衣层牢固性和甜味,使片剂光洁圆整,细腻美观。

材料:单糖浆。

操作要点:每次加入稍稀的糖浆后,用手搅拌使片剂表面湿润即可,然后逐次减少用量,40 ℃以下低温缓缓吹风干燥,使其表面形成细腻的蔗糖晶体衣层,一般重复包10～15层。

④ 包有色糖衣层

包有色糖衣层使片剂美观和便于识别。

材料:着色糖浆(在糖浆中添加食用色素,色泽由浅到深),亦可用浓色糖浆,按不同比例与单糖浆混合配制。

操作要点:加入有色糖浆由浅到深,使用量逐次减少,避免产生花斑,一般包8～15层。开始温度控制在37 ℃,然后逐渐降至室温,上色至最后一层时不宜太湿或太干,否则不易打光。

⑤ 打光

打光可增加片剂的光泽、美观度和表面疏水防潮性能。

材料:虫蜡细粉,即米心蜡(川蜡)精制后加入2%硅油混匀冷却后磨成的细粉(过80目筛)。

操作要点:每万片用量为5～10 g,打光操作一般在最后一次有色糖浆加完后接近干燥时,停止包衣锅转动并盖上锅盖,转动数次使锅内温度降至室温,撒入适量蜡粉(总量的2/3),开动包衣锅,使糖衣片在锅内滚动相互摩擦产生光泽,再撒入余下蜡粉,直至片剂表面极为光亮。

⑥ 干燥

将已打光的片剂移至硅胶干燥器内干燥或放入石灰干燥橱中干燥,温度45 ℃左右,相对湿度50%,或室温干燥12 h以上。

2. 薄膜衣片

薄膜衣是指在片芯外面包上一层比较稳定的高分子成膜材料,由于膜层较薄,故称薄膜衣。

薄膜衣与糖衣相比,具有如下优点:① 操作简单、生产周期短、效率高,适合生产自动化;② 节省材料和降低成本,衣层薄,仅使片重增加2%～4%;③ 提高了生物利用度,包衣后不影响药片崩解;④ 控制药物释放部位和速度,采用不同性质高分子材料,可制成胃溶、肠溶、缓释及控释制剂;⑤ 提高制剂质量或改变其用途,可用于各种固体制剂,如片剂、丸剂、颗粒剂、胶囊剂等剂型的包衣,以拓宽医疗用途。

薄膜衣也存在某些缺点,如包衣过程中有机溶剂不易回收、衣层薄、片芯原有色泽不易掩盖、有色薄膜衣色泽不均匀以及片剂棱角包不严等。因此,外观往往不如糖衣片。

(1) 包薄膜衣物料

包薄膜衣物料主要有溶剂、添加剂、高分子薄膜衣材料。

① 溶剂

能溶解、分散薄膜衣材料及增塑剂,并将影响薄膜衣材料在片剂表面的均匀分布,蒸发速度要快,常用乙醇、丙酮等低毒的有机溶剂。

② 添加剂

常用的有增塑剂、促进释放剂或致孔剂、着色剂、掩蔽剂、遮光剂、增光剂、速度调节剂、固体物料等。

增塑剂:用来改变高分子薄膜材料的物理机械性能,使衣膜脆性和硬度降低,减少衣膜裂纹的发生,使其柔韧性增加。常用的增塑剂有水溶性和水不溶性两类,水溶性的可作为某些纤维素包衣材料的增塑剂,常用甘油、丙二醇、聚乙二醇等含羟基的亲水化合物;水不溶性的增塑剂用于水不溶性聚合物,有邻苯二甲酸二乙酯(或二丁酯)、蓖麻油、玉米油、甘油三醋酸酯、甘油单醋酸脂、液状石蜡等。

促进释放剂或致孔剂:在水不溶性薄膜衣材料中加入一些水溶性物质,如蔗糖、氯化钠、羟丙基甲基纤维素、表面活性剂、聚乙二醇等,遇水后这些水溶性物质迅速溶解使薄膜衣膜成为微孔薄膜。

着色剂和掩蔽剂:加入着色剂或掩蔽剂的目的是为了改善产品外观,便于识别,掩盖某些有色斑的片芯或不同批号片芯间色调差异。目前常用的着色剂有水溶性色素、水不溶性色素和色淀三类。为了提高遮盖作用,还可加适量的遮光剂二氧化钛以提高片芯内药物对光的稳定性。

固体粉料:包衣过程中有些薄膜衣材料黏性过大,易出现粘连,可加入适当的固体粉末以防止颗粒或片剂的粘连。常用固体粉料有滑石粉、硬脂酸镁、胶态二氧化硅。

③ 高分子薄膜衣材料

按化学结构分为纤维素衍生物类、丙烯酸树脂类、乙烯聚合物及其他等。按溶解性能分为胃溶型、肠溶型和胃肠不溶型三大类。现分述如下:

胃溶型薄膜衣:即在胃中能溶解的高分子材料,适用于一般药物的薄膜衣。常用的有纤维素衍生物类、聚丙烯酸树脂类、乙烯聚合物、玉米朊。

肠溶型薄膜衣:指在胃酸条件下不溶,而在中性偏碱性肠液(pH 6~7.4)中能迅速溶解的高分子薄膜衣材料。用于易被胃液破坏、对胃有刺激性或要求在肠道吸收发挥特定疗效的药物包衣。常用的肠溶型薄膜衣材料有纤维素衍生物类、聚丙烯酸树脂类、聚乙烯酞酸酯(PVAP)、苯乙烯-马来酸共聚物(S-MA),此外尚有虫胶、琥珀酸羟丙基甲基纤维素(HPMCAS)等肠溶材料,以上肠溶材料均可作为缓释、控释片剂的包衣材料使用。

胃肠不溶型薄膜衣:指在水中不溶解的高分子薄膜衣材料。常用的有乙基纤维素(EC)、醋酸纤维素(CA)。

(2) 包薄膜衣的生产工艺及操作要点

① 滚转包衣法包薄膜衣工艺流程

滚转包衣法包薄膜衣工艺流程如图8.15所示。

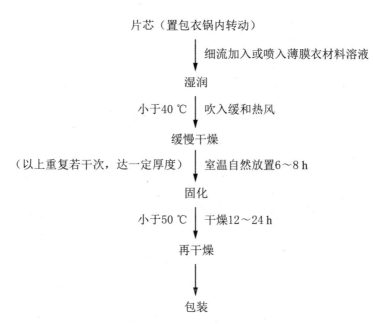

图8.15　滚转包衣法包薄膜衣工艺流程

② 包薄膜衣操作要点

a. 湿润。将片芯置于锅内转动,将一定量薄膜衣材料溶液喷洒在片芯表面使其均匀湿润。

b. 缓慢干燥。吹入缓和热风使溶剂蒸发,控制温度不超过40 ℃,以免干燥过快,出现"皱皮"或"起泡"现象,干燥也不能太慢,否则会出现"剥落"或"粘连"现象。

c. 重复上述操作若干次,喷入的薄膜衣材料溶液用量逐次减少,直至达到一定厚度为止。

d. 固化。大多数薄膜衣需要一个固化期,时间长短因材料、方法、厚度而异。一般在室温或略高于室温下自然放置6~8 h使之固化完全。

e. 再干燥。为了除尽残余的有机溶剂,一般在50 ℃以下再干燥12~24 h。

因为大多数薄膜衣材料需采用有机溶剂溶解,这给包衣工序带来操作危险、环境污染和劳动保护等一系列问题。采用密闭的高效包衣机和流化床包衣设备可有效地避免这些问题,同时还可提高生产效率和降低成本。

3. 半薄膜衣片和肠溶衣片

(1) 半薄膜衣片

半薄膜衣片是糖衣片与薄膜衣片的结合,即先在片芯上包裹几层粉衣层和糖衣层(减少糖衣的层数),然后再包上2~3层薄膜衣层。这样可改善薄膜衣片的外观,使之光洁、美观,又能发挥薄膜衣层的作用。

(2) 肠溶衣片

凡药物易被胃液破坏、对胃有刺激性或要求在肠道吸收发挥特定疗效者,均宜制成肠溶衣片。包肠溶薄膜衣可用滚转包衣法、流化包衣法及压制包衣法。

① 滚转包衣法:片芯先包粉衣层到无棱角时,加入肠溶衣液包肠溶衣到适宜厚度,最后

再包数层粉衣层及糖衣层,以免在包装运输过程中肠衣受到损坏。

② 流化包衣法:将肠溶衣液喷包于悬浮的片剂表面,成品光滑,包衣速度快,效果好。

③ 压制包衣法:利用压制包衣机将肠溶衣物料的干颗粒压在片芯外而成干燥衣层。

五、片剂的质量检查及包装与贮存

(一) 片剂的质量检查

《中国药典》在制剂通则中对片剂的外观、硬度做了一般规定,对片剂的重量差异和崩解时限做了具体规定,规定了微生物限度标准和检查以及结果判别方法,同时还规定对小剂量片剂进行含量均匀度检查,某些片剂需做溶出度或释放度检查。

(二) 片剂的包装

片剂的包装材料应从防潮、轻巧及美观方面着手,不仅要考虑贮运过程中片剂的质量稳定,而且还应考虑片剂产品的销售和与国际市场接轨。片剂包装常采用以下两种形式:

1. 单剂量包装

将片剂单个隔开包装,每片均处于密封状态。单剂量包装提高了对药片的保护作用,也杜绝了交叉污染。外观装潢显得美观,使用更为方便。

(1) 泡罩式包装

用无毒聚氯乙烯(PVC)硬片经红外加热器加热后,在成型滚筒上形成水泡眼,片剂进入水泡眼与无毒铝箔(背层材料)热压形成泡罩式包装。铝箔背层材料上可印上药品名称、规格等说明。

(2) 窄条式包装

由两层膜片(铝塑复合膜、双纸塑料复合膜等)经黏合或热压形成的带状包装,较泡罩式简便价廉。

2. 多剂量包装

几片至几百片合装在一个容器中为多剂量包装,常用的包装容器有玻璃瓶、塑料瓶,也有用软性的薄膜、低塑复合膜、金属箔复合膜等制成的药袋。

(三) 片剂的贮存

药典规定片剂宜密封贮存,防止受潮、发霉、变质。除另有规定外,一般应将包装好的片剂放在阴凉(20 ℃以下)、通风、干燥处贮藏。受潮易分解的片剂,应在包装容器内放入小袋干燥剂(如干燥硅胶)。对光敏感的片剂,应避光保存。

第二节 散 剂

散剂是指药物或与适宜的辅料经粉碎、均匀混合制成的干燥粉末状制剂,分为口服散剂和局部用散剂。

散剂除了作为药物剂型直接取用外,粉碎了的药物成分也是制备其他剂型如丸剂、片剂、胶囊剂等的基本原料;而用于制备混悬剂、软膏剂、浸出药剂等的药物一般也需要事先粉碎,以便于混合并增加其溶解度和溶出速率。

一、散剂的制备

一般散剂的生产工艺流程如下:
备料→称量→粉碎→混合→分剂量→质检→包装。
生产岗位包括:称量、粉碎、过筛、混合、分剂量、包装。

(一) 备料、粉碎、过筛与混合

备料时要核对原辅料检验合格单的品名及批号,按处方要求,准确称量。
药物粉碎、过筛与混合的原理与方法已在药剂生产基本技术中介绍,这里不再说明。

(二) 分剂量

将混合均匀的散剂,按照所需剂量分成等重量(或容积)份数的操作过程,叫作分剂量。常用以下几种方法。

1. 重量法

此法是用手秤(戥秤)或天平逐包称量。此法剂量准确,但效率低。适用于毒药、剧药或贵重细料药散剂。

2. 容量法

此法一般是用骨质、金属或塑料等材料制成的药粉匙作为分剂量工具,大量生产有散剂定量分包机、自动分包包药机和粉末分装机。

3. 目测法(估分法)

称取总量的散剂,以目测分成若干等份。一般以每次3~6包横列分包为宜,便于比较。本法简便,但误差较大,毒药、剧药散剂不宜采用。

二、散剂的质量检查及包装与贮存

（一）散剂的质量检查

质量检查是保证散剂质量的重要环节。按《中国药典》规定,要检查散剂的均匀度、粒度、干燥失重、装量差异及微生物限度,用于烧伤或创伤的局部用散剂则要做无菌检查。

1. 混合均匀度检查

（1）肉眼检查法。取适量散剂置于光滑的纸上,平铺约 5 cm²,用药匙或适宜工具将表面压平,在光亮处观察其表面,应呈均匀的色泽,无花纹与色斑。本法简便易行,但常带有主观性且误差较大。

（2）含量测定法。从散剂的不同部位取样,测定含量,与规定含量相比较,可较准确地得知混合均匀程度。本法适用于大生产中有一定方法测定组成含量的散剂。

2. 粒度检查

除另有规定外,局部用散剂用单筛分法检查粒度。

3. 干燥失重、装量差异限度、装量、无菌及微生物限度检查

除另有规定外,按照《中国药典》规定方法检查,应符合规定。

（二）散剂包装与贮存

散剂分散度大,其吸湿性与风化性也较显著。散剂吸湿后可发生润湿、失去流动性、结块等物理变化,也可发生变色、分解或效价降低等化学变化,还可发生微生物污染等生物学变化等。所以防湿是保证散剂质量的一项重要措施。

1. 包装材料

（1）包药纸:常用的有光纸、玻璃纸、蜡纸等,应根据药物性质来选用。

（2）塑料袋:聚乙烯塑料袋透明、质软,在一定时间内可防止潮湿气体的侵入,但在低温久贮时会老化破裂,且塑料能透气、透湿,故芳香细料及毒药、剧药的散剂,不宜用塑料袋包装。

（3）玻璃管或玻璃瓶:密闭性好,不与药物起作用,适用于芳香、挥发性散剂,也常用于含细料药物、毒剧药物散剂以及吸湿性散剂。

（4）硬胶囊:胶囊易吞服崩解,能掩盖药物的不良臭味,故一些剂量小而有不良臭味的散剂,可填装在硬胶囊中。

2. 包装方法

分剂量散剂一般可用包装纸包装,非分剂量型的散剂可装于衬有蜡纸的盒子或装入玻璃管、玻璃瓶中加盖并蜡封。有时大包装中可装入干燥剂,如硅胶等。复方散剂用瓶装,瓶内药物应填满,否则,在运输过程中往往因密度较大的成分下沉而发生分层现象,以致破坏散剂的均匀性。

3. 贮存

散剂在贮存过程中，防潮是关键，可防止药物因吸湿而引起变质和结块，同时也可防止微生物的污染。此外，温度和紫外光照射等对散剂质量也有一定的影响，在贮存时应加以注意。

第三节 颗 粒 剂

颗粒剂是指药物（或药材提取物）与适宜的辅料或药材细粉制成的有一定粒度的干燥颗粒状的制剂。颗粒剂的分类如下：

（1）水溶性颗粒：指加入水中可全部溶解或轻微浑浊的颗粒剂。

（2）混悬颗粒：指难溶性固体药物与适宜辅料制成一定粒度的干燥颗粒剂。如克拉霉素颗粒、罗红霉素颗粒。

（3）泡腾颗粒：指含有碳酸氢钠和有机酸，遇水可放出大量气体而呈泡腾状的颗粒剂。如维生素C泡腾颗粒剂、碳酸钙泡腾颗粒剂。

（4）肠溶颗粒：指采用肠溶材料包裹颗粒或其他适宜方法制成的颗粒状制剂。如地红霉素肠溶颗粒、肠必清肠溶颗粒。

（5）缓释颗粒：指在水或规定的释放介质中缓慢地非恒速释放药物的颗粒剂。如美沙拉嗪缓释颗粒剂。

（6）控释颗粒：指在水或规定的释放介质中缓慢地恒速或接近于恒速释放药物的颗粒剂。

一、颗粒剂的制备

（一）一般颗粒剂的制备

一般颗粒的制备工艺流程如下：
原辅料准备→制软材→制粒→干燥→整粒→包装。
生产工序：制粒、分装、包装。

1. 制粒

制粒是颗粒剂制备过程中关键的工艺技术，它直接影响到颗粒剂的质量。目前生产中常用的有挤出制粒、湿法混合制粒和流化喷雾制粒等方法。

2. 干燥

湿颗粒制成后，应及时干燥。干燥温度一般以60～80 ℃为宜。干燥时温度应逐渐上升,否则颗粒表面干燥过快,易结成一层硬壳而影响内部水分的蒸发,且颗粒中的糖粉骤遇高温时会熔化,使颗粒变得坚硬,尤其是糖粉与枸橼酸共存时,温度稍高更易黏结成块。

颗粒的干燥程度应适宜,一般含水量控制在2%以内。生产中常用的干燥设备有沸腾干燥床、烘箱、烘房等。

3. 整粒

湿粒干燥后,可能会部分结块、粘连。因此,干颗粒冷却后需再过筛。一般过12～14目筛除去粗大颗粒(磨碎再过),然后过60目筛除去细粉,使颗粒均匀。筛下的细粉可重新制粒,或并入下次同一批号药粉中,混匀制粒。

4. 包衣

制备肠溶颗粒、缓释颗粒等可对颗粒剂进行包衣,一般根据不同的要求采用不同的包衣材料进行薄膜包衣。

5. 包装

整粒后的干燥颗粒应即刻密封包装。生产上一般采用自动颗粒包装机进行分装。因颗粒剂中含有较多的糖粉,极易吸湿软化,以致结块霉变,故应选用不易透气、透湿的包装材料,如复合铝塑袋、铝箔袋或不透气的塑料瓶等,并应干燥贮藏。

(二) 中药颗粒剂与泡腾性颗粒剂的制备

1. 中药颗粒剂

将中药材经过预处理后,选用一定方法提取药材中的有效成分,并浓缩成膏状,浸膏与辅料(或药材细粉)混合均匀使成软材,并通过筛网制成颗粒,颗粒干燥后分装,即得中药颗粒剂。

2. 泡腾性颗粒剂

泡腾性颗粒剂是利用有机酸与弱碱遇水作用产生二氧化碳气体,使药液产生气泡呈泡腾状态的颗粒剂。由于酸与碱发生中和反应产生二氧化碳,使颗粒快速崩解,故具有速溶性。同时,二氧化碳溶于水后呈酸性,能刺激味蕾,因而可达到矫味的作用,若再配以芳香剂和甜味剂等,可得到碳酸饮料的风味。常用作泡腾崩解剂的有机酸有枸橼酸、酒石酸等,弱碱有碳酸氢钠、碳酸钠等。

其制法为将处方药料按水溶性颗粒剂提取、精制得稠膏或干浸膏粉,分成两份,一份中加入有机酸及其他适量辅料制成酸性颗粒,干燥备用;另一份中加入弱碱及其他适量辅料制成碱性颗粒,干燥备用。再将两种颗粒混合均匀、整粒、包装即得。应注意控制干燥颗粒水分,以免服用前酸碱发生反应。

二、颗粒剂的质量控制及包装与贮存

颗粒剂的质量检查,除主药含量测定外,《中国药典》还规定有粒度、干燥失重、溶化性及装量差异等检查。

整粒后的干燥颗粒应及时密封包装。生产上一般采用自动颗粒包装机进行包装。因颗粒剂中含有较多的糖粉,极易吸湿软化(特别是含中药浸膏颗粒),以致结块霉变,故应选用不易透气、透湿的包装材料,如复合铝塑袋、铝箔袋或不透气的塑料瓶等,并应干燥贮藏。

第四节　胶　囊　剂

胶囊剂是指将药物或加适宜辅料充填于空心胶囊或密封于弹性软质囊材中制成的固体制剂。主要供内服,少数用于直肠等腔道给药。空心硬胶囊或软胶囊外壳的材料(以下简称囊材)主要原料为明胶。

胶囊剂是使用广泛的口服剂型之一,许多国家胶囊剂的产量、产值仅次于片剂和注射剂。

胶囊剂依据溶解与释放性,分为硬胶囊、软胶囊(胶丸)、缓释胶囊、控释胶囊、肠溶胶囊和结肠靶向胶囊等。

1. 硬胶囊

采用适宜的制剂技术,将药物或加适宜辅料制成粉末、颗粒、小片或小丸等充填于空心胶囊中。如阿莫西林胶囊、吲哚美辛胶囊。

2. 软胶囊

将一定量的液体药物直接包封,或将固体药物溶解或分散在适宜的赋形剂中制成溶液、混悬液、乳液或半固体,密封于球形、椭圆形或其他形状的软质囊材中制成的剂型。囊壳含水量高、柔软、有弹性。如维生素 E 胶囊、鱼肝油胶囊。

3. 缓释胶囊

是指在水中或规定的释放介质中缓慢地非恒速释放药物的胶囊剂。缓释胶囊应符合缓释制剂的有关要求并进行释放度检查。

4. 控释胶囊

是指在水中或规定的释放介质中缓慢地恒速或接近恒速释放药物的胶囊剂。控释胶囊应符合控释制剂的有关要求并进行释放度检查。

5. 肠溶胶囊

是指硬胶囊或软胶囊经药用高分子材料处理或用其他适宜方法加工而成。肠溶胶囊不溶于胃液,但能在肠液中崩解而释放活性成分。如阿司匹林肠溶胶囊。

6. 结肠靶向胶囊

是指用能在结肠部位溶解或酶解的高分子材料(如果胶钙、丙烯酸树脂等)制成的胶囊。

药物对胃有刺激性或遇胃酸不稳定,或需在肠内溶解吸收发挥疗效的均宜制成肠溶胶囊。

缓释胶囊、控释胶囊和肠溶胶囊可分别用相应的缓释材料、控释材料和肠溶材料制备而得,也可用经缓释材料、控释材料或肠溶材料包衣的颗粒或小丸填充胶囊而制成。

一、硬胶囊剂的制备

硬胶囊剂制备工艺流程如下:

空胶囊的制备(或购入)→填充内容物的制备→填充→封口→质量检查→包装。

生产工序:空胶囊制备、填充物的配料、药物分剂量填充、封口、质量检查、包装。

(一)空胶囊的制备

1. 空胶囊的组成

明胶是空胶囊的主要材料。明胶是用猪、牛、驴等大型哺乳动物的皮、骨或腱加工分离出胶原后,水解而得的一种蛋白质。胶原的来源不同,明胶的物理性质(如分子量)有很大差异,可塑性也不同。囊壳以骨、皮混合胶较为理想,有合适的强度和塑性。还要加增塑剂甘油、山梨醇和增稠剂琼脂等控制适当的胶冻力,增加囊壳的可塑性和坚韧性。对光敏感药物,可加遮光剂2%～3%的二氧化钛;为矫味、美观和便于识别,可加矫味剂和着色剂;为防霉变,可加防腐剂尼泊金等。

2. 空胶囊的制备

空胶囊的制备过程为:溶胶、制坯、干燥、截割及整理。均需在室温18～20 ℃、相对湿度35%～40%的条件下进行。一般由药用包装材料厂生产。

空胶囊颜色有红、黄、绿、蓝等色。空胶囊共有8种规格,分为000号、00号、0号、1号、2号、3号、4号、5号,随着号数由小到大,容积由大到小,常用的6种见表8.1。

表8.1 常用6种空胶囊容积

空胶囊号	0号	1号	2号	3号	4号	5号
容积(mL)	0.75	0.55	0.40	0.30	0.25	0.15

(二)胶囊填充内容物的制备

囊心物料的形式有粉末、颗粒、小片或小丸。

可根据下列制剂技术制备不同形式的内容物充填入空心胶囊中:

(1)若纯药物粉碎至适宜粒度就能满足硬胶囊剂的填充要求,药物粉碎过筛后即可直接填充。小剂量药物,应先用适宜的稀释剂稀释,并混合均匀后填充。

(2)多数药物因流动性差等原因,需将药物加适宜的辅料如蔗糖、乳糖、微晶纤维素、HPC、改性淀粉、硬脂酸盐、滑石粉等稀释剂、助流剂、崩解剂制成均匀的粉末、颗粒或小片。

(3) 将速释小丸、缓释小丸、控释小丸或肠溶小丸单独填充或混合后填充,必要时加入适量空白小丸作填充剂。

(4) 可将药物的包合物、固体分散体、微囊或微球作为内容物充填入空心胶囊。

(5) 溶液、混悬液、乳液等可采用特制灌囊机填充于空心胶囊中,必要时密封。

(三) 药物的填充

空胶囊规格的选用由于药物填充多用容积控制,而药物的密度、晶态、颗粒大小不同,所占的容积也不同,因此一般按药物剂量所占容积来选用最小空胶囊。

大量生产时,用全自动胶囊填充机或半自动胶囊填充机。全自动胶囊填充机式样虽多但操作原理是一样的,全自动胶囊填充机填充流程如图8.16所示。

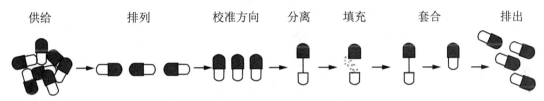

图8.16 全自动胶囊填充机填充流程示意图

全自动胶囊填充机每转一圈就是一个完整的胶囊填充过程:① 空胶囊供给;② 空胶囊排列;③ 空胶囊校准方向;④ 空胶囊分离;⑤ 填充内容物;⑥ 胶囊套合或锁口;⑦ 排出胶囊。

二、软胶囊剂及肠溶胶囊剂的制备

(一) 软胶囊剂的制备

1. 滴制法

滴制法由具双层喷头的滴丸机(图8.17)完成。以明胶为主的软质囊材(胶液)与被包药液,分别在双层喷头的外层与内层按不同速度喷出,使定量的胶液将定量的药液包裹后,滴入与胶液不相混溶的冷却液中,由于表面张力作用使之形成球形,并逐渐冷却,凝固成软胶囊。收集胶囊后用纱布拭去附着的冷却液(如液状石蜡),用95%乙醇洗净残留液状石蜡油,再经38 ℃以下干燥即得。滴制法生产如图8.17所示。

影响滴制软胶囊质量的因素:滴制时胶液、药液的温度,喷头的大小,滴制速度,冷却液的温度等。因此滴制工艺应选择合适的技术条件。

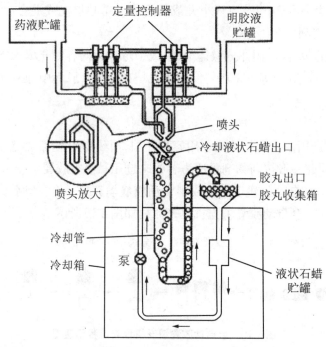

图8.17 滴制软胶囊示意图

2. 压制法

压制法是将胶液制成厚薄均匀的胶片,再将药液置于两个胶片之间,用钢板模压或旋转模压制备软胶囊的一种方法。目前生产上主要采用旋转模压法,其设备及模压制囊过程如图8.18所示。

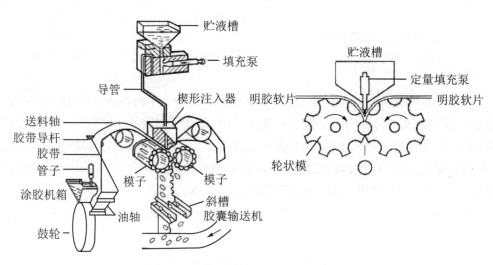

图8.18 自动旋转压囊机旋转模压示意图

压囊机原理如下:药液(油)由贮液槽经导管流入楔形注入器,由相反方向两侧送料轴传送过来的软胶片,相对地进入两个轮状模子的夹缝处,此时药液借填充泵的推动,定量地落入两胶片之间,由于旋转的轮模连续转动,将胶片与药液压入两模的凹槽中,使胶片呈两个半球形或其他形状,将药液包裹成球形或其他形状的胶囊,剩余的胶片被切断分离,药液的数量由填充泵准确控制。

(二) 肠溶胶囊剂的制备

用明胶(或海藻酸钠)先制成空胶囊,再涂上肠溶材料,如CAP、丙烯酸树脂Ⅱ号等,其肠溶性较稳定。如用PVP作底衣,再用CAP、蜂蜡等进行外层包衣,可以改善CAP包衣后"脱壳"的缺点。

三、胶囊剂的质量检查及贮藏

胶囊剂质量应符合《中国药典》对胶囊剂的质量要求。

除另有规定外,胶囊剂应密封贮存,其存放环境温度不高于30 ℃,湿度适宜,防止受潮、发霉、变质。

第五节 丸 剂

丸剂是指药物细粉或药材提取物加适宜的黏合剂或其他辅料制成的球形或类球形剂型。分为蜜丸、水蜜丸、水丸、糊丸、蜡丸和浓缩丸等类型,是我国传统剂型之一,是在汤剂的基础上发展起来的。自从片剂、胶囊剂等剂型出现后,丸剂的使用范围日益缩小,但我国中成药中丸剂仍占较大比重。

一、中药丸剂的制备

(一) 中药丸剂的赋形剂

1. 黏合剂

黏合剂主要用于增加药物细粉的黏性,增加丸块的可塑性,帮助成型。常用的黏合剂有蜂蜜、米糊或面糊、蜂蜡等。

2. 润湿剂

常用的润湿剂有:水(蒸馏水或冷沸水),本身无黏性,但可湿润或溶解药物中的黏液质、糖类、胶类等,使药物具有黏性而能泛制成丸;酒(黄酒,含醇量为12%~15%;白酒,含醇量为50%~70%),常用于散瘀活血、消肿止痛的丸剂中;水蜜混合物,用于水蜜丸的制备;米醋;药汁(处方中其他药材的水煎液)等。

（二）中药丸剂的制法

中药丸剂制备方法主要有塑制法、泛制法两种。

1. 塑制法

由药物细粉与适量的赋形剂混匀,制成可塑性丸块,此丸块再制成丸条,丸条经分割、搓圆制成丸剂,此法适用于中药蜜丸、糊丸、蜡丸等的制备。

生产工艺:原材料的准备→制丸块→制丸条→分割搓圆→干燥整理→质量检查→包装→出厂。

生产工序:前处理、粉碎、捏合、制丸、干燥灭菌、整丸、质量检查、包装等。

(1) 原材料的准备

除另有规定外,供制丸剂用的药粉应为细粉或最细粉。

(2) 制丸块

将混合均匀的药物细粉(或加辅料)加适量的黏合剂(如蜂蜜等),充分研和均匀,制成可塑性团块,丸块的软硬程度及黏稠度直接影响丸粒的质量。良好的团块黏度适中,不易黏附器壁,不粘手,不松散,有一定的弹性,受外力时能变形。通常使用乳钵(用于小量生产)或捏和机(图8.19)。捏和机由金属槽及两组强力S形桨叶构成,槽底呈半圆形,桨叶以不同转速向相反方向旋转,靠桨叶的分割揉捏及桨叶与槽壁间的研磨等作用使药料均匀混合。

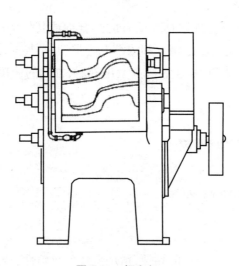

图8.19　捏和机

(3) 制丸条

少量制备时,用手工将丸块分段,手工搓条,一般用搓条板;大量生产时用丸条机。丸条机有螺旋式和挤压式两种(图8.20)。常用的为螺旋式,丸块从加料漏斗加入,由于轴上叶片的旋转使丸块挤入螺旋输送器中,丸条即由出口处挤出。出口丸条管的粗细可根据需要更换。

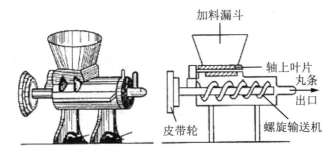

(a)螺旋式丸条机

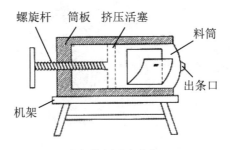

(b)挤压式丸条机

图 8.20　丸条机

(4)分割、搓圆

大生产用滚筒式制丸机,有双滚筒式和三滚筒式两种,如图 8.21 所示。

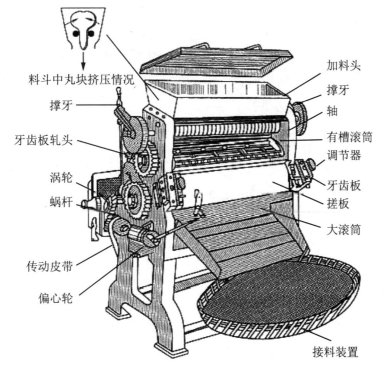

图 8.21　滚筒式制丸机

(5) 干燥整理

搓圆后,根据丸剂的性质选择适宜温度进行干燥或灭菌。干燥温度除另有规定外,一般在80 ℃以下进行。蜜丸一般不干燥,因为使用的蜜已经炼制,水分已控制在一定范围。干燥方法有干燥箱加热、远红外辐射、微波加热等。丸剂的整理由人工挑选整理,用筛丸机(图8.22)、检丸机(图8.23)等筛选,以获得大小均匀的丸剂,最后包装。

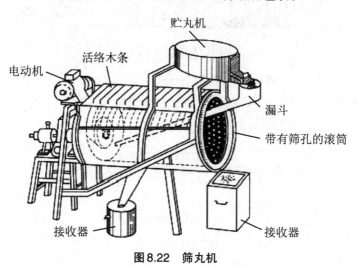

图8.22 筛丸机

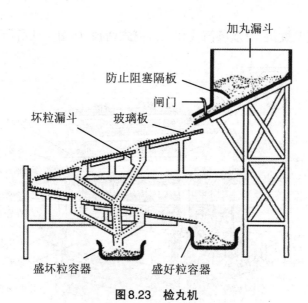

图8.23 检丸机

2. 泛制法

将药物细粉用水或其他液体润湿剂交替润湿,撒布在适宜的容器中,不断翻滚,逐层增大的一种制丸法。泛制法主要用于水丸、水蜜丸、浓缩丸、糊丸等的制备。有手工泛制和机械泛制两种。

(1) 手工泛制

手工泛制是我国传统制丸的主要方法,目前小量生产或特殊品种的制备用此法。其劳

动强度大、产量低、易被微生物污染,在大生产时被机械泛制代替。其基本操作过程为:

原料的准备→起模→成丸→盖面→干燥→筛选、包衣→质量检查→包装。

生产工序:前处理、粉碎、成丸、干燥灭菌、选丸、包衣、质检、包装等。

原料准备:按处方要求将药物粉碎、过筛(五号或六号筛)、混匀。若处方中有难粉碎的药材,可按规定制成药汁作泛丸用。

起模:用刷子蘸取少量水,涂布于药匾内一侧(1/4),取少量药粉均匀黏附在匾上并润湿,然后用小帚轻轻刷下,形成很多细小的丸"核",再取少量药粉撒布在丸核上,转动药匾使药粉均匀黏附在丸核上。如此洒水、撒粉反复操作,直至丸核圆整,直径增大到 0.5~1.0 mm,成为"丸模",这一过程称为起模。筛去过大、过小部分则得到均匀的丸模。

成丸:将已筛选均匀的丸模,逐渐加大至接近成品的过程。其操作方法与起模相似。工序仍用上述起模方法,即"滚雪球"似的使丸剂直径逐渐增大至坚实臻密、光滑圆整、大小适合。经过筛选,将丸模置于药匾中,反复加水润湿和加药粉,经过旋、撞、滚动等操作,直至大小符合要求为止。剔除过小或过大的丸粒。

盖面:最后一次加药粉,应用通过八号筛的极细粉,用少量水润湿(或加药物和水的混合液),再滚动磨光(盖面)。

干燥:自然干燥或低温(60~70 ℃)烘干即得。

筛选:筛选丸粒,以保证大小均匀一致,确保临床使用剂量的方便和准确。

(2) 机械泛制

其泛制过程与手工泛制相似,包括起模、成丸、盖面、干燥、筛选等,只是使用的设备不同,现在药厂大多以包衣锅代替药匾进行泛制。

操作过程:将少量药粉置包衣锅中,用喷雾器将润湿剂(如水等)喷入包衣锅药粉上,转动包衣锅或人工搓揉使药粉均匀受水润湿,并成为细小颗粒,继续转动,使小粒坚实、致密,再撒布药粉喷入水,反复操作直至成丸。有时需包衣,可加入包衣材料,使丸粒不断滚动,使材料粉附在丸面上,包衣完成后,撒入川蜡粉,继续转动 30 min 即得。包衣前必须将水泛丸充分干燥,以免包衣产生裂丸。

在丸剂的制备过程中,尤其是泛制法制丸,由于各种因素的影响,往往会使丸粒出现大小不均匀和畸形的现象,所以,在干燥后需筛选丸粒。药厂中大多使用滚筒筛、筛丸机、检丸器等。

(三) 质量控制及包装与贮存

1. 丸剂的质量控制

内容有主药含量、外观、水分限度、重量差异限度、装量差异限度、溶散时限、微生物限度等。

2. 丸剂的包装与贮存

一般水丸常用双层纸袋或塑料袋密封,含贵重或芳香挥发性成分药材的水丸,常用玻璃瓶或瓷制瓶密封。蜜丸一般用蜡纸盒包装,有的用塑料盒挂蜡封固或蜡壳封固,有的采用铝塑复合包装。除另有规定外,水丸应密闭贮藏于阴凉、通风、干燥处。

二、滴丸剂

滴丸剂是指药物经适宜的方法提取、纯化、浓缩并与适宜的基质加热熔融混匀后,再滴入不相混溶、互不作用的冷凝液中,由于表面张力的作用使液滴收缩成球状而制成的剂型。

滴丸主要供口服,亦可供外用和局部使用(如耳、鼻、直肠、阴道的滴丸)。滴丸剂中药物高度均匀地分散在基质中,特别适合于含液体药物、主药体积小或刺激药物的制丸,可增加药物的稳定性,减小刺激性,掩盖不良气味,是一种速效型的剂型。随着滴丸剂应用领域的不断拓展,现在已有缓释型、控释型滴丸,有鼻用、耳用、直肠用、眼用等滴丸。

滴丸剂可供选择的适宜基质和冷凝液种类少,且基质用量大,不经济,有些滴丸在生产中不易凝固,并有主药含量低、服用数量较多等缺点。

滴丸剂的制法是将药物溶解、乳化或混悬于适宜的熔融基质中,然后用适宜的滴管滴加到冷凝剂中,冷却成型。

(一) 基质

基质分为水溶性基质和脂肪性基质两类。

(1) 水溶性基质:如聚乙二醇6000、聚乙二醇4000、硬脂酸钠、尿素、泊洛沙姆(聚氧乙烯聚丙二醇共聚物)等。

(2) 脂肪性基质:如硬脂酸、单硬脂酸甘油酯、十六醇、十八醇等。

(二) 冷凝液

1. 冷凝液的质量要求

必须安全无害,不与主药或基质相混溶或互相作用,不影响主药疗效;具有适当的相对密度,即与液滴的相对密度相近,使滴丸在其中缓缓下沉或上浮;有适当的黏度,以利于液滴的收缩成丸。

2. 冷凝液的种类

对于用脂肪性基质制丸的,常用水、醇液等为冷凝剂;对于用水溶性基质制丸的,常用液状石蜡、植物油、煤油及其混合物为冷凝剂。

(三) 制备方法及设备

1. 一般工艺流程

一般的工艺流程为:药物 + 基质→溶解或混悬或乳化于基质中→滴制→冷却→洗丸→干燥→成丸→质量检查→分装。

制备:根据药物性质选择适宜的水溶性或脂肪性基质。必要时选择两类基质的混合物,并加热熔融,加入药物使之溶解或乳化或混悬于基质中,制成药液。

将药液加到滴丸机的恒温贮液罐中(在80~100 ℃保温),用一定大小管径的滴头等速滴入冷凝液中,冷凝液应事先选择好并装入滴丸机的冷却柱内,凝固形成的丸粒在冷凝液中徐徐下沉或上浮。

滴丸制完后取出,除去表面的冷凝液,干燥;进行质量检查,剔除次品;选择适当容器包装合格品。

2. 滴丸机

滴丸机主要有单品种滴丸机、多品种滴丸机、定量泵机及向上滴的滴丸机四种,采用的冷凝方式有静态冷凝和动态冷凝两种。无论滴丸机在外形、性能及结构上有何差异,其滴制装置的原理基本一致,主要部件有带加热恒温装置的贮液罐、滴管系统(滴头及定量控制器)、冷却柱和收集器等。

(四) 质量检查

滴丸剂除要求含量准确外,药典中还规定有大小、色泽、重量差异限度及溶散时限的要求。

第九章 软膏剂、眼膏剂、气雾剂与栓剂的生产

第一节 软 膏 剂

软膏剂是指药物与油脂性或水溶性基质均匀混合制成的半固体外用制剂。因药物在基质中分散状态不同,有溶液型软膏剂和混悬型软膏剂之分。溶液型软膏剂为药物溶解(或共熔)于基质或基质组分中制成的软膏剂;混悬型软膏剂为药物细粉均匀分散于基质中制成的软膏剂。

软膏剂容易涂布于皮肤、黏膜或创面上,起保护、润湿及局部治疗的作用,如防腐、杀菌、杀虫、收敛、消炎等。某些软膏剂能使药物透过皮肤吸收达到治疗某些全身性疾病的目的。

软膏剂的质量要求有如下几点:

(1) 均匀、细腻、无粗粒感,涂于皮肤或黏膜上无刺激性,并应具有适当的黏稠性,易涂于皮肤或黏膜上。

(2) 混悬型软膏剂中不溶性固体药物应磨成细粉,确保粒度符合规定。

(3) 性质稳定,无酸败、霉烂、异臭、变色、变硬和乳膏剂无油水分离及胀气等变质现象;不融化,黏稠度随季节变化应很小。

(4) 具有良好的释药性、吸水性、穿透性。

(5) 符合卫生学要求,眼用软膏的配制需在无菌条件下进行。

一、软膏剂的基质

软膏剂的组成主要分为主药与基质,基质为药物的载体,是主药的赋形剂。基质的性质和质量对软膏剂的质量影响极大,关系到药物的释放、吸收。

在实际应用时,应根据主药与基质的特点和要求采用添加附加剂或混合使用基质等方法来保证制剂的质量要求。常用的基质主要有油脂性基质和水溶性基质。

(一) 油脂性基质

主要有油脂类、类脂、烃类等基质。此类基质的共同特点是润滑、无刺激性,能形成封闭性油膜,对皮肤具有保护及软化作用,但其疏水性强、吸水性差,不易与水性药物混合,而且

其释药性差,不易用水洗除,故其单独在制剂中应用较少。主要用于遇水不稳定的药物制备软膏剂。另外一部分油脂性基质可作乳剂型基质的油相来制备乳膏剂。

油脂性基质中以烃类基质凡士林为常用,固体石蜡与液状石蜡用以调节稠度,类脂中羊毛脂与蜂蜡应用较多,羊毛脂可增加基质吸水性及稳定性。动植物脂肪已较少用,植物油常与熔点较高的蜡类熔合成适当稠度的基质。硅酮常用于乳膏剂中以保护皮肤,对抗水溶性刺激剂的刺激性。

(二) 水溶性基质

水溶性基质是由天然或合成的水溶性高分子物质所组成。溶解后形成水凝胶,其特点是能与水溶液混合并能吸收创面渗出液,释药速率一般较快,无油腻性,易涂展和洗除。对皮肤及黏膜无刺激性,多用于湿润、糜烂创面。缺点是润滑性差,水分容易蒸发从而使软膏变硬,并易于发生霉败,需加保湿剂(甘油、丙二醇等)和防腐剂。常用的水溶性基质有聚乙二醇、甘油溶胶、淀粉甘油、纤维素衍生物等几种。

二、软膏剂的制备

(一) 制备方法

软膏剂的制备按照形成的软膏类型和基质的性质,制备量及设备条件有所不同,采用的方法也不同,一般常采用研和法或熔和法。

制备软膏的基本要求为必须使药物在基质中分布均匀、细腻,以保证药物剂量与药效,这与制备方法的选择,特别是药物加入方法的正确与否关系密切。

1. 基质的处理

油脂性基质必须先加热熔融后,通过数层纱布或120目铜丝网趁热过滤。对需经灭菌的基质加热到150 ℃,进行1 h以上灭菌并除去水分。

2. 研和法

只适宜半固体油脂性基质,且基质比较软,不适合水溶性基质。一般在常温下将药物与基质等量递加混合均匀,取少许涂布于手背上至无颗粒感为止。此法适用于小量制备,且药物为不溶于基质者。用软膏刀在软膏板上调制,也可在乳钵中研制,大量生产可用电动研钵。

3. 熔和法

若处方中含有固体成分基质,或有不同熔点的基质,制备时一般将熔点高的基质先熔化,再加其他熔点低的基质均匀混合。然后加入药物,能溶者搅拌均匀冷却即可。药物不溶于基质者,必须先研成细粉筛入熔化或软化的基质中,搅拌混合均匀,若不够细腻,则需要通过研磨机进一步研匀,使其无颗粒感。在熔融或冷凝过程中,均应不断搅拌,直至冷凝为止。

（二）软膏剂药物加入的一般方法

（1）药物不溶于基质或基质的任何组分时，必须将药物粉碎至细粉。若使用研和法，配制时取药粉先与适量液体组分（如液体石蜡、植物油、甘油等）研匀成糊状，再与其余基质混匀。

（2）药物可溶于基质某组分中时，油溶性药物溶于油相或少量有机溶剂，水溶性药物溶于水或水相，再吸收混合或乳化混合。

（3）药物可直接溶于基质中时，油溶性药物溶于少量液体油中，再与油脂性基质混匀成为油脂性溶液型软膏。水溶性药物溶于少量水后，与水溶性基质成水溶性溶液型软膏。

（4）具有特殊性质的药物如半固体黏稠性药物（如鱼石脂或煤焦油），直接与基质混合，必要时先与少量羊毛脂或聚山梨酯类混合再与凡士林等油性基质混合。若药物有共熔性组分（如樟脑、薄荷脑），可先共熔再与基质混合。

中药浸出物为液体（如煎剂、流浸膏）时，可先浓缩至稠膏状再加入基质中，固体浸膏可加少量水或稀醇等研成糊状，再与基质混合。

三、软膏剂的质量评定及包装与贮藏

（一）软膏剂的质量评定

1. 主药含量测定

软膏剂多采用适宜的溶剂将药物溶解提出，使主药与基质相分离，再按药典或其他法定的标准和方法进行含量测定。

2. 熔点

一般软膏以接近凡士林的熔点为宜。按照药典方法测定或用显微镜熔点仪测定，由于熔点的测定不易观察清楚，需取数次平均值来评定。

3. 黏度和稠度

软膏剂多属非牛顿流体，具塑变性，包括塑性黏度、触变指数等流变性，统称为稠度。由于软膏的种类不同，其稠度有很大的差别，同时还可受环境温度和贮存时间的影响而有变动。理想的软膏稠度应不受气温变化（见稳定性的要求）的影响。

4. 不良反应

刺激性软膏剂涂于皮肤或黏膜时，不得引起疼痛、红肿或产生斑疹等不良反应。对药物或基质成分产生过敏反应者不宜使用。

5. 酸碱度

测定方法详见《中国药典》凡士林项下的酸碱度测定。

6. 稳定性

软膏剂的稳定性要求主要有性状（酸败、异臭、变色、分层、涂展性）鉴别、含量测定、卫生学检查、皮肤刺激性试验等方面，在一定的贮存期内应符合规定要求。

7. 无菌性

按药典规定的微生物限度检查法检查。

8. 水值

在规定温度下(20 ℃)100 g 的基质能容纳的最大含水量（以 g 表示），用以表示基质的吸水能力。

（二）软膏剂的包装与贮藏

1. 包装材料与方法

生产单位多采用软膏管（锡管、铝管或塑料管）用机械包装，软膏管密封性好、使用方便、不易污染。软膏剂的容器不应与药物或基质发生理化作用，有些药物遇金属软管易引起化学反应，可在管内涂一薄层蜂蜡与凡士林(6:4)的熔合物或环氧酚醛型树脂防护层隔离。

2. 软膏剂的贮藏

包装于密封性好的容器后在阴凉干燥处保存。贮存温度不宜过高或过低，以免基质分层及因药物的化学降解而影响软膏的均匀性与药效。

第二节 眼膏剂

一、概述

眼膏剂是指供眼用的灭菌软膏。由于用于眼部，眼膏剂中的药物必须极细，基质必须纯净。制成的眼膏剂应均匀、细腻，易涂布于眼部，对眼部无刺激性，无细菌污染。

为保证药效持久，常用凡士林与羊毛脂等混合油性基质，因此，剂量较小且不稳定的抗生素等药物更适用于用此类基质制备眼膏剂。

眼膏剂常用的基质，一般用凡士林8份，液状石蜡、羊毛脂各1份混合而成。根据气温可适当增减液状石蜡的用量。基质中羊毛脂有表面活性剂作用，具有较强的吸水性和黏附性，使眼膏与泪液容易混合，并易附着于眼黏膜上，基质中药物容易穿透眼膜。基质加热熔合后用绢布等适当滤材保温滤过，并于150 ℃干热灭菌1~2 h，备用。也可将各组分分别灭菌供配制用。

二、眼膏剂的制备与质量检查

（一）眼膏剂的制备

眼膏剂的制备与一般软膏剂制法基本相同，但必须在净化条件下进行，一般可在净化操作室或净化操作台中配制。所用基质、药物、器械与包装容器等均应严格灭菌，以避免污染微生物而致眼睛感染。配制用具经70 ℃乙醇擦洗，或水洗净后再用蒸馏水冲洗干净，烘干即可。也可紫外线灯照射进行灭菌。

眼膏配制时，如主药易溶于水而且性质稳定，可先配成少量水溶液，用适量基质研和吸尽水液后，再逐渐递加其余基质制成眼膏剂，灌装于灭菌容器中，密封。

（二）眼膏剂的质量检查

《中国药典》规定应检查的项目有：装量、金属性异物、颗粒细度（不得有大于75 μm的药物颗粒）、微生物限度等，检查方法见其附录。

第三节 气 雾 剂

一、概述

气雾剂是指含药溶液、乳状液或混悬液与适宜的抛射剂共同封装于具有特制阀门系统的耐压容器中，使用时借助抛射剂的压力将内容物呈雾状喷出，用于肺部吸入或直接喷至腔道黏膜、皮肤及空间消毒的制剂。

（一）气雾剂的分类

1. 按医学用途分类

（1）呼吸道吸入用气雾剂：吸入气雾剂是指含药溶液或混悬液与适宜的抛射剂共同封装于具有特制定量阀门系统的耐压容器中，使用时借助抛射剂的压力将内容物呈雾状喷出，吸入肺部的制剂。

（2）皮肤和黏膜用气雾剂：皮肤和黏膜用气雾剂主要起保护创面、清洁消毒、局部麻醉及止血等作用，应无刺激性。皮肤与黏膜用气雾剂都是起局部治疗作用的。

（3）空间消毒与杀虫用气雾剂：主要用于杀虫、驱蚊及室内空气消毒。

2. 按分散系统分类

(1) 溶液型气雾剂：指药物溶于抛射剂中或在潜溶剂的作用下与抛射剂混合而成的均相分散体(溶液)，以细雾状或雾滴喷出。

(2) 混悬型(形成烟雾状)气雾剂：指不溶于抛射剂的固体药物以微粒状态分散在抛射剂中形成的非均相分散体(混悬液)，以雾粒状喷出。

(3) 乳剂型气雾剂：指不溶于抛射剂的液体药物与抛射剂经乳化形成的非均相分散体(O/W型或W/O型乳剂)，以泡沫状喷出。

3. 按相组成分类

(1) 二相气雾剂：抛射剂的气相和药物与抛射剂形成的均匀液相，即溶液型气雾剂。

(2) 三相气雾剂：三相气雾剂又有三种情况。

① 药物溶解在水或其他水性溶液中为一相，液化抛射剂作为分散相为一相，部分气化抛射剂为一相。

② 药物水溶液或药物溶液与液化抛射剂形成乳剂，而另一相为部分气化抛射剂。

③ 固体药物混悬在抛射剂中形成固、液、气三相，即混悬型气雾剂。

(二) 气雾剂的特点

(1) 气雾剂可直达作用(或吸收)部位，速效定位，作用明显，优于其他剂型。

(2) 药物装于密封容器中，不易直接与空气或水分接触，不易被微生物污染，提高了药物的稳定性。

(3) 使用方便，可避免胃肠道的副作用，防止药物在胃肠道内被破坏，避免药物的首关效应。

(4) 可以用定量阀门准确控制剂量。

(5) 使用时对创面的机械刺激小。

但是气雾剂包装需要耐压容器、阀门系统以及特殊的生产设备，成本高；抛射剂有高度挥发性因而具有制冷效应，多次使用于受伤皮肤上可引起不适与刺激；抛射剂毒性虽小，但吸入治疗用的气雾剂对心脏病患者仍不适宜。

二、气雾剂的组成

气雾剂是由抛射剂、药物与附加剂、耐压容器和阀门系统组成的。抛射剂与药物一同装于耐压容器中。

(一) 抛射剂

抛射剂是气雾剂的喷射动力来源，可兼作药物的溶剂或稀释剂。抛射剂多为液化气体，在常压下沸点低于室温，蒸气压高，当阀门开放时，压力突然降低，抛射剂急剧气化，借抛射剂的压力将容器内的药液以雾状喷出。

理想的抛射剂在常温下的蒸气压应大于大气压；无毒、无致敏反应和刺激性；无色、无臭、无味;性质稳定,不易燃易爆,不与药物、容器发生相互作用;价廉易得。

1. 抛射剂的分类

抛射剂可分为液化气体和压缩气体两类,液化气体包括氟碳化合物和碳氢化合物。

(1) 氟碳化合物。氟碳化合物是药用气雾剂中使用最广的一类抛射剂。可供气雾剂用的氟氯烷烃类抛射剂常见的品种有三氯一氟甲烷(CCL_3F,F_{11})、二氯二氟甲烷(CCL_2F_2,F_{12})、二氯四氟乙烷($CCLF_2CCLF_2$,F_{114})。氟氯烷烃类在水中稳定,有碱性或金属存在时不稳定。

(2) 碳氢化合物。在《美国药典》XXIII版与《美国处方集》XVIII版中收载有丙烷、异丁烷、正丁烷,虽然蒸气压适宜,可供气雾剂用,但毒性大,易燃易爆,工艺要求高。

(3) 压缩气体。如二氧化碳或氮气等均为惰性气体,无毒,价廉,在低温下可液化,但在室温下除二氧化碳外均完全气化。压缩气体作为抛射剂常用于喷雾剂。

2. 抛射剂的用量

抛射剂的用量及其蒸气压决定气雾剂的喷射能力(喷射力及持续时间)的强弱,可直接影响雾粒的大小、干湿及泡沫状态,应根据气雾剂的用药目的和要求合理选择。

吸入气雾剂要求雾滴细,故需要喷射能力强的抛射剂。皮肤用气雾剂喷射能力可稍弱。

(二) 药物与附加剂

根据临床需要将液态、半固态及固态粉末型药物开发成气雾剂,往往需要添加能与抛射剂混溶的潜溶剂、增加稳定性的抗氧剂以及乳化所需的表面活性剂等附加剂。

(三) 耐压容器

气雾剂的容器必须不与药物和抛射剂起作用,耐压、轻便、价廉等。常见的耐压容器有以下几种:

1. 金属容器

有铝质、马口铁和不锈钢三种,其中马口铁最常用,其特点是耐压力强,有利于机械化生产,但化学稳定性较玻璃容器差,易被药液和抛射剂腐蚀而导致药液变质,故常在容器内壁涂上聚乙烯或环氧树脂,以增强其耐腐蚀性能。不锈钢容器的耐压和抗腐蚀性能好,但成本较高。

2. 玻璃容器

由中性硬质玻璃制成,具有化学稳定性好、耐腐蚀、抗泄漏性好、价廉等优点,但耐压和耐撞击性差。因此在玻璃容器外搪有塑料防护层,可弥补该缺点。

3. 塑料容器

由聚丁烯对苯二甲酸树脂和乙缩醛共聚树脂等制成,质地轻而耐压,抗撞击,耐腐蚀性较好。但因通透性较高,成本较高以及塑料添加剂可能存在的影响,应用不普遍。

（四）阀门系统

阀门系统的基本功能是在密封条件下控制药物喷射的剂量。根据使用的功能可分为一般阀门、供吸入用的定量阀门及供腔道或皮肤等外用的泡沫阀门系统。

1. 一般阀门系统

一般阀门系统为非定量的，由封帽、阀门杆、推动钮、橡胶封圈、弹簧、浸入管组成。

2. 定量阀门系统

定量吸入气雾剂的阀门系统与非定量吸入气雾剂的阀门系统的构造相仿，所不同的是多一个定量室。图9.1为气雾剂的定量阀门系统装置外形及部件图。

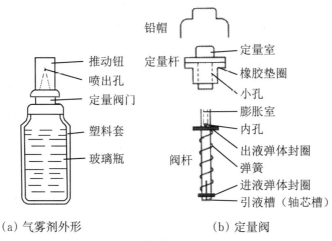

图9.1 气雾剂外形及定量阀

三、气雾剂的制备

气雾剂应在避菌环境下配制，各种用具、容器等需用适宜的方法清洁、灭菌，在整个操作过程中应注意微生物的污染。

（一）制备工艺

气雾剂的制备工艺如下：

耐压容器与阀门系统的处理和装配→药液配制和分装→充填抛射剂→质量检查→成品。

生产岗位：配制、分装、抛射剂充填、质量检查、包装。

（二）制备方法

1. 耐压容器与阀门系统的处理和装配

（1）容器的处理：目前国内大多用玻璃瓶外壁搪塑料的容器，容积约30 mL。处理方法为：洗净烘干玻璃瓶，预热至120～130 ℃，趁热浸入搪塑液中，使瓶颈以下黏附一层浆液，倒置，在150～170 ℃烘干约15 min，备用。

（2）阀门系统各部件的处理：橡胶制品、塑料及尼龙零件可在95%乙醇中浸泡，烘干，备用。不锈钢弹簧在1%～3%碱溶液中煮沸10～30 min，用水洗至无油腻为止，蒸馏水冲洗，甩去水，浸在95%乙醇溶液中，烘干，备用。

（3）阀门的装配：定量杯与橡胶垫圈套合、阀门杆装上弹簧与橡胶垫圈及封帽等按阀门的结构组合装配。

2. 药物处方配制和分类

（1）溶液型气雾剂

药物应溶于抛射剂中，但多数药物需要加潜溶剂后才能制得澄清均匀的溶液。为使药物与抛射剂混溶，必要时可加入适量乙醇、丙二醇、聚乙二醇等有机溶剂，但应注意丙二醇、乙醇与氟氯烷烃抛射剂三组分必须按恰当的比例才能互相混溶成澄清溶液，还应注意所加入乙醇、丙二醇等的量对肺部的刺激性及对气雾剂稳定性的影响。

（2）混悬型气雾剂

混悬型气雾剂是药物的微粉分散在抛射剂中形成的比较稳定的混悬液。混悬型气雾剂常用于吸入治疗，由于不需要乙醇，刺激性小，主药呈固相处于分散体系中，因此化学稳定性比溶液型好，可溶性或不溶性药物均可采用，是目前各国主要发展的类型。

混悬型气雾剂的处方设计必须考虑提高非均相分散体系的物理稳定性，其要求如下：

① 药物粒径应在5 μm以下，不得超过10 μm，有利于增强药效、降低机械刺激、防止阻塞阀门。

② 水分含量应在300×10^{-6}以下，通常控制在50×10^{-6}以下，以免药物微粒聚结。

③ 选用的抛射剂应不溶解药物或选用溶解度最小的药物衍生物，以免药物微粉变粗。

④ 调节抛射剂和/或混悬固体的密度，尽量使两者相等，可将不同抛射剂混合调节密度。

（3）乳剂型气雾剂

这类气雾剂在容器内呈乳剂，抛射剂为内相，药液为外相。当乳剂经阀门喷出后，分散相中的抛射剂立即膨胀气化，使乳剂呈泡沫状喷出。乳化剂的选择很重要，其乳化性能优劣的指标为：在振摇时应完全乳化成很细的乳滴，外观白色，较稠厚，至少在1～2 min内不分离，并能保证抛射剂与药液同时喷出。由于氟氯烷烃类抛射剂与水的密度相差较大，单独使用时难以获得稳定乳剂，通常采用混合抛射剂，且喷出孔直径应较大。

抛射剂的用量对泡沫性质影响很大，用量多时可形成黏稠的弹性泡沫，用量少时可形成湿润柔软的泡沫。根据用药的要求，可设计不同处方使泡沫稳定持久，或使泡沫快速破裂、药物以薄层覆盖于皮肤或黏膜表面。

3. 充填抛射剂
抛射剂的充填方法分为压灌法和冷灌法两种。

(1) 压灌法

先将配好的药液(一般为药物的乙醇溶液或水溶液)在室温下灌入容器内,再将阀门装上,扎紧封帽,先抽去容器内空气,然后通过压装机压入一定量抛射剂。压入法的设备简单,不需要低温操作,抛射剂损耗较少,目前我国多用此法生产。但生产速度较慢,且使用过程中压力的变化幅度较大。

(2) 冷灌法

药液借冷灌装置中热交换冷却至-20℃左右,抛射剂冷却至沸点以下至少5℃。先将冷却的药液灌入容器中,随后加入已冷却的抛射剂(也可两者同时灌入),立即将阀门装上并扎紧,需迅速操作,以减少抛射剂损失。冷灌法速度快,对阀门无影响,成品压力较稳定,但需制冷设备和低温操作,抛射剂损失较多,含水品种不宜使用该法。

四、气雾剂的质量检查

气雾剂在生产与贮藏期间应符合《中国药典》的有关规定。除另有规定外,气雾剂应进行以下相应检查:

(1) 泄漏率:年泄漏率应符合规定。

(2) 每瓶总揿次、每揿主药含量:每瓶总揿次、每揿主药含量应符合规定。

(3) 雾滴(粒)分布:除另有规定外,吸入气雾剂应检查雾滴(粒)的大小分布。按照吸入气雾剂雾滴(粒)分布测定法检查,雾滴(粒)药物量应不少于每揿主药含量标示量的15%。

(4) 喷射速率、喷出总量:非定量气雾剂喷射速率、喷出总量应符合规定。

(5) 无菌、微生物限度:用于烧伤、创伤或溃疡的气雾剂按照《中国药典》附录中的无菌检查法检查,应符合要求。除另有规定外,按照《中国药典》附录中的微生物限度检查法检查,应符合要求。

第四节 栓 剂

栓剂是指药物与适宜的基质制成供腔道给药的固体制剂。专供塞入直肠、阴道等腔道使用,栓剂的形状和重量一般与所施用的腔道相适应。栓剂在常温下通常为固体,塞入人体腔道后在体温条件下能迅速融化、软化或溶解于腔道分泌液中,逐渐释放药物而产生药效。

栓剂给药既可以发挥局部作用,又可以经过直肠吸收产生全身作用,以治疗各种疾病。临床实践证明大多数栓剂给药后达峰时间短、峰浓度高、吸收安全、不刺激胃肠道、无肝脏首关效应的影响,从而扩大了栓剂的治疗作用范围。

栓剂因施用腔道的不同可分为直肠栓、阴道栓、尿道栓、鼻用栓、耳用栓和喉道栓等。目前常用的栓剂是直肠栓和阴道栓。

（1）直肠栓：直肠栓的形状有鱼雷形、圆锥形、圆柱形等，其中以鱼雷形较好，塞入肛门后，可随括约肌的收缩而将栓剂快速压入直肠内。

直肠栓每个重约2 g，长3～4 cm，小儿用的重约1 g。

（2）阴道栓：阴道栓有鸭嘴形、球形、卵形等，其中以鸭嘴形较为适用，与相同重量的其他形状栓剂相比鸭嘴形的表面积较大。每个重2～5 g，直径1.5～2.5 cm。

（3）尿道栓：尿道栓的形状一般为棒状，一端稍尖。由于性别不同，生理解剖特点的差异，男用者重约4 g，长10～15 cm，女用者重约2 g，长6～7.5 cm。

一、栓剂的基质

（一）栓剂基质的要求

栓剂的基质不仅具有载负药物和赋以药物成型的作用，还直接影响药物释放、吸收，影响药物局部或全身作用的程度，所以，优良的栓剂基质应具有下列要求：

（1）在体外时，室温下应具有适宜的硬度和韧性，塞入腔道时不变形或不碎裂，在体温和腔道体液中易软化、融化，能与体液混合或溶解于体液。

（2）具有润湿或乳化的能力，水值较高，能混入较多的水。

（3）对于油脂性基质要求酸值在0.2以下，皂化值在200～245之间，碘值小于7，熔点与凝固点的间距要小。

（4）适用于冷压法或热熔法制备栓剂，且易于脱模。不因晶型的转化而影响栓剂的成型和质量。

（5）对黏膜无刺激性、无毒性、无过敏性，释药速度要符合治疗要求。局部作用一般需释药缓慢而持久，全身作用则需释药迅速。

（6）本身性质稳定，与药物混合后不起反应，不妨碍主药的作用和含量测定，不易生霉变质。

（二）栓剂基质的分类

常用的栓剂基质可分为油脂性基质和水溶性基质。

1. 油脂性基质

油脂性基质在常温下为固体，在体温时能很快熔化，易于分布于黏膜表面，有利于药物的吸收，其中在体腔内的液化时间以可可豆脂与半合成椰油脂为最快，纳入体腔后4～5 min即液化。一般油脂性基质的液化在10 min左右。化学性质稳定，与主药不起化学变化，能与多种药物相配伍；根据临床治疗需要油脂性基质既可以制成直肠栓，也可以用于阴道栓。但油脂性基质抗热性能差，在夏季高温季节，要控制贮藏条件。

常用的油脂性基质有可可豆脂、半合成脂肪酸甘油酯类、氢化植物油等。

2. 水溶性基质

水溶性基质熔点高,不受温度的影响;进入体内后可吸水膨胀、溶解或分散在体液中而释放药物发挥作用;抗热性能好,贮藏比较方便。但往往吸湿性大,对直肠有刺激作用,一般多用于制备阴道栓。

常用的水溶性基质有甘油明胶、聚乙二醇(PEG)类、聚氧乙烯(40)单硬脂酸酯、聚山梨酯61、泊洛沙姆等。

(三)栓剂基质的选择

基质是影响药物吸收的主要因素之一,选择的基质必须能与药物均匀混合,又能按要求以适宜的速度将药物释放于栓剂周围的体液中。一般情况下,药物从栓剂中的释放与药物的溶解度、基质与分泌液间的分配系数等有关。基质中溶解度大的药物要比溶解度小的药物释放慢,吸收量也少。

局部作用的栓剂只在腔道局部起作用,应尽量减少吸收,故应选择融化、释药速率慢、对药物溶解度大的基质。脂溶性药物选用油脂性基质,由于药物必须先从油相转入水相的体液中,而药物本身的油水分配系数又大,因此药物的释放缓慢。亲水性药物则选用水溶性基质,水溶性基质制成的栓剂因腔道中的液体量较少,使其溶解速率受限释药速率缓慢,较脂肪性基质更有利于发挥局部疗效。

全身作用的栓剂一般要求药物迅速释放、分散和吸收。因此,应根据药物性质选择与药物溶解性相反的基质,有利于药物释放,增加吸收。水溶性药物选用脂溶性基质,由于药物可迅速从油水界面溶于分泌液中,因此经吸收很快出现全身作用。脂溶性药物则选用水溶性基质,药物较易从水溶性基质中释放。此外,在基质中添加表面活性剂可促进药物被直肠吸收,并可增加吸收的数量。

二、栓剂的剂量与质量要求

(一)栓剂的剂量

栓剂中药物的剂量,应按照药物作用范围、给药部位、药物作用时间的要求,根据药物的物理化学性质、溶解性及在介质中的分配系数以及基质的理化性质(如熔点、溶解性及表面活性等)来确定。用作局部作用的栓剂,其给药的剂量必须满足维持相应作用时间的要求。在一般情况下认为用作全身作用的栓剂其直肠给药的剂量应至少相当于口服剂量,或为口服剂量的1.5~2倍,而医疗用毒性药品则不应超过口服剂量。但栓剂确切的给药剂量应通过直肠给药后药物的生物药剂学研究来确定,如镇痛药盐酸曲马朵,口服用的胶囊剂的剂量为50 mg,而直肠给药的栓剂剂量为100 mg。

(二)栓剂的质量要求

栓剂在生产与贮藏期间均应符合《中国药典》的有关规定。

(1) 除另有规定外,供制栓剂用的固体药物,应预先用适宜方法制成细粉,并全部通过六号筛。根据施用腔道和使用的目的不同,制成各种适宜的形状。

(2) 栓剂中的药物与基质应混合均匀,栓剂外形要完整光滑;塞入腔道后应无刺激性,应能融化、软化或溶化,并与分泌液混合,逐渐释放出药物,产生局部或全身作用;应有适宜的硬度,以免在包装或贮存时变形。

(3) 除另有规定外,应在30 ℃以下密闭贮存,防止因受热、受潮而变形、发霉、变质。

三、栓剂的制备

(一) 栓剂的生产工艺流程及岗位

1. 栓剂生产区域划分及工艺流程图

栓剂生产车间按生产工艺及产品质量要求可将整个生产流程划分成不同的区域。一般划分成两个区域,即一般生产区和控制区。一般生产区指无空气洁净度要求的生产或辅助厂房;控制区指对空气洁净或菌落数有一定要求的生产或辅助厂房。依据《药品生产质量管理规范》的规定,栓剂生产的暴露工序必须在D级的控制区。栓剂的制备方法有两种,即冷压法和热熔法。

冷压法生产工艺流程和生产环境区域如图9.2所示。

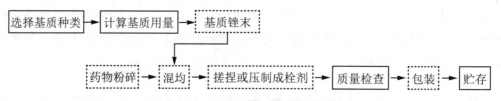

图9.2 冷压法生产工艺流程和生产环境区域

注:虚线框表示控制区,实线框表示一般生产区。

热熔法生产工艺流程和生产环境区域如图9.3所示。

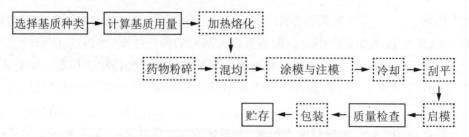

图9.3 热熔法生产工艺流程和生产环境区域

注:虚线框表示控制区,实线框表示一般生产区。

2. 栓剂生产工序

栓剂生产有药物配料、调剂、成型、质量检查、包装等工序。

(1) 栓剂调剂：将药物经专用机械粉碎成规定细度的粉末，在溶解设备内与适宜的附加剂、基质热熔混合，制成符合栓剂质量要求、供灌注成型机使用的浆状药物。

(2) 栓剂成型：将制备合格的浆状药物，使用灌装成型、整形设备，制成符合规定形状、供人体腔道使用的固体制剂。

（二）栓剂的制备

栓剂的制备方法可根据基质的性质和制备的数量加以选择。用脂肪性基质制备栓剂两种方法均可采用，用水溶性基质制备栓剂多采用热熔法。

1. 药物加入的方法

栓剂中药物与基质的混合可按以下方法进行：

(1) 油溶性药物。可直接溶解在油脂性基质中，但若加入的药物量较大能降低基质的熔点或使栓剂硬度不够，可加入适量石蜡或蜂蜡以调节其熔距。

(2) 水溶性药物。可加少量水制成浓溶液，用适量羊毛脂吸收后再与基质混合。

(3) 不溶于油脂、水或甘油的药物。可先将药物粉碎成细粉，并全部通过六号筛，再与基质混合。

2. 基质用量的计算

置换价是用以计算栓剂基质用量的参数。所谓置换价是指药物的重量与同体积基质重量的比值。不同的栓剂处方，用同一栓模所制得的栓剂体积是相同的，但其重量则随基质与药物密度的不同而改变。一般栓模容纳的重量是指以可可豆脂为代表的基质重量。根据置换价可以对药物置换基质的重量进行计算。

置换价的测定方法如下：取基质作空白栓，称得平均重量为 G；另取基质与药物定量混合制成含药栓，称得平均重量为 M；每粒栓剂中药物平均重量为 W。$M-W$ 为含药栓中基质的重量；$G-(M-W)$ 为纯基质栓与含药栓中基质重量之差，即与药物同体积的基质重量。则置换价 f 为

$$f=\frac{W}{G-(M-W)}$$

制备含药栓剂 n 粒，基质的用量 x 为

$$x=\left(G-\frac{W}{f}\right)n$$

3. 栓剂的制备方法

(1) 冷压法。冷压法是将基质磨碎或锉末，与另行粉碎的药物置于适宜的容器内混合均匀，然后装入制栓机的圆筒内，通过模型挤压而成一定形状。

冷压法制法简单，外形美观，可避免加热对药物与基质稳定性的影响，防止不溶性药物在基质中的沉降。但生产效率低，不适宜大量生产，成品中常常夹带空气而影响栓剂的重量、影响药物与基质的稳定性。目前生产上较少采用此法。

(2) 热熔法。热熔法制备栓剂是应用最为广泛的方法，包括少量制备或大量生产油脂

性基质或水溶性基质的栓剂。其方法是将基质在水浴或蒸汽浴上加热熔化,然后按药物性质以不同方式加入药物,使药物均匀分布于基质中,注入冷却并涂有润滑剂的栓模中至稍有溢出模口为度,放冷,至完全凝固后,用刀刮去溢出部分,开启栓模,推出栓剂,包装即得。

四、栓剂的质量检查及包装与贮存

(一) 栓剂的质量检查

应按照《中国药典》的要求进行外观检查、重量差异检查、融变时限检查、微生物限度的检查。

为了能制得优良的栓剂,除根据药典要求检查的项目外,一般有下列检查项目供选择:熔点和熔距的测定、硬度的测定、刺激性试验、稳定性试验、释放度试验、吸收试验等。

(二) 栓剂的包装与贮存

栓剂制成后一般置于密闭的、互不接触的容器内。目前普遍使用的包装形式有两种:一种是先用硫酸纸,或蜡纸、锡纸、铝箔,或塑料薄膜小袋逐个包裹栓剂,然后再装入外层包装盒,此法多用于小量生产的手工操作,生产效率低;另一种是将栓剂逐个嵌入塑料硬片的凹槽中,再将另一张配对的塑料硬片盖上,然后用高频热合器将两张硬塑料片热合在一起,此法一般在大量生产中使用。目前生产上采用的全自动制栓机,集填充、成型、包装等操作为一体,提高了栓剂的生产效率,保证栓剂的质量符合要求。

栓剂一般应在30 ℃以下密闭保存,防止因受热、受潮而变形、发霉、变质。对遇光易变色的栓剂,应密闭、避光,在凉处保存。

第十章 液体制剂及注射剂的生产

第一节 液体制剂

液体制剂是指药物(包括固体、液体和气体)分散在适宜的分散介质中制成的液体形态的制剂,液体制剂可供内服或外用。液体制剂主要有口服液剂、糖浆剂、合剂、滴剂、芳香水剂等。合剂和口服液剂是常用的液体制剂,其主要区别是包装剂量不同,合剂的包装是多剂量的,口服液则是单剂量的包装。下面主要介绍口服液剂的生产。

一、口服液剂及其包装材料

口服液一般指的是中药口服液体制剂,是将中药汤剂进一步精制、浓缩、灌封、灭菌而得到的。

口服液剂可分为口服溶液剂、口服混悬剂、口服乳剂。其中:口服溶液剂是指药物溶解于适宜溶剂中制成供口服的澄清液体制剂;口服混悬剂是指难溶性固体药物,分散在液体介质中,制成供口服的混悬液体制剂,包括干混悬剂或浓混悬液;口服乳剂是指两种互不相溶的液体,制成供口服稳定的水包油型乳液制剂。

口服液的制备流程如图10.1所示。

口服液的核心包装材料是装药小瓶和封口盖,现在常用的有塑料瓶、直口瓶、螺口瓶、易折塑料瓶4种形式。

安瓿瓶包装兴于20世纪60年代初,由于其方便药物服用、可较长期保存、成本低,所以早年使用十分普及,但服用时需小砂轮割去瓶颈,极易使玻璃屑落入口服液中,现已淘汰。

管制口服液玻璃瓶,有直口瓶和螺口瓶,现以直口瓶为主。直口瓶是伴随着20世纪80年代初进口灌装生产线引进而发展起来的,螺口瓶是在直口瓶基础上发展起来的改进包装,其克服了封盖不严的隐患,且结构上取消了撕扯带启封形式,也可制成防盗盖形式。

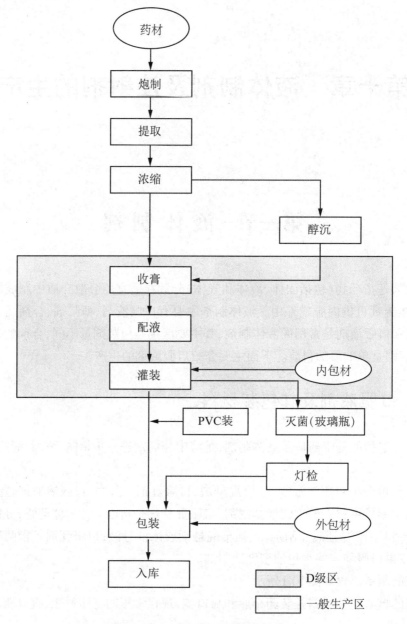

图 10.1 口服液制备流程示意图

塑料瓶是伴随着意大利塑料瓶灌封生产线引进而采用的一种口服液包装形式。生产线联动机入口以塑料薄片为包材,将两片塑料薄片分别热成型且热压制成成排塑瓶,然后再灌装、热封封口、切割成成品。现使用极少。

易折塑料瓶分瓶身与底盖两部分,采用瓶体倒置灌装后盖上底盖,再采用热熔封口技术使瓶身与底盖成为一体。

以往的口服液剂包材多为玻璃制品,口服液瓶包装从易碎的安瓿瓶转向管制口服液玻璃瓶,又逐步演变到撕拉盖棕色玻璃瓶,后来又将棕色玻璃瓶的盖子形式变换成铝塑盖、易插管型铝盖。随着人们对药包材的审美性、个性、实用性和安全性等要求的提高,口服液剂包装的发展趋势是用塑料瓶代替传统的棕色玻璃瓶的包装,已有企业将一直沿用多年的玻璃瓶改为外形独特的易折塑料瓶包装。

二、口服液剂生产工艺

口服液药液灌装生产采用联动机组,机组一般由超声波清洗机、灭菌干燥机、口服液灌轧机组成,可完成灌装容器的超声波清洗、冲水、冲气、烘干消毒以及灌装、轧盖等工序。生产具体步骤如下:

1. 配制

配制口服液所用的原辅料应严格按质量标准检查,合格后方能采用;按处方要求计称原料用量及辅料用量;选加适当的添加剂,采用处理好的配液用量,严格按程序配液;药液配制完成后的存放时间经过验证确定。

2. 洗瓶及干燥灭菌

直形玻璃瓶等口服的液体制剂瓶首先必须用饮用水把外壁洗刷干净,然后用饮用水冲洗内壁1~2次,最后用纯水冲洗全符合要求。洗净的玻璃瓶应及时干燥灭菌,符合制剂要求。洗瓶和干燥灭菌设备应选用符合GMP标准的设备。灭菌后的玻璃瓶应置于符合洁净度要求的控制区域冷却备用。玻璃瓶清洗效果需经验证,灭菌干燥后的贮存时间需通过验证确定。

直形玻璃瓶塞(与药液接触的物质)也要用饮用水洗净后用纯水漂洗,然后干燥或消毒灭菌备用。

3. 过滤、精制

药液在提取、配制过程中,由于各种因素带入的各种异物,如提取物中所含的树脂、色素、疑质及胶体等均需滤除,以使药液澄明,再通过精滤以除去微粒及药液可见异物。

4. 灌装与封口

在药液灌装前,精滤液的含量、色泽、可见异物等必须符合要求,直形玻璃瓶必须清洁可用;灌装设备、针头、管道等必须清洁干净和灭菌。药液要在规定的存放时间内完成灌装。灌装过程中,操作人员必须经常检查灌装及封口后的半成品质量,随时调整灌装(封)机器,保证装量差异及灌封封口质量。经灌封或灌装、封口的半成品盛器内应放置生产卡片,标明品名、规格、批号、日期、灌装(封)机号及操作者工号等。

药液从灌装开始到灭菌开始的放置时间要经过验证确定。

5. 灭菌

灭菌是指对灌封好的瓶装口服液进行百分之百的灭菌,以求杀灭在包装物和药液中的微生物,保证药品的无菌。灭菌前,对含糖浆类药液瓶还需对外壁清洗干净后方可进行灭菌。需灭菌的产品,在规定的药液放置时间内按规定的装载方式放置在灭菌柜内进行灭菌。灭菌规程中,灭菌柜自动记录灭菌的温度、压力和时间。灭菌后必须真空检漏,真空度应达到规定要求。对已灭菌和未灭菌产品要严格区分,以防止混淆和出现差错,可采用生物指示剂、热敏指示剂及挂牌等有效方法与措施,防止漏灭。灭菌后必须逐柜取样,按柜编号(或批号)进行全检。

灭菌设备宜选用双扉式灭菌柜,并对灭菌柜内的温度均一性、重复性等定期做热分布及热穿透验证,对温度探头、压力表等进行定期校验。

6. 灯检、包装

口服液体制剂需进行灯检,以便发现可见异物,并去除有各种异物的瓶子及破损瓶子等。每批灯检结束后,必须做好清场工作,被剔除品应标明品名、规格、批号,置于清洁容器中交给专人负责处理。经过检查后的半成品应注明名称、规格、批号及检查者的姓名等,并由专人抽查,不符合要求者必须返工重检。

经过灯检和车间检验合格的半成品要印字或贴签。操作前,应核对半成品的名称、批号、规格、数量与所领用的标签及包装材料是否相符。在包装过程中应随时抽查印字贴签及包装质量。印字应清晰,标签应当贴正、贴牢固;包装应当符合要求。包装结束后,应当准确统计标签的领用数和实用数,对破损和剩余标签及时做销毁处理,并做好记录。包装成品经厂检验室检验合格后及时移送至成品库。

三、口服液剂生产设备

(一)管制玻璃瓶口服液剂生产设备

1. 洗瓶机

口服液瓶的洗瓶机主要有回转式洗瓶机、轨道式超声波洗瓶机、立式超声波洗瓶机、隧道式(直线式)超声波洗瓶机。洗瓶的主要形式有回转气水喷射式(三水三气)和超声波气水喷射式(一超加三水三气)两种。清洗后的口服液瓶可见异物和不溶性微粒应符合相应标准。

2. 隧道式灭菌干燥机

隧道式灭菌干燥机用于口服液瓶的干燥及杀灭细菌。一般隧道式加热灭菌的形式有两种:一种是热风循环,另一种是远红外热辐射。前者利用干热高温空气经传热完成干燥和灭菌要求,后者利用吸收热辐射实现干燥和灭菌要求。两者各具特点,热风循环烘箱具有箱体短、占地面积小和运行时间短等特点;远红外热辐射烘箱具有价格略低、运行成本相应少和操作方便的特点。远红外热辐射烘箱为早期设备,现在的设备主要以使用热风循环烘箱者居多。

3. 口服液灌封机

对经过滤检验合格后的药液通过口服液灌封机定量灌装于口服液瓶中,然后立即扣盖轧边(或旋盖),其要求装量准确,轧盖(或旋盖)严密不渗漏。

4. 检漏与灭菌

口服液瓶检漏灭菌柜是通过附加的真空泵色水罐、色水泵,利用真空或真空加色水技术,对口服液瓶在灭菌前或灭菌后实施真空检漏,并由附加的喷淋装置进行检漏后的清洗。

对口服混悬剂、口服乳剂来说,可使用回转式灭菌柜,其柜体装载灭菌物品的灭菌车以一个可以调整的速度不断地正反旋转,因而强制对流形成强力扰动达到均匀趋化温度场,从而缩短柜室内温度均衡时间。同时,瓶内药液被均匀地搅拌加热、恒温、冷却完成灭菌全过程。其特点是:由于回转运动,柜内温度场更趋一致,因而灭菌效果更佳、灭菌周期更短;适用于混悬剂、乳剂等易产生沉淀的药液的灭菌,因为不断地正反旋转,可防止产生分层,维持药液的稳定性和均匀性;对黏稠性大的口服液等的快速灭菌、真空检漏和干燥,通过全方位的旋转运动,比静态式理想。

(二)易折塑料瓶口服液剂生产设备

口服液易折塑料瓶灌封机一般由理瓶器、理盖器、主传动系统、同步带间隙送瓶装置、空瓶检漏装置、灌装机构、剔除装置、热熔封机构、气动机械手指夹瓶机构、伺服电机间隙上瓶机构与出瓶机构等组成。

口服液易折塑料瓶、盖在洁净区生产(如是外购,应有药包材生产许可证),所以瓶身与底盖经传递和"去外包"后直接进入灌封间。通过理盖器、理瓶器的自动定向整理,剔除反向底盖及瓶身底口朝下的瓶,使定向后包材喂料有规则地进入输送轨道。定向后口服液易折塑料瓶在输送轨道中排成瓶底开口处向上状态,通过螺杆间歇转动,把瓶间隔均匀地分开,依托插瓶杆分别把瓶送入特制的同步带输送的瓶模套中。口服液易折塑料瓶进入瓶模套中,首先逐个用气压头盖住瓶底口,同时注入洁净压缩空气,若出现漏气瓶子,则压力控制器发出信号,使下道工序自动控制不灌装和不上盖的动作。

灌装计量泵前设置储液罐,当罐内液体升至高位时,进液管停止向储液罐内供液,此时搅拌装置工作。当工作完毕时,只要打开纯化水管阀,灌装头经转位后,即可完成在线清洗。为了减少药液在瓶内冲射面产生泡沫或"飞溅"现象,灌装头执行灌液过程是随瓶内液体自下而上跟踪同步运行的。计量泵调节采用单头微调和多头统调装置,使计量精度控制在±1%之内。

口服液易折塑料瓶的底盖通过理盖器上的洁净压缩空气吹除反向底盖后,定向的底盖喂料进入送盖轨道,送盖轨道头部的盖子松动器吸盖后半压入瓶底口。半压上盖后,经光电检测"上盖歪斜"或"上盖不到位"产品,同时前道空瓶检漏工位所检测到的漏气瓶,均由电脑控制气缸将检测到的废品顶出瓶模套,随滑导送入废品箱。

口服液易折塑料瓶经灌液、上盖后进入热熔封工位,热封头在凸轮的作用下下降,同时常开的冷风机风门板关闭,热风器吹出热风把瓶盖与瓶口表面吹熔化,热熔封头继续下降,把瓶身与盖压实粘牢。此时盖子底部受水冷却系统的保护,除瓶口被黏合外,其余地方均不受热而有效保护瓶身外表。而后熔封头上升,开启冷风门板,周而复始完成热熔封工序。最后,机械夹紧手指把瓶身与底盖封合好的易折塑料瓶成品从瓶模套中拔出,翻转180°后变为瓶盖朝下,放入出瓶盘或出瓶输送带,结束整机工作。

四、口服液剂质量及贮存要求

口服液是直接口服的药品,质量要求较高,应从主药含量、细菌检查、装量差异、澄明度及药液pH等方面进行控制。

(1) 口服溶液剂的溶剂、口服混悬剂的分散介质常用纯化水,根据需要可加入适宜的附加剂,如防腐剂、分散剂、助悬剂、增稠剂、助溶剂、润湿剂、缓冲剂、乳化剂、稳定剂、矫味剂以及色素等,其品种与用量应符合国家标准的有关规定,不得影响产品的稳定性,并避免对检验产生干扰。

(2) 不得有发霉、酸败、变色、异物、产生气体或其他变质现象;混悬物应分散均匀,如有沉降物经振摇应易再分散;口服溶液剂、口服混悬剂、口服乳剂的含量均匀度等应符合规定。

(3) 口服乳剂应呈均匀的乳白色,用半径为10 cm的离心机以4000 r/min的转速离心15 min,不应有分层现象。

(4) 重量差异:除另有规定外,单剂量的干混悬剂应检查重量差异。检查法:取供试品20个分别称量内容物,计算平均重量,超过平均重量±10%者不得超过2个,并不得有超过平均重量±20%者。凡规定检查含量均匀度者,不再进行重量差异检查。

(5) 装量:除另有规定外,单剂量口服溶液剂、口服混悬剂、口服乳剂装量应符合药典规定。此外,多剂量口服溶液剂、口服混悬剂、口服乳剂按照"最低装量检查法"检查,应符合规定。

(6) 沉降体积比:口服混悬剂沉降体积比应不低于0.90。

(7) 微生物限度:按照"微生物限度检查法"检查,应符合规定。

(8) 根据品种及具体的检验要求,必要时还要进行外观检查(包括澄明度检查)、定性鉴别、有效成分含量测定、相对密度测定等。

(9) 无菌:按照"无菌检查法"检查,应符合规定。

(10) 除另有规定外,应密封,置阴凉处遮光贮存。

第二节 输 液 剂

输液剂又称大容量注射剂、大输液,是指由静脉滴注输入体内的大剂量注射液(大于50 mL),是注射剂的一个分支,根据功能分类可以分为基础性大输液、营养性大输液和治疗性大输液。

一、输液剂的包装与质量要求

(一) 输液剂的包装

输液剂的包装形式主要有：玻璃瓶包装、聚丙烯塑料瓶包装、多层共挤膜软袋包装、直立软袋包装。

1. 玻璃瓶

玻璃瓶成本低，对药物稳定性影响小，透明度好，直立式形式便于护士操作。其缺点是：重量大，体积大，运输不便；生产工艺复杂（洗瓶、灌装、加塞、轧铝盖、灭菌等），耗费水资源，需要较多人力成本；瓶盖可能发生松动，增加药液污染机会；易破损，运输中可出现不易察觉的脱片和裂缝现象；穿刺时胶屑易脱落，不溶性微粒可阻塞人体微循环；输液时必须经通气管路向溶液引入空气产生压力，增加空气中的灰尘和微生物进入玻璃瓶污染输液的机会；不便于回收处理。

2. 塑料瓶

塑料瓶输液包装，主要是以PP和低密度聚乙烯（LDPE）作为包装容器的材料。塑料瓶的优点是：重量轻，不易破损，有利于长途运输；化学稳定性、阻隔性、密封性以及与药物的相容性好，有利于药液的长期保存，如玻璃瓶输液只能存放1.5~2.5年，而PP瓶输液可存放3~5年；输液生产过程中制瓶与灌装在同一生产区域，甚至在同一台机器进行，瓶子只需用无菌空气吹洗，甚至无需洗涤直接进行灌装；直立式包装便于护士操作。它的缺点是：输液时必须经通气管路向溶液引入空气产生压力，增加空气中的灰尘和微生物进入塑料瓶污染输液的机会；热稳定性劣于玻璃瓶，PP塑料瓶不耐低温，遇冷易脆、开裂，聚乙烯（PE）塑料瓶不耐高温，不能耐受灭菌温度（121℃）。目前国内主要用PP塑料瓶输液。

3. 多层共挤膜软袋

目前我国大输液市场中软袋包装输液产品均为非PVC多层共挤膜，以三层结构为主：内层为完全无毒的惰性聚合物，化学稳定性好，不脱落或降解出异物，通常采用PP、PE；中层为致密材料，具有优良的水、气阻隔性能，如PP、聚酰胺（PA）；外层主要是提高软袋的机械强度，目前所采用的材料通常有PP、PA等。

非PVC软袋包装均采用密闭式输液，自身具有平衡压力，无需引入外界空气便可维持人体循环的密闭系统，避免了空气污染的风险。但多层共挤膜输液袋不能直立摆放，配液操作不便。

非PVC软袋又分为单管单塞与双管双塞包装。双管双塞非PVC软袋输液灌装泵入时有标准的容积泵管路连接，且在中途加药时双管双塞包装专口专用，使用方便、卫生，输液泵入时无需单独配管，与输液泵管路配套，避免二次污染；玻璃瓶、塑料瓶、单管单塞非PVC软袋需要另配输液管才能与泵入管路配套。单管单塞接输注管时空气、细菌、病毒容易从已污染的输注点进入药液中，故双管双塞设计更合理、安全、可靠。

4. 直立式软包装袋

直立式软包装袋同多层共挤膜输液袋一样,可以采用密闭输液的方式,无需导入外界空气,有效地避免了二次污染。由于其可以直立摆放,符合医护人员的操作习惯,适用性更强。其材料无毒、无味,化学稳定性好、耐腐蚀、耐药液浸泡,适宜运输和储存。废袋无毒性,便于回收处理。直立式PP软包装袋输液的生产,工艺、设备与塑料瓶输液相同,只是制瓶原料所用PP粒子的配方不同。

(二) 输液的质量要求

由于输液是经静脉直接输入人体,因此必须确保输液质量,其质量要求有:

(1) 安全性:不能引起对组织刺激或发生毒性反应,必须经过必要的动物实验,确保使用安全。

(2) 稳定性:输液是水溶液,从制造到使用要经过一段时间,故要求具有必要的物理稳定性和化学稳定性,确保产品在贮存期内安全有效。

(3) 无菌:输液成品中不应含有任何活的微生物,必须达到药典中对无菌检查的要求。染菌输液可引起脓毒症、败血病、内毒素中毒甚至死亡。

(4) 无热原:无热原是注射剂的重要质量指标,须进行热原检查。热原是微生物的代谢产物,致热能力强,大多数细菌都能产生霉菌甚至病毒,也能产生热原。含热原的输液注入人体,能够引发人体的"热原反应",使人体出现发冷、寒战、体温升高、发汗、恶心等不良反应,严重者会出现昏迷、虚脱甚至危及生命,故在注射剂中都会检查"热原"。

热原的除去方法:① 高温法;② 酸碱法;③ 吸附法;④ 离子交换法;⑤ 凝胶滤过法;⑥ 反渗透法:通过三醋酸纤维膜除去热原。

(5) 可见异物:在规定的条件下检查,不得有肉眼可见的混浊或异物。

可见异物的危害有:较大的微粒,可造成局部循环障碍,引起血管栓塞,微粒过多造成局部堵塞和供血不足,组织缺氧而产生水肿和静脉炎,异物侵入组织,有巨噬细胞的包围和增殖引起的肉芽肿。

微粒产生原因包括:① 工艺操作中,车间空气洁净度差,药品内包装质量(接口和密封盖)不好,滤器选择不当,滤过方法不好,灌封操作不合要求,工序安排不合理;② 胶塞与输液容器质量不好;③ 原辅料质量对澄明度有显著影响,原辅料的质量必须严格控制。

(6) 渗透压:输液要有一定的渗透压,渗透压要求与血浆的渗透压相等或相近。

(7) pH:输液的pH要求与血液的相等或相近,血液pH为7.4(弱酸性或弱碱性)。

(8) 降压物质:有些注射液,如复方氨基酸注射液,其降压物质必须符合规定,以保证用药安全。

二、药液的配制与滤过

(一) 药液的配制

药液配制过程如图10.2所示。

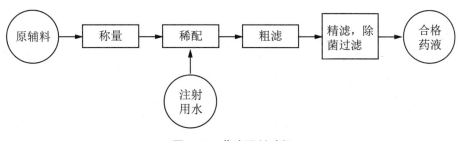

图10.2 药液配制过程

配制工艺包括：配制前准备工作、配制主要设备的处理、配制方法、pH的控制及含量调整等程序。

配制前准备工作主要有原料与附加剂的检验，投料计算以及称量等。配制所用设备，如配液罐、容器、用具以及输送管道使用前后，根据配制系统清洗规程完成在线清洗、在线灭菌。注射液的配制法有稀配法与浓配法，需根据工艺要求而选用。在注射液的制备过程中，pH值的调节应视注射液的性质与工艺要求来决定，尽量做到一次调准，通常可采取按比例来调节或估算调节；常用的pH值调节剂有盐酸、硫酸、枸橼酸、氢氧化钠等，应根据药物性质而定。药液实际含量高于标示量时，应计算补水量；药液实际含量低于标示量时，应计算补料量。

(二) 输液的滤过

滤器一般选用SDA钛芯过滤器和PDA高分子微孔滤膜折叠过滤器。

通常采用多级滤过，即先粗滤、后精滤，是用适宜的滤棒粗滤后与微孔滤芯连接组合，最后经微孔滤芯滤器进行精滤。

在注射液制备中，对不耐热药液的除菌或需用无菌操作法生产的品种，则需用滤过除菌法，即利用细菌不能通过微孔滤器的性质，可用加压或减压的办法，使药液通过微孔滤器以除去细菌。

三、玻瓶输液的生产

玻瓶输液生产工艺流程如图10.3所示。

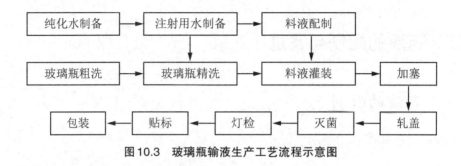

图10.3 玻璃瓶输液生产工艺流程示意图

(一) 洗瓶、灌装、封口生产过程

玻瓶输液的洗瓶、灌装、封口工序采用洗、灌、封联动生产线。

对玻瓶进行外刷洗,将瓶子的外面清洗干净后,送入洗瓶机,将瓶子的内壁进行初步的粗洗。经过初步清洗的瓶子送入精洗机,用纯化水、注射用水对瓶子进行多次冲洗。清洗合格的瓶子用输送带传送至灌装间送入灌装岗位和配制好的药液进行灌装。目前一般都采用超声波洗瓶,洗瓶机有滚筒式和箱式,洗瓶能力要求大于100瓶每分钟时多采用箱式洗瓶机。

洗净后的玻璃瓶在灌装机灌满药液后立即加入T形胶塞,然后进入轧盖岗位经轧盖机完成轧盖。

药液从配制完成到灌装轧盖的间隔时间需通过验证确定。

灌装常用压力-时间式灌装机,该类机型计量由时间和流量确定,计量准确。

轧盖要进行轧盖质量检查。轧完盖的产品为半成品,进入灭菌岗位。

(二) 灭菌

输液灭菌采用双扉式水浴灭菌器,该设备属高压蒸汽灭菌器,通过热水淋浴灭菌,采用工业计算机+PLC控制,蒸汽通过换热器加热软化水,由软化水加热灭菌物,并在一定的灭菌温度下维持一定的灭菌压力和灭菌时间,从而达到对灭菌物体进行灭菌的目的。冷却时由饮用水通过换热器冷却柜内的软化水,由软化水冷却灭菌物体,避免药品污染。

不同品种规格产品的灭菌条件应予验证,验证后的灭菌程序,如温度、时间、柜内放置数量和排列层次等,不得随意更改,并定期对灭菌程序进行再验证。灭菌时应按配液批号进行灭菌,同一批号需要多个灭菌柜次灭菌时,需编制亚批号,每次灭菌后应认真清除柜内遗留产品,防止混批或混药。同时需监控灭菌冷却用水的微生物污染水平。

(三) 灯检

灯检方式有人工灯检和自动灯检机灯检,由于自动灯检机技术不成熟,目前灯检方式主要是人工灯检。人工灯检流程为:已灭菌的半成品推至灯检理瓶机,上于传送带转盘上,经传送带送入灯检室,在不反光的黑色背景下灯检人员通过逐瓶直立、倒立、平视三步法旋转检视,检出的不合格产品及时分类记录,置于盛器内移交专人处理。

（四）贴签、包装及装箱

贴签、包装及装箱过程中应核对半成品的名称、规格、代号、批号、数量，与领用的包装材料、标签相符合后方可进行作业，并随时检查品名、规格、批号是否正确，内外包装是否相符，包装结束后包装品及时交代验库，检验合格后入库。

四、塑瓶输液的生产

塑料瓶输液生产方法有两种，即一步法和分步法。一步法是从塑料颗粒处理开始，制瓶、灌装、封口等工艺在一台机器内完成。分步法则是由塑料颗粒制出瓶坯、制瓶后，在洗灌装封联动生产线上完成清洗、灌装、封口工序。目前，国际上欧美国家以一步法生产线为主，我国则以分步法生产线为主。

（一）一步法塑瓶输液生产工艺

一步法塑瓶输液生产工艺是从塑料处理装置开始，塑料颗粒经过挤出形成可进一步成型的管坯，此无菌无热原的管坯在模具中通过无菌压缩空气吹模成型（挤吹法），同时进行产品灌装及通过附加的封口模进行封口，整个工艺过程均在无菌条件下完成。封好口的半成品经过组合盖的焊接后进入下一道灭菌工序。其优点是：产品生产污染环节少，厂房占地面积小，运行费用较低；设备自动化程度高，能够在线清洗灭菌；没有存瓶、洗瓶等工序。缺点是：设备自动化程度较高须配备高水平的维修人员，设备一次性投资较大；瓶底部位有吊环，该部位薄厚不均及瓶坯重量大；塑料瓶透明度差等。

（二）分步法塑瓶输液生产工艺

注塑机先将塑料颗粒（PP）熔化，将熔化的PP塑料注入模具中制成瓶坯，注塑机制成的瓶坯输送至存放间冷却。吹瓶机将冷却后的瓶坯整理上料后由输送机构上的随行夹具依次送入加热装置和吹塑成型装置，完成塑瓶吹塑成型。成型后的聚丙烯输液瓶直接通过机械手输送至输瓶中转机构。输瓶中转机构通过伺服系统将间歇运动的PP瓶送入连续运动的洗灌封系统，从而保证间隙运动的吹瓶系统与连续运动的旋转式洗灌封系统的同步运行。注塑机制成的瓶坯如果放在多层输送带时冷却，输送带输入端与瓶坯注塑机连接，输出端与吹瓶机相连接，从制瓶坯到制瓶可实现连续生产。

进入洗灌封系统的PP瓶经过输瓶中转机构被送至气洗转盘，气洗喷头对PP瓶进行高压离子风冲洗，同时对瓶内抽真空，带有离子的高压气体对瓶内部进行冲洗后，真空泵通过排气系统将废气抽走，消除瓶壁在挤压吹塑过程中产生的静电。洗净后的PP瓶进入灌装系统完成灌装。灌装完毕，PP瓶经中转机构输送到封口装置，机械手从分盖盘上依次抓取瓶盖，与灌装好的PP瓶同步进入熔封工位完成封口。

PP瓶的瓶坯从吹塑成型、清洗、灌装、封口均在一台机器上完成，使吹塑成型的PP瓶没有了人工中转和运送过程，减少了贮运过程中环境对瓶子的污染；一体机在C级洁净室，洗灌封段在洁净室的A级层流罩下工作，吹塑成型的输液瓶输送到清洗装置、灌装系统、封口装置，均只经中转盘，然后依次完成清洗、灌装和封口，灌封过程不会产生二次污染；封口时瓶盖和瓶口采用非接触式加热，无污染产生。灌装采用压力-时间式灌装。

分步法塑瓶输液生产流程如图10.4所示。

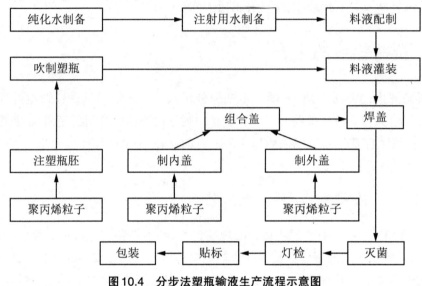

图10.4　分步法塑瓶输液生产流程示意图

（三）灭菌、检漏

塑料瓶输液的灭菌方法与灭菌设备与玻瓶输液相同。

目前塑料瓶输液的检漏方法有真空灭菌柜检测法、压力检测法、高压电检测法、压差检测法。

1. 真空灭菌柜检测法

在灭菌柜冷却过程中，加入亚甲基蓝溶液或反射剂，并抽真空，如有漏点，该瓶输液内将有颜色变化，或者利用光电检测装置识别含有反射剂的泄漏瓶。

2. 压力检测法

通过特殊的传送带对瓶体施加机械压力以增加瓶体内部压力，随后对瓶体进行目检，泄漏点处会产生湿润现象。

3. 高压电检测法

对瓶体施加高电压，当瓶体有微小泄漏时，会导致电压超出设定范围从而实现全自动剔除。

4. 压差检测法

将类似钟罩的气密容器罩在瓶体上，将容器抽真空，当达到设定真空度时，真空泵停止工作，并检查容器内部分压力，若内部压力升高，则表明瓶体有泄漏。其优点是全自动检测，且检测产品可为非导电性产品。缺点是检测时间较长，需多工位，对瓶体直筒段部分（泄漏概率较小)泄漏点无法检测,价格较高。

(四)灯检、贴签、包装与装箱

灯检、贴签、包装、装箱工艺和设备与玻瓶输液生产相似。

五、非PVC多层共挤膜软袋输液的生产

非PVC多层共挤膜软袋输液生产的关键工序是制袋、灌装、封口工序,这些工序是在制袋灌装封口机上完成的。其工艺流程为:送膜→印字→袋成型→接口自动给料→接口预热→接口热合→接口整形→去废边→灌装→焊盖→出袋。依次经过放卷送膜、印刷、外形封口、裁剪、接口递料(定位)、接口封口、袋上部封口、最终封口、成袋,完成制袋,然后输送袋、灌装、加盖和出袋,出袋后进入灭菌工序。非PVC多层共挤膜软袋输液的生产流程如图10.5所示。

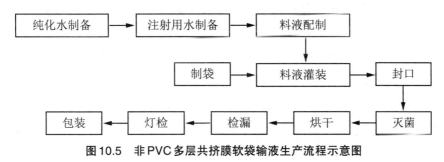

图10.5 非PVC多层共挤膜软袋输液生产流程示意图

非PVC多层共挤膜软袋输液生产工艺路线和传统的玻璃瓶、塑料瓶输液包装生产工艺路线相比,最大的不同之处在于该工艺路线实现了生产工序的全封闭,可以有效避免二次污染。

(一)制袋灌装封口重点工序

1. 口管焊接

口管焊接要选定合适的预热温度、热合模具温度、热合时间,口管预加热用于防止一部分口管的表面处由于不平整而影响最后的热合效果而导致漏袋危险发生。预热温度的选择对焊接效果非常关键,在不影响生产速度的前提下,延长加热时间和降低加热温度可以保证良好的预热效果。

2. 袋成型

该工序所用上下模具的清洁、上下模具的温度及焊接时间等参数的控制是制成合格品的关键。上下模具的温度指的是成型操作时模具本身的温度,温度过高容易使得膜模粘连,温度过低则会产生热合效果不佳导致漏液。

3. 焊袋口

焊袋口工序是生产工艺中的重要工序,其目的是封口防止漏液,焊接质量直接关系到产品是否漏液。在操作温度和时间的把控上,要结合所选材质本身的耐热性来确定。

4. 整形

整形工序亦称作"冷切"工序,是利用物理方法对材料进行快速降温,迅速冷却即可使得口管与所用材料迅速粘连并熔合,恢复材料原有的状态和性质,用切刀去除成型袋周边多余的部分。

5. 灌装与焊盖

软袋制作成型、冷切整形后,由传送带送往灌装工序,向其中充装药剂。充装药剂后在焊盖工序进行焊盖。

(二)灭菌、烘干

软袋输液的灭菌方法和灭菌设备与玻瓶输液大致相同,其区别是软袋平铺放置在灭菌车上、带有冲孔的盘子上。

灭菌后的软袋表面有水珠,常采用压缩热风吹散法去除。灭菌后的产品均匀地摆放到网带输送机上,由网带输送机运行到工作箱内,两侧的高压风机吹出40 ℃左右的热风,在软袋表面形成对流,吹散表面的水分,对软袋表面进行干燥。

(三)灯检、贴签、包装与装箱

由于非PVC多层共挤膜软袋制作成型前其表面就已印上有关内容,因此不需贴签。其灯检、包装和装箱与玻瓶输液相同。

第三节 水 针 剂

针剂是采用针头注射方法将药物直接注入人体的一种制剂,又称为注射剂。针剂的类型很多,如溶液型针剂、注射用灭菌粉末、混悬剂、乳剂等,其中溶液型针剂又包括水溶性针剂和非水溶性针剂两大类。水溶性针剂又称为水针剂,它是各类针剂中应用最广泛,也是最具代表性的一类针剂。

按所用材质的不同,水针剂使用的容器可分为玻璃容器和塑料容器两大类。按分装剂量的多少,又可分为单剂量装小容器、多剂量装容器和大剂量装容器。

水针剂使用的玻璃小容器又称为安瓿,常用规格有1 mL、2 mL、5 mL、10 mL和20 mL 5种。目前,国内水针剂使用的容器都采用曲颈易折安瓿(GB/T 2637—2016)。

水针剂的生产有灭菌和无菌两种工艺。目前我国的水针剂生产大多采用灭菌工艺,因此,本节主要介绍采用灭菌工艺生产水针剂的工艺设备。

一、工艺流程及生产区域划分

最终灭菌小容量注射剂生产过程包括制水、原辅料的准备、配制药液、灌封、灭菌、质检、包装等步骤。其工艺流程为：安瓿洗涤→灭菌、干燥→灌封→灭菌→检漏→灯检→印包→装箱→入库。

按照GMP规范的规定，最终灭菌小容量注射剂生产环境分为三个主要区域：一般生产区、D级洁净区、C级洁净区。一般生产区中进行的工序包括安瓿外清处理、半成品的灭菌检漏、异物检查、印包等；D级洁净区中进行的工序包括物料称量、浓配、质检、安瓿的洗烘、工作服的洗涤等；C级洁净区中进行的工序包括稀配、灌封，且灌封机自带局部A级层流。

生产中使用的纯化水、注射用水由制水站提供，其生产工艺及设备与输液剂相同。

一般水针剂配制分为浓配和稀配，需根据工艺要求而选用。浓配工序设在D级区，稀配工序设在C级区。配制工艺和设备与输液剂相同。

二、安瓿洗烘灌封

（一）安瓿的清洗、干燥与灭菌

安瓿的清洗包括内壁、外壁清洗，常用立式转鼓超声波安瓿清洗机完成。立式转鼓清洗机为立式转鼓结构，采用超声波清洗、不等距螺杆分隔进瓶、提升轮提升瓶、机械手翻转瓶、三水三气交替对瓶内壁进行强力冲洗、一水一气对瓶外壁淋洗、同步带或拨轮出瓶等机构，具有清洗大容量安瓿瓶破损率低、清洗介质不会产生交叉污染等优点。

安瓿的干燥灭菌一般采用隧道式灭菌烘箱，设备为整体隧道式结构，分为预热区、高温灭菌区、冷却区三部分，利用热空气层流消毒原理对容器进行短时高温灭菌。

（二）安瓿灌装封口

安瓿的药液灌装和封口常用适用于1～20 mL的八针灌装封口机，该种设备只要更换少许规格件，就可实现安瓿各种规格之间的互换。设备有蠕动泵、玻璃泵和陶瓷柱塞泵灌装方式供用户选择。整机由传动部件、进瓶部件、灌装部件、封口部件、出瓶部件及料斗机架部件等构成，整机结构紧凑、简洁，便于维修。该机既可单机生产，又可与洗瓶机、灭菌干燥机组成联动生产线。

安瓿拉丝封口的燃料有液化气、氧气和氢气、氧气的组合。氢气、氧气代替传统的液化气、氧气，主要是采用氢氧机，燃烧该机电解水而产生氢气和氧气的混合气体，以达到拉丝封口的目的。采用氢氧混合气体燃烧拉丝封口有如下特点：氢氧火焰燃烧完全、燃烧值高，火焰大小可调且不发散，热量集中，可避免热量向外扩散带来的浪费；氢、氧气无毒无味，不会出现中毒现象；氢、氧气由氢氧机产生，开机产气，关机停气，不存在气体泄露事故的发生；氢、氧气燃烧产物为水，对人体没有危害，也不对外部环境造成污染。

（三）安瓿洗烘灌封联动线

安瓿洗烘灌封联动线由安瓿超声波清洗机、灭菌干燥机、安瓿灌装封口机组成，可对曲颈易折安瓿进行水气交替喷射冲洗、热风层流烘干灭菌、多针灌装药液和封口。

三、灭菌、检漏与澄明度检查

常采用双扉式水浴灭菌器作为安瓿检漏灭菌设备，对水针剂进行高温灭菌、检漏及清洗处理，其工作过程为：装瓶→升温→灭菌→热水冷却→真空加色水检漏→清洗→卸瓶。

安瓿异物检查通常称安瓿灯检，即对安瓿澄明度的检查。目前国内成熟的安瓿澄明度检查方法主要有人工目测和安瓿澄明度光电自动检查仪检测。人工目测存在着视力疲劳和个体差异两个难以回避的弊端，已经不能适应注射剂现代化发展的需求。安瓿澄明度光电自动检查仪检测是利用光电系统的一种检测方法，此法检出率高、误检少和自动化程度高。

四、安瓿印字包装

安瓿印字包装是安瓿类小容量注射剂生产的最后工序，一般选用安瓿印字包装联动生产线。安瓿印字包装线整套设备包括安瓿印字、装盒、加说明书、贴牌贴及捆扎工序，包含有开盒机、印字机、贴牌贴机和捆扎机，四机联动成流水线使用，是目前常见的安瓿印字包装设备。

第四节　无菌粉针剂

无菌粉针剂又称为注射用无菌粉末，是一类在临用前加入注射用水或其他溶剂溶解的粉状灭菌注射制剂。凡是在水溶液中不稳定的药物都可制成粉针剂，因而是生物药物的一种常见剂型，如某些抗生素、酶制剂及血浆等生物制品都需要做成粉针剂储存，在临床应用时均以液体状态直接注射入人体组织、血管或器官内，所以吸收快、作用迅速。因此，对其质量要求很高，一般包括装量、无菌、无热原、化学稳定性、澄明度、渗透压、pH值等指标。

注射用粉针剂分为注射用冻干粉针剂和注射用无菌分装粉针剂。注射用冻干粉针剂是将药物配制成无菌水溶液分装后，经冷冻干燥制成固体粉末直接密封包装的产品。注射用无菌分装粉针产品是采用灭菌溶剂结晶法、喷雾干燥法制得的固体药物粉末，再经无菌分装后的产品。以下以注射用冻干粉针剂为例进行介绍。

一、灌装生产前的准备

(一) 制水与原料准备

生产中使用的纯化水、注射用水由制水站提供,其生产工艺及设备与输液剂相同。

凭批生产指令从仓库领取的无菌原料,在缓冲间擦拭干净,审核原料名称、规格、批号、质量、检验合格证等,审核合格后,再用消毒液擦拭包装铝桶外壁,放到物料传递间,原料经净化后传入C级区。生产前经传递窗紫外灯照射30 min后传入B级区。原料传入B级区后需对原料铝桶外壁用消毒液擦拭,做好状态标志后待用。

(二) 胶塞、铝盖及工器具的处理与准备

1. 胶塞的洗涤、硅化、灭菌与干燥

(1) 粗洗

用经过滤的注射用水进行喷淋,粗洗3~5 min,然后进行混合漂洗15~20 min。

(2) 第一次漂洗

粗洗后的胶塞经注射用水进行10~15 min漂洗。漂洗结束后从取样口取洗涤水检查可见异物应合格,如果不合格,则继续用注射用水进行洗涤至合格。漂洗合格后加硅油硅化,加硅油量为:0~20 mL/箱次,硅化温度≥80 ℃。

(3) 第二次漂洗

硅化后,排完腔体内的水,再用注射用水漂洗10~15 min。漂洗结束,从取样口取洗涤水检查可见异物,如果不合格,则继续用注射用水进行洗涤至合格。胶塞的清洗时间不能过长,否则,可见异物会不合格。

(4) 灭菌与干燥

蒸汽湿热灭菌,温度大于121 ℃,时间大于15 min,多采用121 ℃、30 min。采用真空干燥箱对湿热灭菌后的胶塞进行干燥。

(5) 出料

将洁净胶塞盛于洁净不锈钢桶内并贴上标签,标明品名、清洗编号、数量、卸料时间、有效期,并签名。灭菌后胶塞的存放时间应通过验证确定。

自动打印记录并核对正确后,附于本批生产记录中。

2. 铝盖的准备

(1) 领取铝盖,并检查其是否有检验合格证、包装是否完整,在D级环境下检查铝盖,将不合格的铝盖拣出存放在指定地点。

(2) 将铝盖放于臭氧灭菌柜中,开启臭氧灭菌柜70 min。灭菌结束后将铝盖放入带盖容器中,贴上标签,标明品名、灭菌日期、有效期,待用。

铝盖灭菌也可采用湿热灭菌,灭菌条件为121 ℃、30 min。

3. 工器具的灭菌消毒处理

（1）分装机的可拆卸且可干热灭菌的零部件用注射用水清洗干净后，放入对开门A级层流灭菌烘箱干热灭菌，温度180 ℃以上保持2 h，取出备用；其他与药液、胶塞直接接触的零部件均需要做除热原及灭菌处理。

（2）其他不可干热灭菌的工器具在脉动真空灭菌柜中121 ℃灭菌30 min后转入无菌室。进入无菌室的维修工具、零件不能干热灭菌，一般随厂房进行消毒后进入无菌室。

二、西林瓶的清洗与灭菌

1. 理瓶、粗洗、精洗

人工将西林瓶放入分瓶区，经传送带输送至洗瓶工序，瓶子首先经超声波粗洗，温度范围50～60 ℃。精洗是用压缩空气将瓶内外壁上的水吹干，用循环水进行西林瓶内外壁的清洗，再用压缩空气将西林瓶内外壁上的水吹干，然后用注射用水进行两次瓶内壁冲洗，再用洁净压缩空气把西林瓶内外壁上的水吹净。

2. 洗瓶的操作控制

洗瓶过程中，一定要控制以下项目：检查各喷水、气的喷针管有无阻塞情况，如有及时用钢针通透；检查西林瓶内外所有冲洗部件是否正常；检查纯化水和注射用水的过滤器是否符合要求；检查注射用水冲瓶时的温度和压力；检查压缩空气的压力和过滤器。

3. 洗瓶中间质量控制

洗瓶开始时，取一定量洗净后的西林瓶，目检洁净度是否符合要求。

4. 洗净西林瓶的灭菌

在层流保护下，洗净后的西林瓶送至隧道灭菌烘箱进行干燥灭菌，灭菌温度为280～320 ℃，灭菌时间5 min以上，灭菌完毕后出瓶，要求出瓶温度≤45 ℃。

三、无菌分装及升华与解析干燥

（一）无菌分装

（1）启动主机，观察各运动部位转动情况是否正常，充填轮与装粉箱之间有无漏粉，并及时给予调整。

（2）调试装量，调整好装量后，每台机器抽取每个分装头各5瓶，检查装量情况，调试合格后方可正式生产。

（3）西林瓶灭菌后由隧道烘箱出瓶至转盘，目视检查，将污瓶、破瓶检出，倒瓶用镊子扶正。西林瓶在A级层流的保护下直接用于药粉的分装，分装后压塞。

（4）每隔30 min对每个灌装头进行装量差异检查，装量应在合格范围。如发现有偏差，在线微调，如检查超过标准装量范围，应对前一阶段产品进行调查。发现分装后的产品有落塞和装量不合格等现象,及时挑出,作为不合格品处理。

(5) 分装期间,操作人员要求每30 min用75%酒精手消毒一次。

(二) 预冻结与升华干燥

制品在干燥前必须进行预冻结处理。在灌装结束并装入冻干箱后,采用低温速冻法将药液完全冻结,使之逐步达到最终冻结温度。预冻的时间一般为2~3 h,某些品种可适当延长预冻时间。

升华干燥又称第一阶段干燥。药液完全冻结后,用抽真空的方法降低干燥室中的压力,当干燥室中压力低于该温度下水蒸气的饱和蒸气压时,冰发生升华,水分不断被抽走,产品不断被干燥。此为低温升华阶段。此时约除去全部水分的90%。

(三) 解析干燥

解析干燥又称第二阶段干燥。第一次干燥过程中,绝大部分水分随着冰晶体的升华逐步排出,但产品内还存在10%左右的水分吸附在干燥物质的毛细管壁和极性基团上。如果将第一次干燥的制品置于室温下,制品中残留的水分足以将制品分解。为了达到良好的干燥状态,应进行二次干燥。此时可以把制品温度加热到其允许的最高温度以下(产品的允许温度视产品的品种而定,一般在25~40 ℃。病毒性产品为25 ℃,细菌性产品为30 ℃,血液、抗生素等可达到40 ℃),维持一定的时间(根据制品的特点决定),使残余水分量降到预定值,整个冻干过程结束。

四、轧盖、灯检、贴签、包装

已冻干压塞合格的中间产品随输送带传出无菌间,在轧盖间轧盖(环境条件C+A)。

逐瓶灯检轧好盖的中间产品,将不合格品挑出,检出的不合格品及时记录,置于盛器内移交专人处理。

轧盖后的产品由输送带送至贴签机进行贴签,产品贴签后送至包装工作台进行装盒、装箱。

第十一章 中药饮片及中药的提取纯化

第一节 中药饮片

中药饮片是中药的重要组成部分,既是中医根据辨证施治直接用于临床的处方用药,又是制备中成药的原料。《中华人民共和国药品管理法》已将中药饮片纳入药品管理。

中药饮片的生产主要是炮制。炮制的基本方法为净制、切制、炮炙三大工序。每道工序按药材的性质不同采用不同的方法和设备。

一、中药饮片的分类

(一) 传统饮片

传统饮片是指中药材通过净制、浸润、炮炙、切制、干燥等工序加工后的成品。根据《中华人民共和国药典》和目前各省市饮片炮制规范,传统饮片有生品与制品,类型有薄片、厚片、直片(顺片)、斜片、丝、块、段或节等。

(二) 颗粒饮片

(1) 包煎颗粒饮片。是将中药材通过炮制后,粉碎成40目左右的颗粒(籽类除外),然后按一般处方用量装成几种不同重量规格的布袋或纤维袋,供配方用。其可直接带包煎,因颗粒度小,表面积大,提高了有效成分的溶出率和溶出速度,各批产品质量稳定,重现性好。

(2) 粉状颗粒饮片。将中药材通过炮制后粉碎成细粉,制成袋泡茶包装形式,直接用开水冲泡服用;或粉碎成微粉,直接吞服。

(三) 中药配方颗粒

此类饮片是将单味中药饮片经提取、浓缩、干燥制成颗粒,按一般处方用量包装成几种不同重量规格,供配方用,是对中药饮片的补充。其产品质量均一、稳定、可控,体积小,溶出快,可直接冲服,便于贮存和运输。

二、中药饮片的净制与切制

(一) 净制

净制是药材制成饮片或各种中药制剂前的基础工作,也是中药炮制的第一道工序,用以除去药材非药用部分及夹杂在药材中的非药物杂质并对药材进行"分档"的一些操作。几乎所有的中药材都要经过净制加工,再进行进一步的炮制(如润药、切制、炮炙等)方可用于临床。

净选后的药材称为"净药材"。"净药材"是药材分别采用挑选、风选、水选、筛选、剪切、刮削、剔除、刷擦、碾串及泡洗等方法处理后,达到规定净度的质量指标。

1. 非药用部位的去除

(1) 去茎与去根:去茎是指用根的药材,须除去药用部位的残茎,用茎或根的药材须除去非药用部位的残根(须根、支根)。

(2) 去枝梗:是指去除老茎枝和某些果实类药材、花叶类药材非药用部位的枝梗。

(3) 去粗皮:是指除去栓皮、表皮等无药效部位,有的粗皮毒性较大,也应除去。

(4) 去皮壳:是指除去残留的果皮、种皮等非药用部位,有些药材为便于保存,常在临用时去皮壳。

(5) 去毛:有些药材的表面或内部常生着很多绒毛,能刺激咽喉或引起咳嗽或有其他有害作用,故须除去。

(6) 去芦:"芦"又称"芦头"。一般指去根头、根茎、残茎等非药用部位。

(7) 去芯:一般指去药材非药用部位的木质部或种子的胚芽、芯,有的如莲子肉与莲子芯、连翘与连翘芯作用各有差异应分别入药。

(8) 去核:去核一般指除去种子,目前认为核系非药用部位应除去。

(9) 去头、尾、足、翅:有些动物类或昆虫类药物,其头、尾或足、翅为毒性部位或非药用部位应当除去。

经过这些处理,使原药材"纯净化",减少使用的副作用,并且有利于饮片调配时使用剂量的准确性。

2. 杂质的去除

(1) 挑选:用手工或机械除去药材中所含的杂质及霉变品,或将药材大小个分开,便于浸润等。

(2) 筛选:根据药材所含杂质性状的不同,选用不同的筛,以筛除药材中的砂石、杂质,或将大小不等的药材过筛分开,以便分别进行炮制或加工处理。

(3) 风选:风选是利用药材和杂质的轻重不同,借风力除去杂质。

(4) 洗、漂:将药材用水洗或水漂,是去除杂质的常用方法,水洗可去除泥土杂质且降低含菌量。实际操作中控制洗涤时间和水量是减少有效成分流失的关键,操作时一定要重视。

3. 净药材的质量要求和检查方法

"净药材"的纯净度将直接关系"炮制品"的临床疗效。净药材必须符合《中华人民共和国药典》(2020年版一部)、《全国中药炮制规范》(1988年版)和国家中医药管理局《中药饮片质量通则》(试行)(1994年)中的规定要求。

(二) 切制

净药材的切制有鲜切或干切。有些切前需经水润软化。软化药材要求"少泡多润""药透水尽",防止药材内在水溶药效成分的丢失。切制的方法有切、剪、刨、劈、捣、制绒等。切制要求一定规格的厚度、粒度。切制后的饮片加以干燥,防止霉变,以利保存,保证质量。

1. 药材软化处理

一般中药材在储存时应是干燥的,要把净制后的干燥净药材切制成饮片,必须经过软化处理,使其软硬适度,以便于切制。所谓"七分润工,三分切工"的说法,说明了润药的重要性。

使药材软化有多种方法,根据药材品种、药用部分的物理性能、化学成分及药性的不同,应采取相应的软化方法。最常用的是用水浸泡、冲淋、湿布闷润等方法。根据不同的药材,含水量应在15%~30%范围内,且应润药均匀,即药材含水量均匀,这样切制的饮片平坦整齐,少有炸芯、翘片、掉边、碎片等现象。某些质地坚硬,或经热处理有利于保存药效成分的药材,可采用湿热软化法,如用蒸、煮、烘、烤法软化药材以便于切制。如红参、宣木瓜等,可将其蒸软后趁热切片,热蒸既能加速药材软化,又有利于保存药效成分及片型与色泽的美观,而且有利于饮片的干燥。又如黄芩经蒸煮软化,可破坏黄芩所含的酶,有利于保存药效成分,趁热切片其断面是鲜黄色的,质佳效高。黄芩若用冷水浸润后切片,其断面呈绿色,这是发生了质变,会降低疗效。又如鹿茸切片应先刮去茸毛,加酒稍闷,再用热蒸汽烘蒸之,趁热切片,边蒸边切,这样有利于切制和保证饮片质量。

(1) 药材软化处理的技术要求

传统的水池浸泡、漂、淋、堆润药材的含水率仅凭药工的经验与观察,含水率不易控制,可高达30%~50%以上,不仅容易使药效成分流失,影响切制饮片的片形,还增加后续饮片干燥的能耗,且兼有大量的污水排放。

软化药材应真正做到"药透水尽",提高切制的工作效率及切片质量,降低后续饮片干燥的能耗,这是中药材软化处理的基本要求。目前,有些中药饮片厂引入了一些先进合理的药材软化方法,如高真空气相置换润药法、加压冷浸软化法、减压冷浸软化法以及采用药材蒸煮箱软化等。力求通过工业化的可控操作确保软化药材必要的含水率,并确保润药能达到"药透水尽",在软化药材的同时又使药材的有效成分损失为最少。

(2) 中药材软化操作的质量要求

经软化后的药材,必须无泥沙等杂质,无伤水、无腐败、无霉变、无异味,软硬适度,达到"药透水尽"的要求。

2. 饮片切制类型

饮片切制类型及规格的选择取决于药材的性质(如药材类型、成分质地、外部形态、内部组织结构等)、炮制目的和对饮片的外观要求等因素。其中,药材性质直接关系到饮片的切制操作和疗效的发挥,是决定饮片形状及规格的重要因素。

常见的饮片类型及规格标准:

(1) 极薄片:厚度在 0.5 mm 以下。适宜质地致密、极坚硬,或片极薄不易碎裂的药材。

(2) 薄片:厚度在 1~2 mm 之间。适宜质地致密、坚实,或片薄不易碎裂的药材。

(3) 厚片:厚度在 2~4 mm 之间。适宜质地疏松、粉性大,或切成薄片易碎的药材。

(4) 直片:厚度在 2~4 mm 之间。适宜为突出药材内部组织结构或其外形特征,利于鉴别的药材。

(5) 斜片:厚度介于薄片与厚片之间。适宜细长条形且纤维性强或粉性大的药材。

(6) 丝(宽丝和细丝):宽丝 5~10 mm;细丝 2~3 mm。适宜皮类、宽大的叶类和较薄的果皮类药材。

(7) 段(咀、节):长度在 5~15 mm 之间。长段又称"节";短段又称"咀"。适宜全草类和形态细长且内含成分易于煎出的药材。

(8) 块(丁):边长 8~12 mm 的立方块或平方块,通常称为块。某些药材为方便炮制常切成块状,如阿胶、大黄、何首乌、干姜、神曲、杜仲、鱼鳔胶、丝瓜络等;尺寸更小的(如阿胶的立方块)称为"丁"。

3. 饮片切制方法

中药材的切制分为手工切制和机器切制,生产中根据实际需要进行选择。

(1) 手工切制

由于机器切制不能满足某些饮片类型的切制要求,故对某些中药材的切制仍使用手工操作。手工切制操作中的经验性很强,且生产效率低,劳动强度大,只宜于小批量饮片的生产。

此外,对于坚硬木质类及动物的角、骨类药材,一般采用劈、刨、镑、锉等方法,切制成不同规格类型的饮片。

(2) 机器切制

机器切制饮片具有节省劳动力、减轻劳动强度、生产速度快、产量大、效率高、适用于机械化的工业生产等特点;但存在切制的饮片类型较少、片形不能满足临床使用的需要等不足。

4. 常用切制设备

(1) 剁刀式切药机

该机主要由切刀机构、药材输送机构、机架及电动机、带传动机构等组成。设备外形如图 11.1 所示。

图11.1　剁刀式切药机

设备特点：

① 结构刚度大，配用电机功率大，切制力强。

② 主要适用于截切全草、根茎、皮叶类的药材，但不适用于颗粒状、果实类药材的切制。

③ 由于切刀运动轨迹是弧形，药材切片形状也带弧形，难以达到切片薄且平直的要求。

④ 每次送料时，物料需均匀充满出料口，若加料不足，易导致切制的片形差异。

⑤ 由于输送链节之间、输送链与挡板之间存在缝隙，药材容易嵌塞其中而造成堵塞，输送药材不畅，甚至引起机器超负荷、漏料。

（2）转盘式切药机

转盘式切药机由切刀结构、上输送链与下输送链组成的送料装置、动力与变速箱及机架、料盘组成。设备外形如图11.2所示。

图11.2　转盘式切药机

设备特点：

① 该切药机的切制原理为动刀、定刀间的剪切，配用电机功率大，产量高。

② 可适用切制全草、根茎、颗粒及果实类药材。由于输送链是连续送料，而切刀是断续切制，因此无法避免物料与刀盘压板的挤压与摩擦，难免产生药屑与不规则片，同时会造成电机能耗及刀盘的发热与磨损。

③ 每次送料要求物料能均匀充满刀口，加料不足易导致切制片形差。

④ 输送链节间与挡板间、刀门间存在的间隙易造成药材嵌塞、输送不畅、超负荷、漏料，必须停机清理后才可继续工作。

（3）直线往复式切药机

直线往复式切药机采用切刀做上下往复运动而物料由食品级橡胶带或聚氨酯带输送入刀口，切刀直接在输送带上切料，模仿在砧板上切料的原理切制药材，该机应用广泛。

该机由切刀做上下往复运动的刀架机构、输送带及同步压送机构、步进送料变速机构及机架传动系统等组成。设备外形如图11.3所示。

图11.3 直线往复式切药机

设备特点：

① 该机可切药材种类适应范围广，如根茎、草叶、块根、果实类药材都可以切制。切制片形平整，切口平整光洁，切制碎末较其他切制方法少。

② 切刀运动与输送带运动配合较好，切片尺寸准确、片形好、成品得率高。

③ 输送带替代输送链，输送面平整光滑，避免了药材的嵌塞、漏料等现象。

④ 机器运转时，应注意防止物料漏到下侧输送带上，以免引起砧切面抬高而切伤输送带。

⑤ 配用切制颗粒饮片的专用刀具,可切制出4~12 mm见方的颗粒饮片。

(4) 高速万能截断机

该机是在直线往复式切药机的基础上改进而成,具有易清洗、不漏料、噪声小等特点。该机由上下往复运动的切刀机构、输送带及同步压送机构、送料曲柄摇杆机构及机架与传动系统组成。设备外形如图11.4所示。

图11.4 高速万能截断机

该机除具有与直线往复式切药机相同的特点外,还具有以下特点:

① 切制尺寸无级可调,以适应各种不同切制尺寸的需要。

② 采用逆止器作步进送料机构,机器噪声比直线往复式切药机低。

③ 该机的整体料斗将输送切制部分与机器其他部分隔开,物料不易落入传动部位,使机器更容易清理,甚至可以用水冲洗,而且减少了药物的切制损失。

(5) 旋料式切药机

旋料式切药机切刀固定不动,物料相对切刀做切向圆周运动,模仿人手持水果用刀削片的原理。该机由投料、切片、出料及机架、动力传动系统组成。设备外形如图11.5所示。

图11.5 旋料式切药机

设备特点：

① 该机切药原理为旋片式切削，切片厚度调节方便可靠，物料产生的离心力、切制力与料自身质量成正比，故具有自适应性，单机产量高。

② 设备传动方式简单，结构紧凑，占地面积小，结构部件少，运转稳定，操作方便，故障少，易清洗及保养，免维护性好。

③ 该机适用于切制根茎、果实、大粒种子及块状物料，如川芎、泽泻、半夏、延胡索、生(熟)地、玄参、生姜、芍药等或类似的药材，生产率高。

④ 该机切制物料的部位具有随机性，环状或块状物料尽管切片厚度可以保持均匀一致，但切片的大小不太均匀。

(6) 多功能切药机

多功能切药机属于小型的中药切片机，整机体积小、重量轻，便于搬动及携带，多用于切制少量药材或贵重药材，有不少小型的多功能切药机被一些中药房配置使用。设备外形如图11.6所示。

图11.6 多功能切药机

该切药机有如下特点：

① 设备紧凑，重量轻，结构简单，容易操作。可切制各种茎秆、块根、果实类药材。

② 切药机不同的进药口可以切制瓜子片、柳叶片、正片及斜片。

③ 功率小，产量小，适宜于药房等作为代客加工饮片之用。

(7) 刨片机

由于习惯或用途的需要，对茎秆类药材或块根、果实类药材，可设法顺其长轴(度)方向切片，将会得到面积较大的饮片或薄片，刨片机就可实现这个功能。

该机由压送料机构、曲柄、刀盘、滑块机构、机架、出料斗及动力传动机构几部分组成。设备外形如图11.7所示。

图11.7 刨片机

该机有以下特点：

① 结构及运动原理简单，利用本机可切制顺药材纵向纤维的饮片，切片面积大，平整，片形美观，切片厚度可调，片的厚薄均匀。

② 适用于茎秆类、块根类、果实类药材切片，例如玉竹、川芎、半夏、玄参等。药材的刨切不宜用于切制草叶类（如柴胡、枇杷叶等）药材。

③ 该机切片原理是往复刨削，因而不能速度过快，且每一循环存在空行程而且需间歇加料，不能连续切制，故生产率较低。

④ 切制带黏性的药材（如切制熟地、制白术、制首乌、山慈姑等药材）时，常需在滑刀盘表面适当加水以减少黏滞阻力，以使切制顺利。

三、中药饮片的炮制

炮制是指取用净制或切制后的净药材、净片，根据中医药理论制定的炮制法则，采用规定的炮制工艺制成产品的一项制药技术。炮制方法一般分为以下几种：一种为经加热处理的，如炒制、烫制、煅制、制炭、蒸制、煮制、煨制等；一种为加入特定辅料再经加热处理的，如酒制、醋制、盐制、姜制、蜜制、药汁制等；另外，还有采用制霜、水飞等工艺处理的。

（一）炒制

炒制是重要的炮制方法之一。炒制是属于干热、固体辅料炮制法。

1. 清炒与加辅料炒

（1）清炒

清炒是药物不加辅料炒制的操作。清炒包括炒黄、炒焦、炒炭。炒黄，一般是指用文火将药物炒至"黄"的程度的一类操作。炒焦是用文武火或中火将药物炒至焦黄或焦褐色的一类操作。炒炭是用武火或文武火将药物炒至"黑色、存性"的一类操作。

(2) 加辅料炒

加辅料炒是药物与固体辅料(如麦麸、大米、伏龙肝)共同拌炒的一类操作。又称辅料拌炒或拌炒。加辅料炒包括麸炒、米炒、土炒、砂烫、蛤粉烫、滑石粉烫等。

(3) 炒制的温度

炒制的温度即在各种炒制方法中及其他一些炮制书籍中常提到的炒制的火候问题。炒药先要识别"火候"。广义的火候,一般是指火苗的大小和药物受热后的性状特征;狭义的火候,一般是指火力。火力的掌握是以火苗的大小和锅的热度来控制的。火力一般分为慢火(火灰的火力)、微火(火苗很小)、文火(火苗大小一般)、武火(火苗最大)、中火和文武火(介于武火与文火之间的火苗)。

提供炒制设备的厂家则应根据炒制工艺提出的要求提供各挡工作温度可控、便于操作的炒制机械,一般煨药控制温度在120 ℃以下,焙药控制温度在200 ℃以下,炒药机还应规定其温升速度,以满足炒药必要的火候。

(4) 炒制设备

① 平锅式炒药机

平锅式炒药机由平底炒锅、加热装置、活动炒板及电动机、吸风罩及机架组成。炒锅体为一带平锅底的圆柱体,锅体侧面开有卸料活门,便于物料从锅内排出。炒锅锅底下为炉膛内置加热装置,加热方式可以用煤加热、电加热或燃气加热等。设备外形如图11.8所示。

图11.8　平锅式炒药机

平锅式炒药机特点:结构简单,制造及维修方便,出料方便快捷;对于不同的炒制中药品种,由于各自物理性状不同,或饮片大小、规格不一,为达到翻炒的目的,可以安装不同类型的炒板,以适应不同类型的药物;该机适用于清炒、烫、加辅料炒和炙等对药物的炮制,但不宜用于蜜炙药物的炒炙;敞口操作,炒制过程中的油烟气很难由吸风罩吸净,故对生产环境会造成一定的污染。

② CYY型自动控温炒药机

CYY型自动控温炒药机的炒药转筒轴线与平底炒药机不同,其转筒轴线为水平放置,炒药机由炒筒、加料与出料门机构、加热炉膛、机架、动力传动机构、机壳除烟尘装置及控制箱组成。设备外形如图11.9所示。

图11.9 CYY型自动控温炒药机

CYY型自动控温炒药机的特点:炒药机炒制温度、炒制时间、炒筒转速均可调节并设定可控,因此对批量炒制的药材经试炒可制定合理的炒作工艺,使炒制生产质量做到可控,炒制过程实现智能控制;被炒物料受热均匀,无死角,可连续作业,生产率高,且便于清理;可采用热源多样化,适应各种需要。燃烧及炒制废气可配置废气处理器,净化工作环境;此炒药机除清炒药材外,也可作辅料炒、烫制及炙制加工。

③ 中药微机程控炒药机

中药微机程控炒药机主体为一平底炒药锅,热源由锅底加热,炒锅上方烘烤加热器两部分。炒锅顶部装有锅内炒板的搅拌电动机,可对入锅药材进行兜底炒制。炒锅的左右侧分别有出料口及进料口,对着进料口有一台提升翻斗式定量加药机,加药量由设备所附电子秤控制。炒锅另一侧装有液体辅料供给装置,可为需要炙制的药材定量提供炙制所需的辅料。设备外形如图11.10所示。

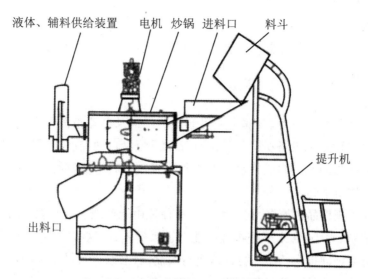

图 11.10　中药微机程控炒药机

该设备的特点：该机根据需要可以手动或自动操作，可以炒制、烫制、加辅料炙制；加热采用锅底加热及上方烘烤加热的双给热方式，它可以使药物在炒锅内温度场较为均匀，而且提高了加热速度，缩短炒制的时间，因而炒制批量较大的药物更具优越性。

（二）炙制

1. 炙法

炙法是取净药材和生片在其中拌入一定量的液体辅料，待吸收后，以文火加热进行炒炙；或先将药物炒至一定程度，然后定量喷洒液体辅料，再进行炒炙的一类操作技术。

炙法和辅料拌炒的区别：炙法用的辅料为液体，辅料拌炒用的辅料为固体。

炙法包括酒炙、醋炙、盐炙、姜炙、蜜炙、油炙等。

炙法的操作有如下两种方法：第一种方法为先拌辅料后炒药法。先将药物定量拌入液体辅料，闷润至辅料吸收后，再置于锅内，文火炒至"黄"的程度，取出，放凉，除净药屑。此法为优，是炙法最常用的方法之一。第二种方法为先炒药后喷洒辅料法。先将净药物置于锅内，炒至微显火色后，再喷洒一定量的液体辅料，文火炒至"黄"的程度，取出，放凉，除净药屑。

酒炙是药物与定量的黄酒拌炒的一类操作，又称酒炒。炮制用酒有黄酒、白酒两大类。除另有规定外，炮制药物一般用黄酒。

醋炙是药物与一定量的米醋拌炒的一类操作，又称醋炒。醋炙用醋一般使用米醋、高粱醋或其他粮食发酵醋。

盐炙是药物与一定量的食盐溶液拌炒的一类操作，又称盐水炒。一般补肾固精、治疝、利尿和泻相火的药物多盐炙。盐炙用食盐水。

姜炙是药物与一定量的姜汁拌炒的一类操作，又称姜汁炒。一般降逆止呕、化湿祛痰及寒凉性药物多用姜炙。姜炙用生姜汁。

蜜炙是将药物与一定量的炼蜜拌炒的一类操作。一般止咳、平喘及补脾益气的药物用蜜炙。蜜炙用炼蜜。

油炙是药物与一定量的油脂共同加热处理的一类操作。油炙药物所用油脂一般指羊脂油、麻油、酥油。

2. 炙制设备

前面提到的几种炒制设备、浸润中的可倾式蒸煮锅及蒸煮箱都可用作炙制所需的炒制及煮制设备。这些设备和设备所附带的温度显示及恒温自动控制、炒筒运转的变频调速控制、正反转控制、操作时间的自动控制以及附加上炙制辅料定量供给泵，为中药饮片的炙制工艺操作提供了物质基础。

由于中药饮片规格品种繁多，同一种中药材往往由于产地、品种、规格的不同，提供给炙制处理的饮片形状、大小、含水率等物理性能有很大的差别，这些差别会导致操作工艺数据的差异。因此对某种同批次的中药材饮片进行炙制前，必须进行批量生产前的工艺试验，以便取得能确保饮片质量的合理工艺参数，如每次投料量、加热速度、炒炙温度及炒炙时间、应投入的炙制辅料量等。使操作过程质量可控，同一批药材炮制质量划一。

（三）煅制

1. 煅法

将药物直接放于无烟炉火上或适当的耐火容器内煅烧，或扣锅密封煅烧的一种方法称为煅法。根据煅烧方式不同又可分为"明"煅法和"闷"煅法（密闭煅，即焖煅）。有些药物煅红后，还要趁热投入规定的液体辅料中淬，称为煅淬法。

煅法要严格掌握煅至"存性"的质量要求，植物类药物要注意防止灰化。

煅的目的是改变药物原有的性状，以便适合临床应用。煅法能除去原有药物粒间的吸附水和部分硫、砷等易挥发物质，能使药物成分发生氧化、分解等反应，减少或消除毒副作用，从而提高疗效或产生新的疗效。由于药物的不同组分在各自方向上胀缩的比例差异，药物煅后会出现裂隙，质地变酥脆，易于破碎，有利于调剂、制剂和煎煮，容易提取出药效成分。

明煅是将药物不隔绝空气放在炉火中或置于耐火容器内进行煅烧的一类操作。一般矿物类、化石类及贝壳类药物多用明煅。

煅淬是将药物按明煅法煅至红透，趁热投入液体辅料（米醋、黄酒、清水）中，使之骤然冷却的一类操作。煅淬特别适用于磁石、自然铜、代赭石、紫石英、阳起石、炉甘石等质地坚硬的药物。

焖煅是药物在密闭、缺氧条件下煅烧至"黑色、存性"的一类操作。焖煅一般适用于炒炭时易于灰化和较难成炭的药物。

2. 煅制设备

（1）反射炉

反射炉主要用耐火砖、耐火土、型钢等材料砌制而成。炉身外形为长方形，可根据需要确定炉体大小。反射炉基本结构如图11.11所示。

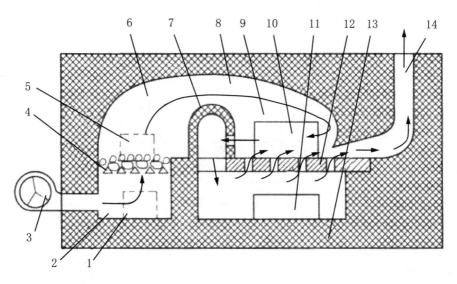

图 11.11 反射炉基本结构

1. 炉渣门；2. 炉膛；3. 鼓风机；4. 炉箅；5. 燃料进口；6. 点火炉段；7. 逆流火焰墙；8. 反火道；9. 装药炉段；10. 装取药料口；11. 出碎料口；12,13. 炉底板；14. 排烟筒

设备特点：该炉在煅药时，通过鼓风及烟筒的自然吸力可将火焰直接引射在药材上，并能将余火、余热引入反火道至装药室底部，使热量得以充分利用；具有保温效果好、升温快、温度高、节省燃料、煅制药材量大、质量可靠等优点。适用于矿物类（如灵磁石、自然铜、贝壳类）药材的煅制和煅淬，但不适用于白矾等煅时熔融成液态的矿类药材。

(2) 箱式电阻炉

煅制设备除煅炉外，无定型设备。从国内各饮片厂或中药厂看，除自制设备外，多采用小型的金属热处理用的电阻加热炉。

设备特点：此炉可根据药物的性质特点摸索出煅制所需的时间和温度，保证并提高了煅制品质量；使用电加热，提高了成品率；炉体密闭，减少了污染，改善了操作环境。

(3) 密闭式煅炉

密闭式煅炉为钢材、耐火砖和土坯结构，呈截锥体形。由炉心、炉齿、炉底、炉壁、进风口、清渣口、出料口、排气孔、密闭盖和抽烟筒等组成。

设备特点：热源设在炉心，便于火焰向外燃烧。底和壁形成夹层外壁上部的排气孔，使炉心火口封闭后，火焰经炉底支柱间的通道沿炉壁夹层向上燃烧，炉内高温可持续 12 h 左右。由于大小块药材处于炉内不同部位的不同温度区域，而达到同时间内的同等煅烧热度，有效地保证了药材的煅制质量；"密闭"煅烧比明火煅烧容量大，热效率高，节约能源。适用于牡蛎、龙骨、蛤壳等贝壳类药材的煅制。

(4) 焖煅设备

焖煅就是在一个药物与周围空气隔绝的环境下加热，使药物成炭并且"存性"。焖煅炉除了采用两铁锅倒扣泥封加热的方法外，也可采用电加热方法。焖煅炉基本结构如图 11.12 所示。

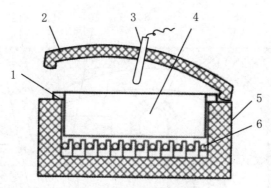

图 11.12　焖煅炉基本结构
1. 锅体；2. 锅盖；3. 测温计；4. 炉膛；5. 耐火隔热材料；6. 电炉丝

（四）蒸法

1. 蒸法

蒸法是将净药物加入辅料（或不加辅料）装入蒸制容器内，用水蒸气蒸制的一类操作。根据蒸时加辅料的不同，一般分为清蒸、酒蒸、醋蒸、黑豆汁蒸、豆腐蒸等。

清蒸是药物不加辅料，用水蒸气蒸制的一类操作。

酒蒸是药物拌入一定量的黄酒，用水蒸气蒸制的一类操作。一般滋补类药物多用酒蒸。

醋蒸是药物拌入一定量的米醋，用水蒸气蒸制的一类操作。

黑豆汁蒸是药物拌入黑豆汁，用水蒸气蒸制的一类操作。

豆腐蒸是将药物放在豆腐块中，用水蒸气蒸制的一类操作。

2. 蒸制设备

除了可倾式蒸煮锅、蒸药箱可作蒸制设备外，也可应用回转式蒸药机、卧式热压灭菌柜。

回转式蒸药机：主要由支架、罐体及动力传动机构等部分组成。该机是一种回转式的真空压力容器，中间用芯轴穿过，芯轴为一中空管，其间可以穿过蒸汽管、液体辅料管等，同时罐体可以绕芯轴旋转，利用旋转的动态原理，使物料在罐内受热时不断翻动，达到蒸制药材和烘干药材的目的。

卧式热压灭菌柜：为全部用合金钢制成的带有夹套的设备，主要由活动格车、搬运车、蒸汽控制阀、蒸汽旋塞、排气口和夹套回气装置等组成。采用饱和蒸汽，热效率高，穿透力强，缩短了闷润时间和蒸制时间，避免出现"夹生"情况；进料、出料方便，减轻了劳动强度；容量大，适用于大批量生产。适用于液体辅料和药汁蒸制药物。

（五）煮法

1. 煮法

煮法是净药物加入辅料（或不加辅料）置锅内，加适量清水同煮的一类操作。因加入的辅料不同，一般分为清水煮、甘草水煮、豆腐煮等。

清水煮法是药物与清水共煮的一类操作。

甘草水煮是药物与甘草煎液共煮的一类操作。

豆腐煮是药物与豆腐加水共煮的一类操作。

2. 煮制用的机械设备

除了可倾式蒸煮锅及蒸药箱可作蒸煮设备外,也可用动态循环浸泡蒸煮设备。

动态循环浸泡蒸煮设备主要是由蒸煮浸泡罐、计量罐、循环泵、电动葫芦、吊笼和蒸汽部分等组成。蒸煮浸泡罐采用搪玻璃罐,用于毒性中药材的浸泡和蒸煮;计量罐采用搪玻璃罐,主要用于储备辅料炮制液;循环泵采用不锈钢泵,主要用于毒性中药材的动态循环浸泡和蒸煮,以及向计量罐输送辅料炮制液;电动葫芦主要用于将吊笼放入浸泡蒸煮罐中或从浸泡罐中提起浸泡和蒸煮的药材;蒸汽部分使用饱和蒸汽。

(六) 燀法

燀法是将药物放入沸水中,短暂时间内煮至种皮与种仁分离的一类操作。炮制方法:取净药物,投入多量的沸水中,沸烫至种皮由皱缩至舒展或种皮松软能搓去时,捞出,放入冷水中稍浸,除去种皮,及时干燥。用时捣碎。

蒸、炖、煮、燀用的机械设备多采用多功能提取罐、蒸汽夹层锅。

(七) 复制法

复制法是将净选后的药材用一种或数种辅料,按照所用炮制方法的先后顺序,进行多次炮制的一类操作。多用于毒性药材的炮制,例如天南星、半夏、白附子(禹白附)的复制。

(八) 发酵法

发酵法是将配制好的药料置于适宜的温度、湿度环境中,由于霉菌和酶的催化分解作用,使其发泡、生衣的一类操作,又称曲法。用药料与面粉发酵的有六神曲、半夏曲、建神曲、沉香曲等;用药料直接发酵的有淡豆豉、百药煎。

发酵的外部条件:要求室内温度30~37℃,相对湿度70%~80%为宜。若温度过低或过分干燥,则发酵迟缓或不能发酵;温度过高则杀死霉菌,发酵亦不能进行。发酵多在夏季伏天进行。

(九) 发芽法

发芽法是在一定温度和湿度条件下,促使成熟的果实或种子萌发幼芽的一类操作,又称蘖法。

(十) 煨法

煨法是药物用湿面或湿纸包裹,埋在燼火中煨熟的一类操作,又称裹煨。有"煨者去燥性"之说,故一般需去除部分油质、缓和药性的药物多用煨制。

(1) 面裹煨:取净药物,用清水洗净后,放入泛丸匾内,撒入滑石粉,晃动药匾,使表面均匀地挂满滑石粉衣。再取面粉,加适量的水和成面团,擀压成0.3~0.5 mm的厚片,将挂滑石衣的药物逐个包裹,晾至半干。或将挂滑石衣的药物在泛丸匾内挂3~4层面粉,滚撞至表面光洁,晾至半干。将包裹后的药物倒入文火加热的滑石粉内,煨炒至表面皮呈焦黄色,嗅到药物的固有气味时,取出,剥去面皮或趁热切成厚片。

(2) 草纸裹煨:先把裁成宽长条的草纸浸湿,用湿纸将药物逐个包裹,包7~8层后,捏实,晾至半干,倒入用文火加热的滑石粉中,煨炒至草纸带黑色斑块,并嗅到药物的固有气味时,取出,剥去草纸或趁热切成厚片。

(3) 大量加工:大都将药物与定量麦麸同置锅内,用文火加热,缓缓翻动,至麦麸呈焦黄色,药物达到规定程度时,取出,筛去麦麸,放凉。或用滑石粉煨,将滑石粉置锅内,加热至灵活状态,投入药物,待药物呈深棕色,并有香气飘逸时,取出,筛去滑石粉,放凉。

(十一) 制霜法

制霜是药物经过去油制成松散粉末,或通过渗透析出细小结晶,或升华、煎煮成粉渣的一类操作。制霜操作分为去油制霜、析出结晶制霜、升华制霜、煎煮制霜等法。

(1) 去油制霜:将含油脂的种子类药物,去皮取仁,榨去油,制取粉末的一类操作。种子类药物(如巴豆、千金子、大风子、木鳖子、柏子仁、瓜蒌、苦杏仁、苏子等)多去油制霜。

(2) 析出结晶制霜:将西瓜、朴硝(或芒硝)等装入泥瓦罐内,经罐壁渗析出细小结晶的一类操作。

(3) 升华制霜:药物经高温加热升华成细小结晶的方法。如砒霜的制取。

(4) 煎煮制霜:药物经过多次长时间煎熬后成粉渣另作药用的方法。如鹿角霜。

(十二) 提净法

提净法是某些矿物质,特别是一些可溶性无机盐类药物,经过溶解、过滤、静置或加热,重新析出精制结晶体的一类操作。如芒硝、硼砂。

(十三) 水飞法

水飞法是利用不溶于水药物的粗细粉末在水中悬浮性的不同,来分离、倾取极细粉的一类操作。如朱砂、雄黄、滑石、珍珠、炉甘石等药物,传统制法是用乳钵研细后水飞。

(十四) 拌制法

拌制法是将药物表面黏附一层辅料的一类操作,又称拌衣。

(1) 湿法拌衣:将净药物表面湿润后,撒入辅料,采用一定的手法,使辅料均匀地黏附于药物表面,待药物表面均匀地呈现出辅料的色泽后,取出,晾干。如湿拌茯神、湿拌茯苓、湿拌远志、湿拌麦冬、湿拌灯芯草。

(2) 干法拌衣:将净药物粗粉置容器内,撒入辅料,充分搅动、拌和,待辅料均匀地分布于粗粉中,药物显出辅料色泽时,取出。如干拌龙齿、干拌龙骨。

（十五）干馏法

干馏法是将中药材或饮片置于容器内加热，或直接以火烤灼，使之产生液汁的方法。干馏法的目的是制备适合临床需要的中药饮片。制备方法因药料不同而有所区别。

第二节　药物的提取分离和纯化

药物要想成功应用于临床，尤其是中药，就一定要经过提取、分离等加工过程才能实现。

一、提取

在中药中间体及其制剂生产过程中，提取是重要的单元操作，其工艺和设备的选择是关键，它关系到中约产品质量、节能效果、生产效率、经济效益和《药品生产质量管理规范》的贯彻。

中药和天然药物提取的传统方法有浸渍法（常温浸渍法、温浸法）、煎煮法、渗漉法、回流法等。下面简要介绍几种常用的提取方法。

（一）煎煮法

该方法是用水为溶剂，将药材加热煮沸一定的时间，以提取其所含成分的一种常用方法。煎煮法是传统汤剂的常用制备方法，也是制备中药丸剂、颗粒剂、片剂、注射剂或提取某些有效成分的基本方法之一，适用于有效成分能溶于水且对热较稳定的药材。

由于煎煮法能提取较多的成分，符合中医传统用药习惯，故对于有效成分尚未清楚的中药或方剂进行剂型改进时，通常采取煎煮法粗提。但用水煎煮，浸提液中除有效成分外，往往水溶性杂质较多，尚有少量脂溶性成分，给后续操作带来不利；煎出液易霉败变质。

根据煎煮法加压与否，可分为常压煎煮法和加压煎煮法。常压煎煮法适用于一般性药材的煎煮，加压煎煮适用于药物成分在高温下不易被破坏，或在常压下不易煎透的药材，工业生产中常用蒸汽进行加压煎煮。

（二）浸渍法

浸渍法是简便而最常用的一种提取方法。根据提取温度的不同，可以分为冷浸法、温浸法等，最常用的是冷浸法。该法在室温下进行，又称常温浸渍法。药酒、酊剂的制备常用此法，若将浸提液过滤浓缩，可进一步制备流浸膏、浸膏、片剂、颗粒剂等。

浸渍法适用于黏性药材、无组织结构的药材、新鲜及易于膨胀的药材、价格低廉的芳香性药材；不适用于贵重药材、毒性药材及高浓度的制剂。因为溶剂的用量大，且呈静止状态，溶剂的利用率较低，有效成分浸出不完全，难以直接制得高浓度的制剂。另外，浸渍法所需时间较长,不宜用水为溶剂,通常用不同浓度的乙醇,故浸渍过程应密闭,防止溶剂的挥发损失。

(三) 渗漉法

该方法是将药材粗粉置于渗漉器内,溶剂连续地从渗漉器的上部加入,渗漉液不断地从下部流出,从而提出药材中有效成分的一种方法。

渗漉时,溶剂渗入药材的细胞中溶解大量的可溶性成分后,浓度增高,密度增大而向下移动,上层的溶剂置换其位置,造成良好的浓度差,溶剂相对药粉属于流动浸出,溶剂的利用率高,有效成分浸出较完全,提取效果优于浸渍法。故适用于贵重药材、毒性药材及高浓度制剂;也可用于有效成分含量较低的药材的提取。但对新鲜且易膨胀的药材、无组织结构的药材如大蒜、鲜橙皮等,既不易粉碎,也易与浸出溶剂形成糊状,无法使溶剂透过药材,故不宜选用此法。渗漉法不经滤过处理可直接收集渗漉液。

因渗漉过程所需时间较长,不宜用水为溶剂,通常用不同浓度的乙醇,但需防止溶剂的挥发损失。

(四) 回流法

该方法是用乙醇等易挥发的有机溶剂进行加热提取有效成分,挥发性溶剂形成蒸汽后又被冷凝,重复流回浸出器中浸提药材,这样周而复始,直至有效成分提取完全。

由于溶剂能循环使用,回流法较渗滤法的溶剂耗用量少,提取效率高。此法技术要求高,能耗较高,常与煎煮法联合使用。

(五) 水蒸气蒸馏法

水蒸气蒸馏法主要用于提取具有挥发性,能随水蒸气蒸馏而不被破坏,不与水发生反应,不溶或难溶于水的成分。因为这类成分在100 ℃时有一定蒸汽压,当水沸腾时,该类成分随水蒸气带出,达到提取的目的。

此法适合于一些芳香性,有效成分具有挥发性的药材,常与回流法联合使用。由于水的沸点是100 ℃,温度比较高,不适合于有效成分容易氧化或分解的药材。

传统提取方法普遍存在着有效成分提取率不高、杂质清除率低、生产周期长、能耗高、溶剂用量大等特点,用这些方法处理后的产品往往难以克服传统中成药"粗、大、黑"的缺点,疗效也难以有效提高,因此提取液还需进行精制和纯化。

二、精制和纯化

(一) 有效成分及有效部位

经过传统方法浸提后得到的药材提取液一般体积较大,有效成分含量较低,仍然是杂质和多种成分的混合物,需除去杂质,进一步精制中药提取物或纯化天然药物有效成分。

精制或纯化工艺应根据粗提取液的性质和产品要求,选择相应的精制纯化方法与条件,将无效和有害成分除去,尽量保留有效成分或有效部位,为制剂提供合格的原料或半成品。

1. 有效成分

指具有明显生物活性并有医疗作用的化学成分,如生物碱、苷类、挥发油、氨基酸等,一般指的是单一化合物。无效成分指在中药里普遍存在,没有生物活性,不起医疗作用的一些成分,如糖类、蛋白质、色素、树脂、无机盐等。但是,有效与无效不是绝对的,一些原来认为是无效的成分,因发现了它们具有生物活性而成为有效成分。例如,灵芝、茯苓所含的多糖有一定的抑制肿瘤作用,海藻中的多糖有降血脂作用,天花粉蛋白质具有引产作用;鞣质在中药里普遍存在,一般对治疗疾病不起主导作用,常被视为无效成分,但在五倍子、虎杖、地榆中却因鞣质含量较高并有一定生物活性而成为有效成分;又如黏液质通常为无效成分,而在白及中却为有效成分等。

2. 有效部位

指具有明显生物活性并有医疗作用的一类化学成分,通常是结构相似的一类化合物的总称。如银杏叶中的黄酮类化合物有近40种,这些化合物都具有保护缺血神经元的活性,故又把银杏总黄酮称作银杏叶的有效部位;此外,银杏萜内酯也是银杏叶的有效部位之一。

(二)常用的精制纯化方法

常用的精制纯化方法有沉降法、滤过法、离心法、水提醇沉法(水醇法)、醇提水沉法(醇水法)、酸碱法(调pH法)、盐析法、离子交换法和结晶法。具体的方法随各种粗提取液的性质、精制纯化目的的不同而不同。

1. 沉降法

该方法是利用重力的作用,利用分散介质的密度差,使之发生相对运动而分离的过程。沉降设备有旋液分离器、间歇式沉降器、半连续式沉降器、相连续式沉降器等。

2. 离心法

该方法是将待分离的药液置于离心机中,利用离心机高速旋转的功能,使混合液中的固体与液体或两种不相溶的液体产生不同的离心力,从而达到分离的目的。

离心分离的效果与离心机的种类、离心方法、离心介质及密度梯度等诸多因素有关,其中主要因素是确定离心机转速和离心时间。

离心分离的优点是生产能力大、分离效果好、成品纯度高,尤其适用于晶体悬浮液和乳浊液的分离。

3. 水提醇沉法

该方法是目前应用较广泛的精制方法。主要利用中药材中的大部分有效成分都易溶于水和乙醇,而树胶、黏液质、蛋白质、糊化淀粉等杂质分子量比较大,能溶于水而不溶于乙醇这个原理来达到分离纯化的目的。

水提醇沉法先以水为溶剂来提取药材,得到的水提液中常含有树胶、黏液质、蛋白质、糊化淀粉等杂质,此时可以向水提液中加入一定量的乙醇,使这些不溶于乙醇的杂质自溶液中沉淀析出,而达到与有效成分分离的目的。例如,自中草药提取液中除去这些杂质,或从白及的水提液中获取白及胶,可采用加乙醇沉淀法;自新鲜瓜蒌根汁中制取天花粉蛋白,可滴入丙酮使天花粉蛋白分次沉淀析出。

4. 醇提水沉法

醇提水沉法的原理与水提醇沉法的类似,都是利用杂质在水和乙醇中溶解度的差别实现分离。

醇提水沉法先以乙醇为溶剂来提取药材,得到的醇提液中常含有叶绿素等脂溶性杂质,此时向醇提液中加入一定量的水,使这些不溶于水的杂质自溶液中沉淀析出而达到与有效成分分离的目的。对含树胶、黏液质、蛋白质、糊化淀粉类杂质较多的药材较为适合。

5. 酸碱法(调pH法)

该方法是利用中药或天然药物总提取物中的某些成分能在酸性溶液(或碱)中溶解,加碱(或加酸)改变溶液的pH后,这些成分形成不溶物而析出,从而达到分离的目的。例如,香豆素属于内酯类化合物,不溶于水,但遇碱开环生成羧酸盐溶于水,再加酸酸化,又重新形成内酯环从溶液中析出,从而与其他杂质分离。

6. 离子交换法

该方法是利用离子交换树脂与中药提取液中某些可离子化的成分起交换作用,而达到提纯的方法。

离子交换法分离天然产物操作方便,生产连续化程度高,而且得到的产品往往纯度高,成本低,广泛用于氨基酸、肽类、生物碱、酚类、有机酸等中药和天然药物的工业化生产。

7. 色谱法

色谱法又称色谱分析、色谱分析法、层析法,是一种分离和分析方法,在分析化学、有机化学、生物化学等领域有着非常广泛的应用。

色谱法利用不同物质在不同相态的选择性分配,以流动相对固定相中的混合物进行洗脱,混合物中不同的物质会以不同的速度沿固定相移动,最终达到分离的效果。

三、中药与天然药物提取分离新技术

(一) 超临界流体萃取技术

物质处于其临界温度(Tc)和临界压力(Pc)以上的单一相态称为超临界流体。在一定温度条件下,应用超临界流体作为萃取溶剂,利用程序升压对不同成分进行分部萃取的技术,称为超临界流体萃取技术。

超临界流体具有近乎液体的高密度,对溶质的溶解度大;又有近乎气体的低黏度,易于扩散、传质速率高的主要性质。超临界流体的溶解能力与其密度呈正相关,在临界点附近,当温度一定时,压力的微小增加会导致超临界流体密度的大幅增加,从而使溶解能力大幅增加。

CO_2 的临界温度为 31.06 ℃，临界压力为 7.39 MPa，比较适中，其 CO_2 的临界密度为 0.448 g/cm³，在超临界溶剂中属较高的，而且 CO_2 性质稳定、无毒、不易燃易爆、价廉，故其是最常用的超临界流体。

超临界流体萃取技术较适用于亲脂性、分子量较小物质的萃取，对极性大、分子量过大的物质如苷类、多糖类成分等，则需添加夹带剂，并在很高的压力下萃取，给工业化带来一定难度。

（二）超声提取技术

该技术是利用超声波（频率>20 kHz）具有的机械效应、空化效应及热效应，通过增大介质分子的运动速度，增大介质的穿透力以提取中药有效成分的一种技术。其原理是利用超声波的空化作用加速植物有效成分的溶出，同时超声波的次级效应，如机械振动、乳化、扩散、击碎、化学效应等也能加速要被提取化合物的扩散释放并加快与溶剂的充分混合，从而提高提取物的得率。

超声波提取法最大的优点是提取时间短、无需加热、产率高、低温提取有利于有效成分的保护等优点，可为中药大生产的提取分离提供合理化生产工艺、流程及参数。

（三）微波萃取技术

微波萃取技术是一种新型的萃取技术，其原理是利用微波场中介质的极子转向极化与界面极化的时间与微波频率吻合的特点，促使介质转动能力跃迁，加剧热运动，将电能转化为热能。在萃取物质时，在微波场中，吸收微波能力的差异使得基本物质的某些区域萃取体系中的某些组分被选择性加热，从而使得被萃取物质从基体或体系中分离，进入到介电常数较小、吸收能力相对差的萃取剂中。

微波萃取技术已应用于生物碱类、蒽醌类、黄酮类、皂苷类、多糖、挥发油、色素等成分的提取。有实验通过采用分光光度法测定大黄提取液中总蒽醌的含量，以比较微波萃取法与常用提取方法（索氏提取法、超声提取法、水煎法）的提取效率，并用显微照相技术对大黄石蜡切片的细胞组织进行观察，研究结果表明微波萃取法的提取率最高，是超声提取法的 3.5 倍、索氏提取法的 1.5 倍、水煎法的 1.5 倍，且提取速度最快；而显微观察表明，微波可直接造成细胞组织的破坏，因此微波萃取法用于中药大黄的提取具有高效、省时的特点，为微波萃取法在中药提取中的推广应用提供了科学依据。

（四）酶法

由于大部分中药材有效成分往往包裹在由纤维素、半纤维素、果胶质、木质素等物质构成的细胞壁内，因此在药用植物有效成分提取过程中，当存在于细胞原生质体中的有效成分向提取介质扩散时，必须克服细胞壁及细胞间质的双重阻力。而选用适当的酶（如水解纤维素的纤维素酶、水解果胶质的果胶酶等）作用于药用植物材料，可以使细胞壁及细胞间质中的纤维素、半纤维素、果胶质等物质降解，破坏细胞壁的致密构造，减小细胞壁、细胞间质等传导屏障，从而减少有效成分从胞内向提取介质扩散的传导阻力，有利于有效成分的溶出。并且对于中药制剂中淀粉、果胶、蛋白质等杂质，也可针对性地选用合适的酶给予分解除去。因此酶法不仅能有效地使中药材中的有效成分溶出，同时还能有效除去杂质。

（五）半仿生提取技术

半仿生提取是将整体药物研究法与分子药物研究相结合，从生物药剂学的角度，模拟口服给药及药物经胃肠道转运的原理，为经消化道给药的中药制剂设计的一种新的提取工艺。具体做法是：先将药材用一定pH的酸水提取，再以一定pH的碱水提取，提取液分别滤过、浓缩，制成制剂。这种提取方法可以提取和保留更多的有效成分，缩短生产周期，降低成本。

（六）超微粉碎技术

超微粉碎技术是指用特殊的制药器械将中药粉碎成超细粉末的技术，评价指标目前一般按药粉的粒径大小和细胞破壁率。目前应用较多的有：① 中药细胞级的粉碎工艺，是以细胞破壁为目的的粉碎技术；② 低温超微粉碎，是将药材通过冷冻使成为脆性状态，然后进行粉碎使其超细化的技术。对于以粉体为原料的中药制剂而言，超微粉碎技术的应用还可以增强药效，提高药物的生物利用度；提高制剂质量，促进中药剂型的多样化；降低服用量，节约中药资源的多种用途。

低温超微粉碎技术尤其适用于资源匮乏、珍贵以及有热敏成分的药材。

（七）大孔树脂吸附技术

大孔树脂吸附技术是利用大孔树脂通过物理吸附从水溶液中有选择地吸附，从而实现分离提纯的技术。

大孔树脂为一类不含交换基团的大孔结构的高分子吸附剂，具有很好的网状结构和很高的比表面积。有机化合物根据吸附力的不同及分子量的大小，在树脂的吸附机制和筛分原料的作用下实现分离。其应用范围广、使用方便、溶剂量少、可重复使用，同时理化性质稳定、分离性能优良，目前在我国制药行业和新药研究开发中广泛使用。

（八）膜分离技术

膜分离是滤过法的一种，用人工合成的高分子薄膜或无机陶瓷膜，以外界能量或化学位差为推动力，对双组分或多组分的溶质和溶剂进行分离、分级、提纯和浓缩的方法，统称为膜分离法。使用膜分离技术（包括微滤、超滤、纳滤和反渗透等）可以在原生物体系环境下实现物质分离，可以高效浓缩富集产物，有效去除杂质。

由于膜分离可在常温下操作，因此特别适用于热敏性物质，如生物或药物成分的分离和提纯。中药和天然药物的化学成分非常复杂，通常含有生物碱、苷类、黄酮类等小分子有效成分，同时还含有蛋白质、树脂、淀粉等无效成分。研究表明中药有效成分的分子量大多数不超过1000，而无效成分的分子量在5000以上（需要注意的是，有些高分子化合物具有一定的生理活性或疗效，如香菇中的多糖，天花粉中的蛋白质）。膜分离技术正是利用膜孔径大小特征将成分进行分离提纯,因而在中药领域中的应用日益广泛。

第三节 中药配方颗粒

一、概述

(一) 中药配方颗粒的特点

中药配方颗粒是由单味中药饮片经水提、分离、浓缩、干燥、制粒而成的颗粒,在中医药理论指导下,按照中医临床处方调配后,供患者冲服使用。中药配方颗粒的质量监管纳入中药饮片管理范畴,实行单味定量包装,供药剂人员遵临床医嘱随证处方,按规定剂量调配给患者直接服用。

中药配方颗粒不需要煎煮,可以将各味配方颗粒混合,即冲即服。

中药配方颗粒开发研究的目的,不是为了替代中药饮片,而是适应市场需求,是对中药饮片的补充。中药配方颗粒改变了中医药数千年来中药汤剂必须将处方饮片加水煎煮才能服用的旧传统,将中医药的传统汤剂转变成一种快捷、简单、方便又卫生的有效剂型,是中药汤剂改革的一种成功尝试。

使用中药配方颗粒的优点:

(1) 多年的临床应用实验证明,中药配方颗粒冲剂的疗效与中药饮片煎煮的汤剂的疗效基本相符,亦未出现新的不良反应。

(2) 中药配方颗粒采用工厂化大生产,优于传统煎煮,可确保中药疗效。中药配方颗粒在工厂的机械化生产中,可根据各单味中药的性质,以其在不同温度、时间、pH等条件下,提取的有效成分含量最高为标准,采用先进的生产设备和稳定的生产工艺,制成配方颗粒,病人可直接服用。避免了传统药剂需由患者自己煎煮,且由于人们对加水量、浸泡时间、煎煮时间、先煎后下等不甚明了或操作不当,而致使影响汤剂疗效的问题。

(3) 有利于中药的质量控制并确保疗效。中药配方颗粒由生产质量管理符合GMP规范的中药厂生产。从药材产地采购、运输、储存,都有严格的鉴定、验收等一套管理制度。从原药材制成配方颗粒,则制定有相应的炮制、生产、工艺、质量标准及检测方法,制定出原药材与颗粒之间的用量换算关系,因而质量完全可处于掌控之中。制药厂可实现规模化生产,产品质量更为稳定、疗效更有保障,生产成本将大大降低,比饮片煎煮汤剂在价格上更有竞争优势。与中药配方颗粒相比,饮片质量的控制相对较困难,以至假冒伪劣的中药饮片充斥市场,对广大患者健康造成很大危害。

(4) 提高中药材利用率,便于保管与调配。中药配方颗粒采用复合铝塑袋包装,体积小,重量轻,不易吸潮,包装袋上标明了与原生药的换算关系,调配方便、卫生快捷、便于保管。传统中药饮片方剂用手抓、秤称量,易带来药品污染及剂量误差。中药饮片储藏保管不当会出现起油、变色、虫蛀、霉变等质量问题,造成药材的很大浪费。

(5) 有利于传统的中医药学走出国门为全世界所接受。国人已习惯数千年来用中药饮片汤剂治病,但近来出现的"方对药不灵"现象却反映了饮片质量不稳定、不可控、甚至出现伪劣饮片充斥市场的现象。而质量可控的中药配方颗粒的应用将使以上问题迎刃而解。随着我国经济发展,人们生活节奏的加快,方便、快捷的中药配方颗粒更适合社会需求。

中药作为一种纯天然、少毒性药物,更适于人体调理吸收,在不少方面优于西医药,其优越性也吸引着外国人。但中药饮片质量的不确定性与不可控性,以及中药饮片汤剂煎煮的操作不方便、不易携带又使外国人难以接受,致使中药发源地的中国在世界中药市场仅占了很小的份额,反而日本、韩国占据了世界中药市场的大部分。安全、有效、质量稳定、可控的中药配方颗粒的应用将打破日本、韩国垄断世界中药市场的局面。

(二)中药配方颗粒的名称

按《中国药典》的定义,颗粒剂是指药材的提取物与适宜的辅料或部分药材细粉混匀,制成的干燥颗粒状剂型。《中国药典》1990年版称颗粒剂为"冲剂",而《中国药典》1995年版则称为"颗粒剂(冲剂)",两者含义相同。《中国药典》2000年版和2005年版则保留"颗粒剂",取消了"冲剂"的副名。颗粒剂为具有一定粒度的颗粒状制剂,分为可溶颗粒、混悬颗粒和泡腾颗粒。

中药配方颗粒这一新剂型曾出现过诸如"单味中药浓缩颗粒""免煎饮片""中药精制颗粒""颗粒饮片""免煎汤剂"等多种名称。2001年国家药品监督管理局将其统一命名为"中药配方颗粒"。2006年国家药政部门和国家中医药管理部门确定,"中药配方颗粒"是指单味中药饮片经提取浓缩制成的颗粒,故其不能单独使用,只供中医临床配制处方用,应与一般的颗粒剂区别开来。

"中药配方颗粒"的诞生完善了中药的结构体系,"中药配方颗粒"进入市场后是对中药饮片的补充。

二、中药配方颗粒生产工艺

(一)水溶性颗粒剂的制法

水溶性颗粒剂加水后应能完全溶解呈澄清溶液,无焦屑等杂质。其工艺过程可分为提取、精制、制粒、干燥、整粒、质量检查、包装等步骤。

1. 提取

因中药材所含有效成分的不同及对颗粒剂溶解性的要求不同,应采用不同的溶剂和方法进行提取。多数中药材用煎煮法提取,也有用渗漉法、浸渍法及回流法提取。含挥发油的药材还可用"双提法"。

煎煮法是将药材加工成片或段,或粗末,按煎煮法常规进行煎煮。滤过,合并滤液,静置澄清,或用离心方法除去悬浮性杂质后,采用低温蒸发浓缩至稠膏状备用。

2. 精制

将经浓缩至一定浓度的稠膏,除另有规定外,加入等量95%乙醇,充分混合均匀,静置冷藏12 h以上,过滤,滤液回收乙醇后,再继续浓缩至稠膏状,相对密度为1.30~1.35(50~60 ℃),或继续烘成干浸膏备用。

3. 制粒

将稠膏或干膏细粉加入规定量的水溶性赋形剂,混匀,用适当浓度的乙醇适量制软材,软材通过颗粒机上一号筛(12~14目)制成颗粒。以真空干燥的干浸膏(或内含部分水溶性赋形剂)直接通过颗粒机碎成颗粒。也有以提取浓缩液喷雾干燥成颗粒的。

4. 干燥

制得的湿颗粒需迅速干燥,放置过久湿粒易结块或变形。干燥温度一般以60~80 ℃为宜。干燥温度应逐渐上升,否则颗粒的表面干燥过快,易结成一层硬壳而影响内部水分的蒸发;且颗粒中的糖粉骤遇高温时熔化,使颗粒变得坚硬;尤其是糖粉与柠檬酸共存时,温度稍高更易黏结成块。

颗粒的干燥程度,一般应控制水分在2%以内。生产中常用的干燥设备有烘箱、烘房、沸腾干燥床、振动式远红外线干燥机等。

5. 整粒

湿粒干燥后,可能有结块粘连等现象,需再通过整粒机或摇摆式颗粒机一号筛(12~14目),使大颗粒磨碎,再通过四号筛(60目)除去细小颗粒和细粉。筛下的细小颗粒和细粉可重新制粒,或并入下次同一批药粉中,均匀制粒。

颗粒剂处方中若含芳香挥发性成分,一般宜溶于适量乙醇中,用雾化器均匀地喷洒在干燥的颗粒上,然后密封放置一定时间,待乙醇穿透均匀吸收后方可进行包装。

6. 包装

颗粒剂含有浸膏和蔗糖,极易吸潮溶化,故应密封包装和干燥储藏。目前多用复合铝塑袋分装,不易透湿、透气,储藏期内一般不会出现吸潮、软化现象。颗粒剂包装一般用自动包装机。

(二) 混悬性颗粒剂的制法

混悬性颗粒剂是将处方中部分药材提取制成稠膏,另一部分药材粉碎成极细粉加入制成的颗粒剂中,用水冲后颗粒剂不能完全溶解,而是混悬性液体。这类颗粒剂应用较少,当处方中含挥发性或热敏性成分药材量较多且是主要药物时,将这部分药材粉碎成极细粉加入,药物既起治疗作用,又是赋形剂,可省其他赋形剂,降低成本。

其制法为将含挥发性、热敏性或淀粉较多的药材粉碎成细粉,过六号筛备用;一般性药材以水为溶剂煎煮提取,煎液浓缩至稠膏备用;将稠膏与药材细粉及糖粉适量混匀,制成软材,然后再通过一号筛(12~14目)制成湿颗粒,在60 ℃以下干燥,干颗粒再通过一号筛整粒,分装,即得。

(三)泡腾性颗粒剂的制法

泡腾性颗粒剂是利用有机酸与弱碱遇水作用产生二氧化碳气体,使药液产生气泡呈泡腾状态的一种颗粒剂。由于酸与碱中和反应产生二氧化碳,使颗粒疏松、崩裂,具速溶性;同时,二氧化碳溶水后呈酸性,能刺激味蕾,因而达到矫味的作用;若再配有甜味剂和芳香剂,可以得到碳酸饮料的风味。常用的有机酸有枸橼酸、酒石酸等,弱碱有碳酸氢钠、碳酸钠等。

其制法为将方药按一般水溶性颗粒剂提取、精制得稠膏或干浸膏粉,分成两份,一份中加入有机酸制成酸性颗粒,干燥,备用;另一份中加入弱碱制成碱性颗粒,干燥,备用;将酸性颗粒与碱性颗粒混匀,包装,即得。

三、中药配方颗粒的质量要求及保证措施

(一)《中国药典》对颗粒剂的质量要求

颗粒剂指药材提取物与适宜的辅料或药材细粉制成的具有一定粒度的颗粒制剂,分为可溶颗粒、混悬颗粒和泡腾颗粒。

1. 颗粒剂在生产与储藏期间应符合的有关规定

(1)除另有规定外,药材应按各种项下规定的方法进行提取、纯化、浓缩成规定相对密度的清膏,采用适宜的方法干燥,并制成细粉,加适量辅料或药材细粉,混匀并制成颗粒;也可将清膏加适量辅料或药材细粉,混匀并制成颗粒。应控制辅料用量,一般前者不超过干膏量的2倍,后者不超过清膏量的5倍。

(2)除另有规定外,挥发油应均匀喷入干燥颗粒中,密闭至规定时间或用β环糊精包合后加入。

(3)制备颗粒剂时可加入矫味剂和芳香剂;为防潮、掩盖药物的不良气味也可包薄膜衣;必要时,包衣颗粒剂应检查残留溶剂。

(4)颗粒剂应干燥、颗粒均匀、色泽一致,无吸潮、结块、潮解等现象。

(5)除另有规定外,颗粒剂应密封,在干燥处贮存,防止受潮。

2. 颗粒剂应进行的相应检查

(1)粒度:除另有规定外,按照《中国药典》粒度测定法(双筛分法)测定。取供试品30 g,称定重量,置于规定的药筛中,保持水平状态过筛,左右往返,边筛动边轻叩3 min。取不能通过小号筛和能通过大号筛的颗粒及粉末,称定重量,计算所占百分比。不能通过一号筛与能通过五号筛的总和,不得过15%。

(2)水分:按照《中国药典》水分测定法测定,除另有规定外,不得超过6.0%。

(3)溶化性:取供试品1袋(多用剂量包装取10 g),加热水200 mL搅拌5 min,立即观察,应全部溶化或呈混悬状。可溶颗粒应全部溶化,允许有轻微浑浊;混悬颗粒应混悬均匀。

泡腾性颗粒:取供试品1袋,置于盛有200 mL水的烧杯中,水温为15~25 ℃,应能迅速产生气体且呈泡腾状,5 min内颗粒应完全分散或完全溶解在水中。

颗粒剂:按上述方法检查,均不得有焦屑等。

(4) 装量差异:单剂量包装的颗粒剂,照下述方法检查应符合规定。

取供试品10袋,分别称定每袋内容物的重量,每袋装量与标示装量相比较,按表中的规定,超出装量差异限度的不得多于2袋,并不得有1袋超出限度1倍。单剂量包装装量差异见表11.1。

表11.1 单剂量包装装量差异

标准装量	装量差异限度	标准装量	装量差异限度
1 g以下及1 g	±10%	1.5 g以上至6 g	±7%
1 g以上至1.5 g	±8%	6 g以上	±5%

(5) 装量:多剂量包装的颗粒剂,照《中国药典》最低装量检查法检查,应符合规定。

(6) 微生物限度:按照《中国药典》微生物限度检查法检查,应符合规定。

(二) 中药配方颗粒质量保证措施

中药配方颗粒必须有统一的质量标准。为了使中药配方颗粒能够保证质量,确保用药安全,国家药品监督管理局于2001年7月5日印发了《中药配方颗粒管理暂行规定》的通知。根据《中华人民共和国药品管理法》的有关规定,为推进中药饮片实施批准文号管理,规范中药配方颗粒的试点研究,中药配方颗粒从2001年12月1日起纳入中药饮片管理范畴,与饮片同步,实行批准文号管理。上述通知并附有《中药配方颗粒质量标准研究的技术要求》,规定配方颗粒质量标准内容,包括药品名称、来源、炮制、性状、鉴别、检查、浸出物、含量测定、功能与主治、用法与用量、注意、规格、储藏及有效期等项目。2021年2月1日,国家药监局、国家中医药局、国家卫生健康委、国家医保局联合下发《关于结束中药配方颗粒试点工作的公告》(2021年第22号),规定自2021年11月1日起,中药配方颗粒品种实施备案管理,不实施批准文号管理,在上市前由生产企业报所在地省级药品监督管理部门备案。

中药配方颗粒的质量检验,生产颗粒的原料、中间体质量检验;药材的道地性鉴别,农药残留及重金属含量的控制;药材混杂、伪劣假药的鉴别等都是确保中药配方颗粒质量的重要手段。

第十二章　制药工程设计

第一节　概　　述

一、项目建议书与可行性研究报告

工程设计是将工程项目(例如一个制药厂、一个制药车间或车间的改造等)按照技术要求,由工程技术人员用图纸、表格及文字的形式表达出来的一项综合性技术工作。

一个工程项目从计划建设到交付生产一般要经历以下基本工作程序:

项目建议书→批准(或备案)立项→可行性研究→审查及批准→设计任务书→初步设计→初步设计审查→施工图设计→施工→试车→竣工验收→交付生产。

由于工程项目的生产规模、所处地区、建设资金、技术成熟程度和设计水平等因素的差异,设计工作程序有所不同。例如,对于一些技术成熟又较为简单的小型工程项目(如生产车间或设备的技术改造等),可按基本工作程序进行合理简化,以缩短项目建设周期。

(一)项目建议书

项目建议书是建设单位或企业项目管理业务部门根据国民经济和社会发展的长远规划、行业规划、地区规划,并结合自然资源、市场需求和现有的生产力分布等情况,在进行初步的广泛的调查研究的基础上,向国家、省、市等有关主管部门或企业推荐项目时提出的报告书。

项目建议书是投资决策前对工程项目的轮廓设想,主要说明项目建设的必要性,同时初步分析项目建设的可能性。

项目建议书一般包括以下主要内容:

(1)项目名称。

(2)项目提出的目的和意义。对于技改项目应阐明企业生产技术的现状及与国内外技术水平的差距,对于引进项目则应说明引进的理由。

(3)市场需求的初步预测。

(4)产品方案和拟建规模。

(5) 工艺技术的初步方案,包括各种原料路线和生产方法的比较、工艺技术和设备来源的选择和理由。

(6) 原材料、燃料和动力的供应情况。

(7) 建设条件和建设地点的初步方案。

(8) 环境保护和污染物的治理措施,包括建设地区的环境概况,拟建项目污染物的种类、数量、浓度和排放方式,以及污染物的初步治理措施和方案。

(9) 项目实施的初步规划,包括建设工期和建设进度的初步方案。

(10) 工厂组织和劳动定员的估算。

(11) 投资估算和资金的筹措方案,包括偿还贷款能力的大体测算。

(12) 经济效益和社会效益的初步评价。

(13) 结论。

项目建议书是为工程项目取得立项资格而提出的,是设计前期各项工作的依据。项目建议书经过主管部门批准(或备案)后,即可进行可行性研究。对于一些技术成熟又较为简单的小型工程项目,项目建议书经主管部门批准(或备案)后,即可按明确的设计方案直接进行施工图设计,使程序得以简化。

(二)可行性研究报告

可行性研究报告是工程项目主管部门对工程项目进行评估和决策的依据。项目建议书经批准或备案后,即可组织或委托设计、咨询单位进行可行性研究。可行性研究的任务是根据国民经济发展的长远规划、地区发展规划和行业发展规划的要求,结合自然和资源条件,对工程项目的技术性、经济性和工程可实施性,进行全面调查、分析和论证,作出是否合理可行的科学评价。

1. 可行性研究报告应阐明的问题

各类可行性研究的内容侧重点差异较大,但一般应阐明投资必要性、技术可行性、财务可行性、组织可行性、经济可行性、社会可行性以及风险因素及对策。

2. 可行性研究报告的内容

对工程项目进行可行性研究,其成果就是编写出可行性研究报告。一般说来,可行性研究报告应包括以下内容:

(1) 总论:项目提出的背景、投资的必要性和经济意义,可行性研究的依据、范围和主要过程、结论性意见以及存在的主要问题和建议。

(2) 市场需求预测:产品的国内外需求情况预测,国内外相同或同类产品的生产能力、产量和销售情况,产品的价格分析,产品的销售预测和竞争能力分析。

(3) 产品方案及生产规模:产品方案和发展远景的技术经济比较及分析,产品和副产品的品种、规格及质量指标,产品规模的确定原则和拟建工程的生产规模。

(4) 工艺技术方案:国内外工艺技术概况,工艺技术方案的比较与选择,所选工艺技术方案的可行性、可靠性、先进性以及技术来源和技术依托,主要工艺设备和装置的选择及说明,工艺流程图和生产车间布置说明。

(5) 原料、辅助材料及燃料的供应:原料、辅助材料及燃料的种类、数量、来源、质量标准、规格以及供应要求。

(6) 建厂条件和厂址方案:厂址的自然条件,所在地区的社会经济、交通运输和能源供应现状及发展趋势,厂址方案的技术经济比较和选择意见。

(7) 总图运输、公用工程和辅助设施方案:厂区初步布置方案、运输总量和厂内外交通运输方案,水、电、气供应方案,采暖通风和空气净化方案,土建方案及工程量的估算,其他公用工程和辅助设施。

(8) 环境保护:建设地区的环境现状,工程项目的主要污染源及污染物,综合利用、污染物治理和环保监测的初步方案,环境保护综合评价。

(9) 劳动保护、消防和安全卫生:劳动保护措施,防火、防爆和安全。

(10) 节能:能耗指标及分析,拟采取的节能措施和效果分析。

(11) 工厂组织、劳动定员和人员培训:工厂体制及组织机构,人员编制和素质要求,人员培训方案及计划。

(12) 项目实施计划:项目实施的周期和总体进度,设计、制造、安装、试生产等各项工作所需的时间和进度。

(13) 投资估算和资金筹措:项目总投资(包括固定资产、建设期贷款利息和流动资金等投资)估算,资金来源、筹措方式、贷款偿付方式和使用计划。

(14) 社会及经济效果评价:产品成本和销售收入的估算、财务评价、国民经济评价、社会效益评价。

(15) 结论:综合运用上述分析及数据,从技术、经济等方面论述工程项目的可行性,列出项目建设存在的主要问题,得出可行性研究结论。

根据工程项目的规模、性质和条件的不同,上述可行性研究报告的内容可有所侧重或做必要的调整。

二、设计任务书

工程项目经过可行性研究后,证明其建设是必要的和可行的,则应编制设计任务书。其作用是在可行性研究报告的基础上,进一步对工程项目的技术、经济效益和投资风险等进行周密的分析。确认项目可以建设并落实建设投资后,编制出设计任务书,报主管部门正式批准后下达给设计单位,作为设计的依据。

设计任务书一般由项目主管部门组织编制,也可委托设计、咨询单位或生产企业(改、扩建项目)编制。设计任务书是确定工程项目和建设方案的基本文件,是设计工作的指令性文件,也是编制设计文件的主要依据。

根据工程项目(新建、改建或扩建)的性质不同设计任务书的内容有所差异。大、中型工程项目的设计任务书,一般应包括以下内容:

(1) 工程项目名称。

(2) 建设的目的和依据。
(3) 建设规模和产品方案。
(4) 生产方法或工艺原则。
(5) 原材料、燃料及动力(水、电、气)等供应情况。
(6) 建设地区或地点,以及交通运输、占地面积和防震等要求。
(7) 资源综合利用和环境保护的要求。
(8) 建设工期和建设进度要求。
(9) 投资总额。
(10) 劳动定员控制数。
(11) 要求达到的技术水平和经济效益。
(12) 有关附件。如备案或审批文件、土地使用批复、银行同意贷款意见等。

改建或扩建大、中型工程项目的设计任务书还应包括原有固定资产的利用程度和现有生产能力的发挥情况。小型工程项目设计任务书的内容可参照以上内容适当简化。

三、初步设计

根据工程项目的建设规模、技术的复杂程度以及设计水平的高低,工程设计有三阶段设计、两阶段设计和一阶段设计三种情况。

三阶段设计包括初步设计、技术设计和施工图设计。对于技术要求严格、工艺流程复杂又缺乏设计经验的大、中型工程项目可按三阶段进行设计。

两阶段设计包括扩大初步设计(简称扩初设计)和施工图设计。对于技术成熟的中、小型工程项目,为简化设计步骤,缩短设计时间,一般采用两阶段设计。

一阶段设计只进行施工图设计。对于技术简单、成熟的小型工程项目(如小规模的改、扩建工程等)可以采用一阶段设计,即直接进行施工图设计。

两阶段设计综合了三阶段和一阶段设计的优点,既节省时间,又较为可靠。目前,我国的制药工程项目,一般采用两阶段设计,即先进行扩大初步设计,经审查批准后再进行施工图设计。

(一)初步设计阶段

设计单位得到建设单位的设计任务书以及委托设计协议书,即可开始初步设计工作。

初步设计是根据设计任务书、可行性研究报告及设计基础资料,对工程项目进行全面、细致的分析和研究,确定工程项目的设计原则、设计方案和主要技术问题,在此基础上对工程项目进行初步设计。初步设计阶段的成果主要有初步设计说明书、工程概算书和图纸。对于规模较小或比较简单的工程项目,工程概算书亦可合并于设计说明书中。

在初步设计阶段,工艺设计是整个设计的关键。工艺设计原则确定之后,其他各专业的设计原则也随之确定。

初步设计的目的是保证工程项目投产后的经济效益。因此,初步设计不仅要有准确可靠的技术资料和基础数据,而且设计过程中要积极采用新工艺、新技术和新设备,并通过方案比较,优选出最佳设计方案进行设计。

(二) 初步设计的依据

(1) 项目建议书及有关部门的批复。
(2) 可行性研究报告及有关部门的批复。
(3) 正式批准的设计任务书及建设单位委托设计协议书。
(4) 有关的设计规范和标准,如《药品生产质量管理规范》《工业企业总平面设计规范》《洁净厂房设计规范》《建筑设计防火规范》《建筑给水排水设计规范》《制药工业水污染物排放标准》等。
(5) 新建、改建或扩建制药工程项目的申请报告、批复意见。

(三) 初步设计的内容

初步设计是以大量的图、表和必要的文字说明完成的,一般应包括以下内容:

(1) 总论:概述工程项目的设计依据、设计规模、设计原则、建设地点、产品方案、生产方法、车间组成、原材料来源、产品销售、主要技术经济指标、存在的问题及解决的办法等。

(2) 总平面布置及运输:确定总平面布置原则,并以此原则对药厂区域进行划分,绘制全厂的总平面布置图。在运输方面,主要是确定厂内外的运输方案以及存在的问题和解决办法。

(3) 制药工艺设计:根据全厂的总生产流程和总平面布置图,按车间(如原料药车间、制剂车间、机修车间等)或产品品种分别进行车间、产品品种的工艺设计,其中主要包括工艺流程设计、物料衡算、能量衡算、定型设备的选型、非标设备的设计、设备的布置、管道的计算与布置等。

(4) 土建工程设计:根据厂址位置的地形、地质等条件以及施工建材等客观因素,确定满足生产工艺要求的车间、辅助车间的建(构)筑物的结构以及防震抗震设计和其他特殊工程设计等,并对存在的问题提出建议。

(5) 给排水及污水处理工程设计:确定生产、生活、环保、消防用水的水量、水质和水压要求,说明水源、取水方案、输水方式和水质处理方法,确定全厂的排水量、污水性质及污水处理方案,确定循环用水方案以及给排水设备的设计与选型等。

(6) 采暖通风及空调系统工程设计:确定采暖通风及空调系统的设计参数、设计指标和设备选型。制药车间内的净化空调系统及通风应符合洁净度以及国家安全和卫生标准的规定。

(7) 动力工程设计:确定供冷、供热、供蒸汽和供气(如压缩空气、氮气等)系统的设计参数、设计指标和设备选型。

(8) 电气与照明工程设计:包括输变电、照明等系统的设计。

(9) 仪表及自动控制工程设计:确定仪表的选型和自动控制方案。

(10) 安全卫生和环境保护工程设计:设计过程中,凡涉及药厂安全的,尤其是防火防爆问题,必须严格按照有关的规范和法规进行处理。劳动者的健康和安全、各种消防设施、安全通道和防火墙等,都是设计者必须考虑的重要问题。

新建、改建或扩建制药工程项目必须切实执行环境影响评价报告制度和安全、环保、消防、职业卫生"三同时"(专业设施与主体工程同时设计、同时施工、同时投产)制度。

(11) 工程概算:完成工程项目的总概算及各工序的单项概算,编制总概算说明书。

(12) 有关附件:包括各种表格(如设备一览表、材料估算表等)和图纸(如全厂总平面布置图、物料流程图、初步设计阶段带控制点的工艺流程图、主要设备装配图、车间设备的平面布置图和立面布置图等)。

四、施工图设计

施工图设计是根据初步设计及其审批意见,完成各类施工图纸、施工说明和工程概算书,作为施工的依据。

施工图设计阶段的设计文件由设计单位直接负责,不再上报审批。

(一) 施工图设计的内容

施工图设计阶段的主要工作是使初步设计的内容更完善、更具体、更详尽,达到施工指导的要求。施工图设计阶段的主要设计文件有图纸和说明书。

1. 图纸

施工图设计阶段的图纸包括以下内容:

① 施工阶段带控制点的工艺流程图。

② 非标设备制造及安装图。

③ 施工阶段设备布置图及安装图;管道布置图及安装图。

④ 仪器设备一览表;材料汇总表。

⑤ 其他非工艺工程设计项目的施工图纸。

2. 设计说明书

除初步设计的内容外,还应包括以下内容:

① 设备和管道的安装依据、验收标准及注意事项。

② 对安装、试压、保温、油漆、吹扫、运转安全等要求。

③ 如果对初步设计的某些内容进行了修改,应详细说明修改的理由和原因。

在施工图设计中,通常将施工说明、验收标准等直接标注在图纸上,而无需写在说明书中。

(二) 施工图设计工作程序

施工图设计阶段大致要经历设计准备、编制开工报告、签订条件往返协作时间表、编制施工图设计文件、校审、会签、复制、发图、归档等工作程序。

在施工图设计阶段,专业之间的联系内容多,设计条件往返多。因此,各专业必须密切配合、协调工作,才能保证设计任务的顺利完成。

五、施工、试车、验收和交付生产

制药工程项目建设单位应根据基建计划和设计文件,努力创造良好的施工条件,并做好施工前的各项准备工作。例如,办理土地征用手续、落实水电及道路等外部施工条件和施工力量等。具备施工条件后,一般应根据设计概算或施工图预算,通过公开招标方式选择施工单位。

施工单位应严格按照设计要求和施工验收规范进行施工,确保工程质量。

制药工程项目在完成施工后,应及时组织调试与试车。制药装置调试总的原则是:从单机到联机到整条生产线;从空车到以水代料到实际物料。当以实际物料试车,并生产出合格产品(药品),且达到装置的设计要求时,制药工程项目即告竣工。此时,应及时组织竣工验收。竣工验收合格后的生产装置,即可交付使用方,形成产品的生产能力。

第二节 厂址选择和总平面设计

一、厂址选择

厂址选择是根据拟建工程项目所必须具备的条件,结合制药工业的特点,在拟建地区范围内,进行详尽的调查和勘测,并通过多方案比较,提出推荐方案,编制厂址选择报告,经上级主管部门批准后,即可确定厂址的具体位置。

在厂址选择时,必须采取科学、慎重的态度,认真调查研究,确定适宜的厂址。厂址选择的基本原则如下:

1. 贯彻执行国家的方针政策

选择厂址时,必须贯彻执行国家的方针、政策,遵守国家的法律、法规。厂址选择要符合国家的长远规划及工业布局、国土开发整治规划和城镇发展规划。

2. 正确处理各种关系

选择厂址时,要从全局出发,统筹兼顾,正确处理好城市与乡村、生产与生态、工业与农业、生产与生活、需要与可能、近期与远期等关系。

3. 注意制药工业对厂址选择的特殊要求

为保证药品质量,药品生产必须符合《药品生产质量管理规范》(GMP)的要求,在严格控制的洁净环境中生产。由于厂址对药厂环境的影响具有先天性,因此,选择厂址时必须充分考虑药厂对环境因素的特殊要求。工业区应设在城镇常年主导风向的下风向,但考虑到药品生产对环境的特殊要求,药厂厂址应设在工业区的上风位置,厂址周围应有良好的卫生环境,无有害气体、粉尘等污染源,也要远离车站、码头等人流、物流比较密集的区域。

4. 充分考虑环境保护和综合利用

制药企业必须对所产生的污染物进行综合治理,不得造成环境污染。制药生产中的废弃物很多,从排放的废弃物中回收有价值的资源,开展综合利用,是保护环境的一个积极措施。

5. 节约用地

选择厂址要尽量利用荒地、坡地及低产地,少占或不占良田、林地。厂区的面积、形状和其他条件既要满足生产工艺合理布局的要求,又要留有一定的发展余地。

6. 具备基本的生产条件

厂址的交通运输应方便、畅通、快捷,水、电、气、原材料和燃料的供应要方便,地质条件应符合建筑施工的要求,自然地形应尽量整齐、平坦。

二、总平面设计

总平面设计是在厂址上,按照生产工艺流程及安全、运输等要求,经济、合理地确定各建(构)筑物、运输路线、工程管网等设施的平面及立面关系。总平面设计是工程设计的一个重要组成部分,其方案是否合理直接关系到工程设计的质量和建设投资的效果。总平面设计不协调、不完善,不仅会使工程项目的总体布局紊乱、不合理,建设投资增加,而且项目建成后还会带来生产、生活和管理上的问题,甚至影响产品质量和企业的经营效益。

总平面设计的内容繁杂,涉及的知识面很广,影响因素很多,矛盾也错综复杂。因此,在进行总平面设计时,设计人员要善于听取和集中各方面的意见,充分掌握厂址的自然条件、生产工艺特点、运输要求、安全和卫生要求、施工条件以及城镇规划等相关资料,按照总平面设计的基本原则和要求,对各种方案进行认真的分析和比较,力求获得最佳设计效果。

(一)总平面设计的依据

(1)上级部门下达的设计任务书。

(2)建设单位提供的有关设计委托资料。

(3)有关的设计规范和标准,如《药品生产质量管理规范》(2010年修订版)、《工业企业总平面设计规范》(GB 50187—2012)、《化工企业总图运输设计规范》(GB 50489—2009)、《厂矿道路设计规范》(GBJ 22—87)、《建筑设计防火规范》(GB 50016—2014)、《化工企业供电设计技术规定》(HG/T 20664—1999)、《爆炸危险环境电力装置设计规范》(GB 50058—2014)、《压力管道规范:工业管道》(GB/T 20801—2006)、《工业金属管道设计规范》(GB 50316—2000)、《医药工业洁净厂房设计规范》(GB 50457—2008)、《洁净厂房设计规范》(GB 50073—2013)、《工业建筑采暖通风与空气调节设计规范》(GB 50019—2015)、《工业企业设计卫生标准》(GBZ 1—2010)、《制药工业水污染物排放标准》(GB 21903~21908—2008)、《大气污染物综合排放标准》(GB 16297—1996)、《恶臭污染物排放标准》(GB 14554—93)、《工业企业噪声控制设计规范》(GB/T 50087—2013)等。

(4) 厂址选择报告。

(5) 有关的设计基础资料,如设计规模、产品方案、生产工艺流程、车间组成、运输要求、劳动定员等生产工艺资料以及厂址的地形、地势、地质、水文、气象、面积等自然条件资料。

(二) 总平面设计的原则

(1) 总平面设计应与城镇或区域的总体发展规划相适应。

(2) 总平面设计应符合生产工艺流程的要求。

(3) 总平面设计应充分利用厂址的自然条件。

(4) 总平面设计应充分考虑地区的主导风向。

(5) 总平面设计应符合国家的有关规范和规定。

(6) 总平面设计应为施工安装创造有利条件。

(7) 总平面设计应留有发展余地。

(三) 总平面设计的内容和成果

1. 总平面设计的内容

工程项目的总平面设计一般包括以下内容:

(1) 平面布置设计。

(2) 立面布置设计。

(3) 运输设计。根据生产要求、运输特点和厂内的人流、物流分布情况,合理规划和布置厂址范围内的交通运输路线和设施。

(4) 管线布置设计。

(5) 绿化设计。

2. 总平面设计的成果

总平面设计的成果主要有总平面布置示意图及说明书、总平面设计施工图及说明书。其中总平面布置示意图是根据生产工艺流程和厂区的自然条件绘制的建(构)筑物、道路和管线等的总平面布置方案图,总平面设计施工图是在总平面布置示意图的基础上,明确规定各建(构)筑物、道路、管线等的相对关系及标高,以满足现场施工的需要。总平面设计施工图包括建筑总平面布置施工图、建筑立面布置施工图、管线布置施工图等。如果工程项目比较简单,且厂址的地形变化不大,总平面设计施工图也可仅绘一张总平面布置施工图。总平面设计的有关说明书常以文字的形式附在相应图纸的一角,而无需单独编制。

(四) 总平面设计的技术经济指标

总平面设计比较重要的指标有建筑系数、厂区利用系数、土方工程量等。

1. 建筑系数

建筑系数可按下式计算：

$$建筑系数 = \frac{建（构）筑物占地面积 + 露天设备、堆场及作业场占地面积}{全厂占地面积} \times 100\%$$

建筑系数反映了厂址范围内的建筑密度。建筑系数过小，不但占地多，而且会增加道路、管线等的费用；但建筑系数也不能过大，否则会影响安全、卫生及改造等。制药企业的建筑系数一般可取25%~30%。

2. 厂区利用系数

厂区利用系数能全面反映厂区场地利用的合理性。厂区利用系数可按下式计算：

$$厂区利用系数 = \frac{建（构）筑物,露天设备、堆场、作业场,道路,管线的总占地面积}{全厂占地面积} \times 100\%$$

厂区利用系数是反映厂区场地有效利用率高低的指标。制药企业的厂区利用系数一般为60%~70%。

3. 土方工程量

施工现场尽量少挖少填，并保持挖填土石方量的平衡，以减少土石方的运出量或运入量，从而加快施工进度，减少施工费用。

4. 绿化率

由于药品生产对环境的特殊要求，保证一定的绿化率是药厂总平面设计中不可缺少的重要技术经济指标，一般情况下，原料药企业的绿化率为20%~30%，制剂企业的绿化率为30%~40%。厂区绿化率可按下式计算：

$$绿化率 = \frac{厂区集中绿地面积 + 建（构）筑物与道路网及围墙之间的绿地面积}{全厂占地面积} \times 100\%$$

（五）厂区划分

厂区划分就是根据生产、管理和生活的需要，结合安全、卫生、管线、运输和绿化的特点，将全厂的建（构）筑物划分为若干个联系紧密而性质相近的单元，以便进行总平面布置。

厂区划分一般以主体车间为中心，分别对生产、辅助生产、公用系统、行政管理及生活设施进行归类分区，然后进行总平面布置。

第三节 车间布置设计

一、概述

车间布置设计是一项复杂而细致的工作,它是以工艺专业为主导,在大量的非工艺专业如土建、设备、安装、电力照明、采暖通风、自控仪表、环保等的密切配合下,由工艺设计人员完成的。因此,在进行车间布置设计时,工艺设计人员要听取和集中各方面的意见,对各种方案进行认真的分析和比较,找出最佳方案进行设计,以保证车间布置的合理性。

(一)车间布置设计的依据

1. 设计规范和规定

在进行车间布置设计时,设计人员应熟悉并执行有关的设计规范和规定,如《建筑设计防火规范》(GB 50016—2014)、《石油化工企业设计防火标准》(GB 50160—2018)、《工业企业厂界环境噪声排放标准》(GB 12348—2008)、《化工企业供电设计技术规定》(HG/T 20664—1999)、《爆炸危险环境电力装置设计规范》(GB 50058—2014)、《压力管道规范:工业管道》(GB/T 20801—2006)、《工业金属管道设计规范》(GB 50316—2000)、《医药工业洁净厂房设计规范》(GB 50457—2008)、《洁净厂房设计规范》(GB 50073—2013)、《药品生产质量管理规范》(2010年修订版)、《采暖通风和空气调节设计规范》(GB 50019—2003)、《工业企业设计卫生标准》(GBZ 1—2010)等。

2. 设计基础资料

车间布置设计是在工艺流程设计、物料衡算、能量衡算和工艺设备设计之后进行的,因此,一般已具备下列设计基础资料:

(1) 不同深度的工艺流程图,如初步设计阶段带控制点的工艺流程图、施工阶段带控制点的工艺流程图。

(2) 物料衡算、能量衡算的计算资料和结果,如各种原材料、中间体、副产品和产品的数量及性质;"三废"的数量、组成及处理方法;加热剂和冷却剂的种类、规格及用量等。

(3) 工艺设备设计结果,如设备一览表,各设备的外形尺寸、重量、支承形式、操作条件及保温情况等。

(4) 厂区的总平面布置示意图,包括本车间与其他车间及生活设施的联系、厂区内的人流和物流分布情况等。

(5) 其他相关资料,如车间定员及人员组成情况,水、电、气等公用工程情况,厂房情况等。

（二）车间布置设计应考虑的因素

在进行车间布置设计时，一般应考虑下列因素：
（1）本车间与其他车间及生活设施在总平面图上的位置，力求联系方便、短捷。
（2）满足生产工艺及建筑、安装和检修要求。
（3）合理利用车间的建筑面积和土地。
（4）车间内应采取的劳动保护、安全卫生及防腐蚀措施。
（5）人流、物流通道应分别独立设置，并尽可能避免交叉往返。
（6）原料药车间的精制、烘干、包装工序以及制剂车间的设计，应符合GMP的要求。
（7）要考虑车间的发展，留有发展空间。
（8）厂址所在区域的气象、水文和地质等情况。

（三）车间布置设计的成果

制药车间布置设计通常采用两阶段设计，即扩大初步设计和施工图设计。在扩大初步设计阶段，车间布置设计的主要成果是初步设计阶段的车间平面布置图和立面布置图；在施工图设计阶段，车间布置设计的主要成果是施工阶段的车间平面布置图和立面布置图。

二、液体制剂车间

液体制剂主要有口服液剂、糖浆剂、合剂、滴剂、芳香水剂等。合剂和口服液的主要区别是包装剂量不同，合剂的包装是多剂量的，口服液的包装则是单剂量的。下面主要介绍合剂主要生产岗位设计要点。

合剂生产在洁净区进行，通常采用洗、灌、封联动生产设备；根据合剂生产工艺不同，有可灭菌合剂和不可灭菌合剂；生产过程中如使用乙醇溶剂，应注意防爆。

1. 称量、配料

合剂称量配料在洁净区进行，合剂原料多为流浸膏，称量配料间宜面积稍大，电子秤量程大小应齐全。

配制间要设计合适的面积和高度，根据批产量选择相匹配的配制罐，如果是大容积配制罐要设计操作平台。配制罐要选优质不锈钢，配制间的接管和钢平台应选不锈钢材质。

2. 过滤

过滤应根据工艺要求选用相适应的滤材和过滤方法，药液泵和过滤器流量要按配制量计算，药液泵和过滤器需设在配制罐附近易于操作的地方。

3. 洗瓶、干燥

根据合剂的包装形式选择适宜的洗瓶和干燥设备。合剂品种不同，包装形式多样，设备区别很大，口服液通常采用洗、灌、封联动生产线，大容积合剂（如酒剂、糖浆剂等）通常用异型瓶包装线。洗瓶干燥间要有排潮排热装置。

4. 灌装、压盖

灌装、压盖在洁净区，通常用联动设备，合剂多用复合盖。合剂的生产能力由灌装设备决定，设备选择为关键步骤。

5. 灭菌

口服液灭菌方式需要根据包装形式和药品特性确定，一般有高温煮沸、环氧乙烷灭菌、蒸汽灭菌、过滤除菌等方式。口服液一般不要求无菌，尤其是合剂，大多通过加抑菌剂和生产过程对产品微生物进行控制来保证质量。如采用湿热，灭菌前后应有足够的面积，保证灭菌小车的摆放；应选择双扉灭菌柜，型号与配制罐的批产量匹配，灭菌前后要排风排潮。

6. 灯检、包装

灯检室需为暗室，不可设窗。根据品种和包装形式，灯检可用人工灯检或灯检机，灯检后设置不合格品存放处。

包装间面积宜稍大，贴签、包装联动线的生产能力与灌装机一致。如果多条包装线同时生产，必须设计分隔隔断，防止混淆。

三、注射剂生产车间

注射剂是药品分类中最重要的一类液体制剂，也是对质量要求最严格的剂型，包括最终灭菌小容量注射剂、最终灭菌大容量注射剂、非最终灭菌无菌分装注射剂、非最终灭菌无菌冻干粉注射剂。在设计中可以根据生产规模和企业的需要，将一类或几类注射剂布置在一个厂房内，也可以和其他剂型布置在同一厂房内，但各车间要独立，生产线完全分开，空调系统完全分开。

（一）最终灭菌小容量注射剂

最终灭菌小容量注射剂是指装量小于 50 mL，采用湿热灭菌法制备的灭菌注射剂。除一般理化性质外，无菌、热原或细菌内毒素、澄明度、pH 等项目的检查均应符合规定。主要生产岗位设计要点如下：

1. 称量

称量室的设备为电子秤，根据物料的量的多少选择秤的量程。小容量注射剂固体物料量较少，称量室面积不宜大；称量数量少，安装电插座即可；如果有加炭的生产工艺，需设置称量柜，或者单设称量间并做排风。

2. 配制

配制是注射剂的关键岗位，按产量和生产班次选择适宜容积的配制罐和配套辅助设备；小容量注射剂的配制量一般不大，罐体积也不大，不必设计操作平台；配制间面积和吊顶高度根据设备大小确定。配制间工艺管线较多，需注意管线位置及阀门高度，设计要本着有利于操作的原则。

3. 安瓿洗涤及干燥灭菌

目前多采用洗、灌、封联动机组进行安瓿洗涤灭菌,只有小产量高附加值产品采用单机灌装,单选安瓿洗涤和灭菌设备。洗瓶干燥灭菌间通常面积大、房间湿热,需注意排风,隧道烘箱的取风量很大,注意送风量设计。

4. 灌封、灭菌

可灭菌小容量注射剂常用火焰融封,注意气体间的设计,防止爆炸,惰性气体保护要充分,保证药品质量。灌装机产量必须与配制罐体积匹配,每批药品灌装完去灭菌的间隔时间要经过验证。

灭菌柜前、后面积要宽敞,方便灭菌小车推拉;灭菌柜容积与批生产量匹配。

5. 灯检、印字(贴签)、包装

灯检可用自动翻检机和人工灯检,要有不合格品存放区。如需贴签最好选用不干胶贴标机进行贴签,印字需要油墨,涉及消防安全,并且要设局部排风来排异味。

(二)最终灭菌大容量注射剂

最终灭菌大容量注射剂简称大输液或输液,是指 50 mL 以上的最终灭菌注射剂。输液容器有瓶型和袋型两种,材质有玻璃、聚乙烯、聚丙烯、聚氯乙烯或复合膜等。主要生产岗位设计要点如下:

1. 注射用水系统

注射用水是大输液中最主要的成分,水的质量是产品质量的关键,蒸馏水机产水量要和输液产量相匹配,并且考虑清洗设备的用水。注射用水系统要考虑用纯蒸汽消毒或灭菌,要有产气量适宜的纯蒸汽发生器,或能满足消毒或灭菌要求的蒸馏水机第一效产生的纯蒸汽。注射用水生产岗位温度高且潮湿,需设计排风。

2. 称量

输液原辅料称量间和称炭间分开,并设计捕尘和排风设备;天平、磅秤配备齐全;称量室的洁净级别与浓配一致。

3. 药液配制及过滤

因输液的配制量大,为了配制均匀,分为浓配和稀配两步,浓配在 D 级,稀配在 C 级,浓配后药液经除炭滤器过滤至稀配罐,再经 0.45 μm 和 0.22 μm 微孔滤膜至灌装。

4. 洗瓶

玻璃输液瓶清洗应该选用联动设备,粗洗设备在一般生产区,精洗设备在 D 级区且为密闭设备,出口在 C 级灌装区。根据质量要求,洗瓶设备接饮用水、纯化水和注射水。洗瓶的房间必须设排潮排热系统。

5. 塑料容器的制备与清洗

塑料瓶输液需要设置制瓶和吹洗的房间,用注塑机将塑料瓶制好成型,然后用洁净离子风压缩空气进行吹洗。塑料袋通常不需要清洗,制袋与灌装通常为一体设备。制瓶制袋的房间需要做排异味处理。

6. 胶塞的处理

丁基胶塞一般用注射水漂洗和硅化,然后灭菌,全部过程在胶塞处理机内完成。胶塞处理在C级区,设备出口在C级,加A级层流保护。

7. 灌装、加塞与锁口

大输液灌装设备生产能力应与稀配罐匹配,稀配罐内液体的灌装时间、灌装后停留灭菌的时间需经验证确定。大输液灌装加塞在C级区加A级层流下进行。锁口区域的洁净级别为D级。

8. 灭菌、灯检与包装

大输液灭菌柜要采用双扉式灭菌柜,灭菌柜前、后的面积要尽量大,可以存放灭菌小车。灭菌柜的批次与配液批次相对应。

大输液采用人工灯检,要有足够面积的灯检区,合格品与不合格品分区存放。大输液的贴签包装通常为联动生产线,房间设计要宽敞通风。

(三)非最终灭菌无菌分装注射剂

非最终灭菌无菌分装注射剂是指用无菌工艺操作制备的无菌注射剂。需要无菌分装的注射剂为不耐热、不能采用成品灭菌工艺的产品。其主要生产岗位设计要点如下:

非最终灭菌无菌分装注射剂通常为无菌分装的粉针剂,洁净级别要求高,装量要求精确,通常有低湿度要求。

1. 洗瓶

非最终灭菌无菌分装注射剂通常用西林瓶分装,西林瓶采用超声波洗瓶机洗涤,隧道灭菌烘箱灭菌干燥。洗瓶用注射水需经换热设备降温,以加强超声波效果,减少碎瓶数量。

洗瓶灭菌间必须加大送风量,以保证隧道灭菌烘箱取风量。隧道灭菌烘箱带有层流,保证出瓶环境A级。洗瓶灭菌间要大量排热排潮。

2. 胶塞处理

西林瓶胶塞为丁基胶塞,用胶塞处理机进行清洗、硅化、灭菌。胶塞处理机设计在C级,出口在C级加A级层流下。

3. 称量

非最终灭菌无菌分装注射剂的称量需在B级背景加A级进行。并设计捕尘和排风装置。

4. 批混

非最终灭菌无菌分装注射剂如为单一成分,则不需设计批混间;如为混合成分则需设计批混间,批混设备的进出料口要在B级背景加A级层流保护下。批混机最好采用料斗式混合机,以减少污染机会。

5. 分装、轧盖

无菌分装要在B级背景下的A级区内进行。分装设备可用气流式分装机和螺杆式分装机，气流式分装机需接除油、除湿、除菌的压缩空气，螺杆式分装机应设有故障报警和自停装置。分装过程应用特制天平进行装量检查，螺杆式分装机装量通常比气流式分装机准确一些，但易产生污染。

西林瓶轧盖在C级背景加A级层流保护环境下进行，选用能力与分装设备相匹配的压盖机。

另外，称量、批混、分装是药品直接暴露的岗位，房间必须做排潮处理，保持房间干燥要求。

6. 目检与贴签包装

无菌分装注射剂采用人工目检方式进行外观检查。

西林瓶用不干胶贴标机进行贴签，然后装盒装箱。

（四）非最终灭菌无菌注射剂

非最终灭菌无菌注射剂指用无菌工艺制备的注射剂，包括无菌液体注射剂和无菌冻干粉针注射剂，无菌冻干粉针注射剂较无菌液体注射剂增加冷冻干燥岗位。

无菌冻干粉针是无菌制剂的最常见剂型，下面以无菌冻干粉针注射剂为例来说明非最终灭菌无菌注射剂生产岗位的设计要点。

1. 洗瓶

无菌冻干粉针用西林瓶灌装，西林瓶采用超声波洗瓶机洗涤，隧道灭菌烘箱灭菌干燥。洗瓶用注射水需经换热设备降温，以加强超声波效果，减少碎瓶数量。洗瓶灭菌间必须加大送风量，以保证隧道灭菌烘箱取风量。隧道灭菌烘箱带有层流，保证出瓶环境A级。洗瓶灭菌间要大量排热排潮。

2. 胶塞处理

西林瓶胶塞为丁基胶塞，用胶塞处理机进行清洗、硅化、灭菌。胶塞处理机在B级区，出口在B级区并有A级层流保护。

3. 称量、配液及过滤

无菌冻干粉针的称量设在C级洁净区，设捕尘和排风。

无菌冻干粉针药液的配制岗位设在C级洁净区，配制罐大小根据生产能力进行选择，药液灌装前必须经$0.22\ \mu m$的滤器进行除菌过滤，过滤设备可设计在配制间内，但接收装置必须在B级洁净区内，可单独设置，也可在灌装间内接收。

4. 灌装、冻干与轧盖

无菌冻干粉针注射剂灌装岗位设在无菌B级洁净区，药液暴露区加A级层流保护，包括灌装机和冻干前室的区域。冻干粉针灌装设备为灌装半加塞机，西林瓶在冻干过程完成后才全加塞，所以灌装间的A级区域较大，设计必须全面。

冻干岗位为无菌冻干粉针生产的关键岗位,冻干时间根据生产工艺不同而不同,通常为24~72小时。冻干机台数要与配制和灌装匹配,因为冻干产品批次是以冻干箱次划分的。选择冻干机必须有在线清洗(CIP)和在线灭菌(SIP)系统,否则无法保证产品质量。

西林瓶轧盖应在B级背景A级环境下进行,选用能力与分装设备相匹配的压盖机。

5. 目检、贴签与包装

无菌冻干粉针采用人工目检方式进行外观检查。西林瓶用不干胶贴标机进行贴签,然后装盒装箱。

注意:无菌冻干粉针有许多产品是低温贮存的,如一些生化产品、生物制品等,要根据工艺需要设计低温库。

四、固体制剂车间

固体制剂通常是指片剂、胶囊剂、颗粒剂、散剂。软胶囊剂是越来越得到发展和应用的极有前途的半固体口服制剂,而蜜丸和浓缩水丸则是中药最常见的固体制剂。

(一)片剂、胶囊剂和颗粒剂车间

片剂、胶囊剂和颗粒剂虽然是不同的剂型,但均为口服固体制剂,在生产工艺和设备方面有许多相同之处,通常归为一类阐述。其主要生产岗位设计要点陈述如下:

固体制剂生产车间洁净级别要求不高,全部为D级。固体制剂生产的关键是注意粉尘处理,应该选择产尘少和不产尘的设备。

1. 原辅料预处理

物料的粉碎过筛岗位应有与生产能力适应的面积,选择的粉碎机和振荡筛等设备要有吸尘装置,含尘空气经过滤处理后排放。

2. 称量和配料

考虑到称量和称量后物料的暂存,称量岗位面积应稍大。因固体制剂称量的物料量大,粉尘量大,必须设排尘和捕尘。配料岗位通常与称量不分开,将物料按处方称量后进行混合,装在清洁的容器内,留待下一道工序使用。

3. 制粒和干燥

制粒有干法制粒和湿法制粒两种。干法制粒采用干法造粒设备直接将配好的物料压制成颗粒,不需制浆和干燥的过程;湿法制粒是最常用的造粒方法,根据物料性质不同而采用不同的方式,如摇摆颗粒机加干燥箱的方式、湿法制粒机加沸腾床方式、一步制粒机直接制粒方式。湿法制粒都有制浆、制粒和干燥的过程。制浆间需排潮排热;制粒如用到沸腾干燥床或一步制粒机,则应根据设备型号确定房间吊顶高度。

4. 整粒和混合

整粒直接在制粒干燥间内加整粒机即可,但整粒机需有除尘装置。混合岗位也称批混岗位,必须设计单独的批混间。目前固体制剂混合多采用三维运动混合机或料斗式混合机。固体制剂每混合1次为1个批号,所以混合机型号要与批生产能力匹配。

5. 中间站

固体制剂车间必须设计足够大面积的中间站,保证各工序半成品分区贮存和周转。

6. 压片

压片岗位是片剂生产的关键岗位,压片间通常设有前室,压片室与室外保持相对负压,并设排尘装置。规模大的压片岗位设模具间,小规模设模具柜。根据物料的性质选用适当压力的压片机,根据产量确定压片机的生产能力。压片机应有吸尘装置,加料采用密闭加料装置。

7. 胶囊剂灌装

胶囊剂灌装岗位是胶囊剂生产的关键岗位,胶囊剂灌装间通常设有前室,灌装室与室外保持相对负压,并设排尘装置。胶囊灌装间应有适宜的模具存放地点。

胶囊灌装机型号和数量的选择要适应生产规模。胶囊灌装机应有吸尘装置,加料采用密闭加料装置。

8. 颗粒分装

颗粒分装岗位是颗粒剂生产的关键岗位,颗粒分装机的型号要与颗粒剂装量相适应,并有吸尘装置,加料采用密闭加料装置。

9. 包衣

包衣有糖衣或薄膜衣,如果是包糖衣应设熬糖浆的岗位,如果使用水性薄膜衣可直接进行配制,如果使用有机薄膜衣则必须注意防爆设计。包衣间宜设计前室,包衣操作间与室外保持相对负压,设除尘装置。目前主要包衣设备为高效包衣机,包衣机的辅机布置在包衣后室的辅机间内,辅机间在非洁净区开门。

10. 内包装

颗粒剂在颗粒分装后直接送入非洁净区进行外包装,片剂和胶囊剂在压片包衣和灌装后先在洁净区进行内包装。片剂内包装可采用铝塑包装、铝铝包装和瓶装等形式,胶囊剂常用铝塑包装、铝铝包装和瓶包装等形式。采用铝塑、铝铝等包装时,房间必须有排除异味的设施,采用瓶装生产线时应注意生产线长度、洁净区的设备和非洁净区设备的分界。

11. 外包装

口服固体制剂内包装后直接送入外包间进行装盒装箱打包,根据实际情况,可采用联动生产线,也可用人工包装形式。外包间为非洁净区,宜宽敞、明亮并通风,并有存包材间、标签管理间和成品暂存间,标签管理需排异味。

(二)软胶囊车间

软胶囊剂是以明胶、甘油为主要成囊材料,将油性的液体或混悬液药物做内容物,定量地用连续制丸机压制成不同形状的软胶囊或用滴丸机滴制而成。主要生产岗位设计要点如下：

软胶囊车间洁净级别是D级，生产设备通常为联动生产线，应选择高质量的设备，保证生产的连续性。

1. 溶胶

溶胶工序包括辅料准备、称量、溶胶。溶胶岗位必须在洁净区，溶胶间要设计排潮排热装置。溶胶岗位附近宜设计工(器)具清洗室并有滤布洗涤间。

2. 配料

配料工序包括称量、配制，如果配制混悬液则需设粉碎过筛间。

3. 压丸和滴丸

压丸和滴丸是软胶囊生产的关键岗位，要有与生产规模相适应的面积。压制与滴制完成后进入联动转龙定型。压丸和滴丸间要有大量的送风和回风，并控制相应的温度和湿度。压丸和滴丸设备有大量模具，要设计相应的模具间。

4. 洗丸

洗丸岗位为甲类防爆，最常用洗涤剂为乙醇。洗丸设备是超声波软胶囊清洗机，产量与生产线匹配。洗丸岗位设晾丸间，洗丸完成后，挥发少量乙醇后再进入干燥工序。洗丸岗位要设网胶处理间，用粉碎机将压丸的网胶进行粉碎，以备按适当比例投入化胶罐。

5. 低温干燥和选丸打光

软胶囊干燥可用自动化程度较高的软胶囊干燥机，干燥室设计排风排潮。软胶囊车间要设计选丸打光岗位，采用选丸机和打光机。

6. 包装

软胶囊的内包装可采用铝塑、铝铝和瓶装生产线形式，并注意房间排异味和低湿度环境。

软胶囊剂内包装后直接送入外包间进行装盒装箱打包，根据实际情况，可采用联动生产线形式，也可用人工包装形式。

（三）丸剂(蜜丸)车间

蜜丸是指药材细粉以蜂蜜为黏合剂制成的丸剂。其中每丸重量在0.5 g以上(含0.5 g)的称大蜜丸，每丸重量在0.5 g以下的称小蜜丸。主要生产岗位设计要点如下：

蜜丸是典型的中药固体制剂，生产工艺相对简单，洁净级别要求不高，生产岗位设置要根据具体品种的工艺要求，例如小蜜丸包衣岗位。

1. 研配

研配包括粗、细、贵药粉的兑研与混合，根据药粉的品种选择研磨的设备；药粉混合是按比例顺序将细粉、粗粉装入混合机内混合，混合机不能有死角；研配间可以设在前处理车间，也可以设在制剂车间，但要在洁净区，按工艺要求和厂家习惯确定，研配间要设计排风捕尘装置。

2. 炼蜜

炼蜜岗位一般设计在前处理提取车间，常用的设备为刮板炼蜜罐，根据合坨岗位用蜜量选择设备型号；炼蜜岗位设备宜用密闭设备，以减少损失，保证环境卫生。

3. 合坨、制丸

合坨必须在洁净区进行，应设计在丸剂车间，合坨设备大小应按药粉加蜂蜜量选择，合坨机常为不锈钢材质，要求容易洗刷，不能有死角。

4. 蜡封与包装

丸剂的内包装必须在洁净区，小蜜丸常用瓶包装线或铝塑包装，大蜜丸常用泡罩包装机或蜡丸包装。包装间要设排风和排异味装置。

蜡丸包装是大蜜丸的包装形式，蜡封间要设排异味、排热装置。

外包装间为非洁净区，宜宽敞、明亮并通风，并有存包材间、标签管理间和成品暂存间。

（四）丸剂（浓缩水丸）车间

浓缩水丸一般指部分药材提取、浓缩的浸膏与药材细粉，以水为黏合剂制成的丸剂。浓缩水丸大部分为中药制剂，但也有一些西药水泛丸的丸剂。主要生产岗位设计要点如下：

丸剂生产与一般固体制剂级别相同，岗位设置根据不同品种的不同生产工艺而定。

1. 称量、配料

如果有流浸膏配料，称量配料间的面积要适当大一些，电子秤的量程也要大；称量要设捕尘装置。

2. 粉碎、过筛、混合

根据工艺要求的目数将药粉进行粉碎、过筛，选择适合中药粉的粉碎机并密闭，加捕尘装置，混合设备应密闭，内壁光滑，无死角，易清洗，型号要与批量相匹配。

3. 制丸

浓缩水丸有水泛丸和机制丸，根据工艺不同选择不同设备；水泛丸的主要设备是簸箕式的泛丸机，现在不允许使用铜制锅，应选不锈钢锅体，内外表面光滑，易清洗。机制丸设备是制丸机，产量高，可以上规模，但不是每个品种都适用。

4 干燥

水泛丸的干燥可以采用厢式干燥或微波干燥，干燥室要排热风。厢式干燥设备占地面积小，但上下盘的劳动强度大，费时费力；微波水丸干燥设备体积大，占地面积大，自动链条传动，自动化程度高，适合大规模生产。

5. 包衣

根据品种要求，中药水泛丸有时需要包衣。如果包糖衣则应设计化糖间，并选择蒸汽化糖锅以保证糖融化充分。如果包薄膜衣用电热保温配浆罐配料即可。包衣主机应选择高效包衣机，设计在洁净区，设计捕尘装置，辅机送风柜和排风柜设计在非洁净区，送风管路将洁净风送入包衣机。

6. 选丸与包装

选丸要单独设置房间,并选水泛丸专用选丸机,材质为不锈钢,易清洁。

水泛丸内包装在洁净区,可选瓶包装线或铝塑包装线,房间内需设排异味装置。外包装在非洁净区,宜宽敞明亮。

五、原料药车间

原料药一般由化学合成,DNA重组技术、发酵、酶反应或从天然药物提取而成。原料药是加工药物制剂的主要原料,有非无菌原料药和无菌原料药之分。

(一)化学原料药

化学原料药是指用化学合成方法生产的供加工成制剂的一类原料,这类原料药属于化工产品,生产环境卫生学要求不高,但生产中使用大量有机溶剂和有毒有害物质,必须注意防毒、防爆、防腐蚀,按化工设计标准设计实施。主要生产岗位设计要点如下:

化学原料药生产的合成岗位是最关键最复杂的岗位,精、干、包岗位是化学原料药的辅助岗位,精、干、包岗位要布置在洁净区,达到药品制剂的要求。

1. 合成

合成包括各种类型的化学反应,根据产品的工艺流程合理布局,匹配与反应物和产物相适应的高位罐、反应罐、贮罐等,严格遵守各个反应条件。

2. 精制

精制工序包括精滤、结晶、分离、检验等过程。根据制剂产品的需要,非无菌制剂的原料精制在D级区完成,无菌制剂原料精制在C级洁净区及以上洁净区完成。

3. 干燥

干燥工序包括干燥、粉碎、混粉及检验等过程。根据物料性质选择不同的干燥设备和干燥方式。原料生产过程中的中间品干燥可以不在洁净区,最终精制产品干燥要在洁净区。干燥间常有有机溶剂的蒸汽散发,必须设置排风装置。粉碎过筛间要有排尘或吸尘装置。

4. 包装

精制产品的内包装要在洁净区完成,包装间面积要足够大,并设称量的电子秤,包装台设排尘装置。

(二)生物原料药

生物原料药包括细菌疫苗、病毒疫苗、血液制品、重组技术产品、发酵的抗生素产品等。

每种生物原料药的生产工艺都不相同,所以每个品种的生产车间岗位不同,房间、设备等的设计要点也各不相同,要严格按照生产工艺进行设计。

六、中药前处理提取车间

中药制剂生产前,必须对使用的中药材按规定进行拣选、整理、炮制、洗涤等加工,有些净药材还必须粉碎成药粉,以符合制剂生产时净料投料要求;净药材需经过提取和浓缩得到浸膏或干膏粉,继续加工成为一定剂型的中药制剂成品。

(一)中药前处理岗位设计要点

中药材的前处理在一般生产区进行,并且要有通风设施;直接入药的中药材的配料、粉碎过筛要在洁净区进行,并且与其制剂有相适应的级别。

1. 净选

药材净选包括拣选、风选、筛选、剪切、剔除、刷擦、碾串等方法,净选可采用人工手段或利用设备。拣选应设工作台,工作台表面应平整,不易产生脱落物,不锈钢材质比较常用。风选、筛选等粉尘较大的操作间应安装捕吸尘设施。

2. 清洗

清洗间应注意排水系统的设计,地面应不积水、易清洗、耐腐蚀;药材洗涤槽应选用平整、光洁、易清洗、耐腐蚀材质,槽内应设上下水,满足流动水洗涤药材的要求。

3. 浸润

润药间的给排水应注意设备排水口与下水管的对接位置,润药间应有足够的空间。

4. 切制

按工艺切片、切段、切块、切丝的要求,选用适当的切、镑、刨、锉、劈等切制方法;切制间要有足够的面积,切制设备的两侧要有摆放待切和已切药材的地方。

5. 炮制

中药材蒸、炒、炙、煅等炮制生产厂房应与其生产规模相适应,并有良好的通风、除尘、除烟、降温等设施。中药材炮制间一般设置在厂房的边缘地方,并设置外窗。

6. 干燥

药材性质不同,干燥温度不同,选择干燥设备的技术参数不同。干燥室需设计排热风系统,干燥设备的排潮口要接至排风管道。

7. 配料

直接入药的净药材的配料、粉碎、过筛、混合的厂房应布置在洁净区,设通风、除尘设施。

8. 灭菌

药材灭菌需根据药材的性质选择灭菌柜,可以用蒸汽灭菌柜、臭氧灭菌柜。蒸汽灭菌柜要灭菌并干燥,根据需要可选择单扉或双扉。

（二）提取浓缩岗位设计要点

提取和浓缩岗位设置在一般生产区，中药针剂的提取要有纯化水制备设施，中药材的提取浓缩要选用先进节能的设备。

1. 称量、配料

提取用中药材是经处理的净药材，按工艺要求进行称量、配料。

2. 提取

根据工艺要求，提取可以采取煎煮、渗漉、浸渍、回流等方法，根据产量做物料衡算计算提取量，再计算提取罐的容积和台数，按提取设备的外形尺寸确定提取间厂房高度和钢平台的尺寸。如果提取用乙醇等有机溶剂要做防爆提取间。

3. 浓缩与精制（转溶）、过滤

浓缩岗位在提取间内，浓缩设备要与提取设备配套。提取使用饮用水，如果是针剂提取则要用纯化水。

精制在提取间内进行，有醇沉、水沉两种，精制罐要与提取浓缩设备配套。

过滤选择管道过滤器，大小与提取设备配套。

4. 干燥、粉碎与混合

干燥常采用烘箱干燥、真空干燥和喷雾干燥。烘箱干燥、真空干燥在洁净区，流浸膏的收膏在洁净区；喷雾干燥的主机在提取间内，收粉在洁净区，要排尘，吊顶要满足设备高度要求。

干膏的配料、粉碎、过筛、混合等生产操作在洁净区，根据需要选择粗粉机、细粉机和筛网目数，设备材质要符合《药品生产质量管理规范》（GMP）要求。

第四节 图纸绘制

一、工艺流程图

工艺流程图是以图解的形式表示生产工艺过程，它能有效地表达原辅料流向、工艺参数、单元操作过程、设备仪表和套用回收等。工艺流程图分为工艺流程框图、设备工艺流程图、物料流程图（PF或PFD图）和带控制点的工艺流程图（PI或PID图）。

（一）工艺流程图绘图步骤

工艺流程图的绘制，一般有三个步骤：

1. 草图设计

一般以流程示意说明或流程框图为绘制依据,将实际流程所采用的全部设备、辅助装置、物流和相关的全部检测仪表、控制点与控制系统等内容绘出,并给出适当的文字说明。

2. 图面设计

为保证图纸的质量和绘图的效率,在绘制正式工艺流程图之前,应当先进行工艺流程图的图面设计。

3. 绘制正式的工艺流程图

正式工艺流程图的绘制,一般是以流程草图为参考图,根据图面设计的结果来进行的。

（二）几种典型的工艺流程图

1. 工艺流程框图

工艺流程框图的主要任务是定性地表示原料转变为产品的路线和顺序,以及要采用的各种化工单元操作和主要设备。图12.1为外消旋体羟丙哌嗪工艺流程框图。

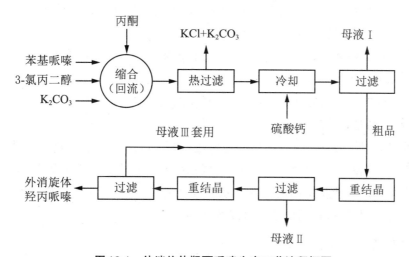

图12.1　外消旋体羟丙哌嗪生产工艺流程框图

在设计工艺流程框图时,要根据生产要求,从建设投资、生产运行费用、利于安全、方便操作、简化流程、减少"三废"排放等角度进行综合考虑,反复比较,以确定生产的具体步骤,优化单元操作和设备,从而达到技术先进、安全适用、经济合理、"三废"得以治理的预期效果。

2. 设备工艺流程图

确定最优生产方案后,经过物料衡算和能量衡算,对整个生产过程中投入和产出的各种物流,以及采用设备的台数、结构和主要尺寸都已明确后,便可进行设备工艺流程图的设计。设备工艺流程图是以设备的外形、设备的名称、设备间的相对位置、物料流向及文字的形式定性地表示出由原料变成产品的生产过程。

图12.2是3-氯-1,2-丙二醇的生产设备工艺流程图。

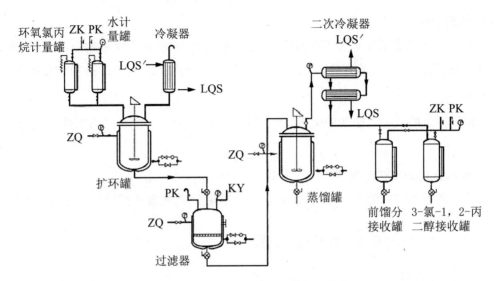

图12.2　3-氯-1,2-丙二醇生产设备工艺流程图

ZQ:蒸汽；ZK:真空；PK:排空；KY:空压；LQS:进冷却水；LQS′:排冷却水

设备工艺流程图的绘制必须具备工业化生产的概念。例如，医药中间体3-氯-1,2-丙二醇的制备过程中，必须考虑下述一系列问题：

（1）首先要有扩环罐。如果是间歇操作，要有环氧氯丙烷计量罐和水计量罐，以便正确地将两者反应原料送入扩环罐。

（2）加热系统的安装，如蒸汽管线以及疏水器的使用；冷却系统在蒸馏过程和反应过程是必不可少的，如列管式冷凝器的采用以及一级、二级冷凝形式。

（3）应考虑采用什么方法将过滤后的滤液送入相应的蒸馏罐中。如果采用空压输送方式，应添加空压装置和管线，以及放空设施；根据系统的流体性质来考虑设备材质问题。

（4）减压操作过程涉及采用何种真空系统和如何进行管线布置问题，同时考虑放空设施的采用；设计分段收集过程的设备和管线的连接。

3. 物料流程图

工艺流程图完成后，进行物料衡算，将物料衡算的结果标注在工艺流程图中，使它成为物料流程图。物料流程图是初步设计的成果，编入初步设计说明书中。

物料流程图可用不同的方法绘制。最简单的方法是将物料衡算和能量衡算的结果以及设备的名称和位号直接加进工艺流程示意图中，得到物料流程图。

图12.3是氯苯硝化制备硝基氯苯的物料流程图。

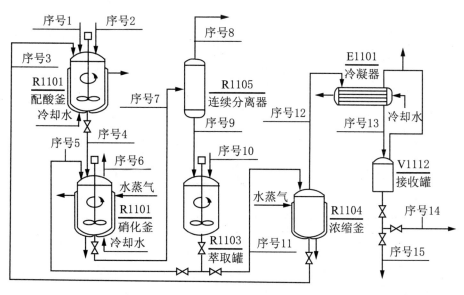

序号	物料名称	流量（kg·h⁻¹）					
		HNO₃	H₂SO₄	H₂O	氯苯	硝基氯苯	总计
1	补充硫酸		2.4	0.2			2.6
2	硝酸	230		4.7			234.7
3	回收废酸		237.6	14.7			252.3
4	配制混酸	230	240	19.6			489.6
5	萃取氯苯				403.4	18.7	422.1
6	硝酸损失	2.3					2.3
7	硝化液						909.4
8	粗硝基苯		2.4	0.2	6.1	569.3	578.0
9	分离废酸	5.2	237.6	82.9		5.7	331.4
10	氯苯				416.8		416.8
11	萃取废酸		237.6	84.4	4.1		326.1
12	浓缩蒸汽						73.8
13	冷凝液						73.8
14	废水			69.7			69.7
15	回收氯苯				4.1		4.1

图12.3 氯苯硝化制备硝基氯苯物料流程图

物料流程图也常用框图绘制。每一个框表示过程名称、流程号及物料组成和数量。图12.4是用框图绘制的氯苯硝化的物料流程图。

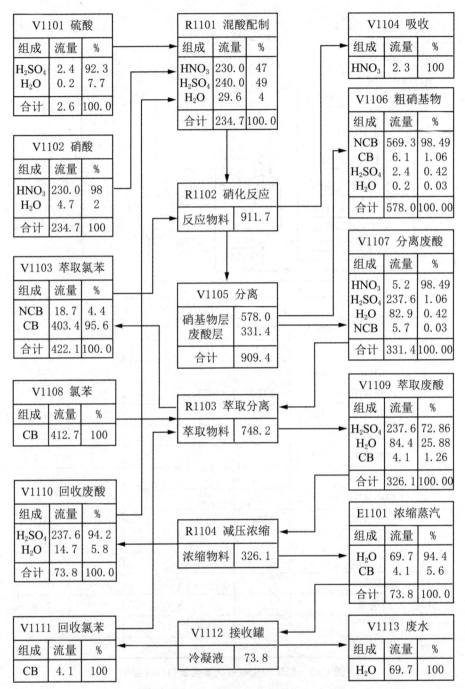

图12.4 用框图绘制的氯苯硝化的物料流程图

CB:氯苯；NCB:硝基氯苯；基准:$kg·h^{-1}$

4. 带控制点的工艺流程图

设备工艺流程图绘制和物料衡算、热量衡算、设备设计与选型完成后，就可进行车间布置和仪表自控设计。根据车间布置和仪表自控设计结果，绘制初步设计阶段的带控制点的工艺流程图(也称管道及仪表流程图，pipe and instrument diagram，PID)，其各个组成部分与设备工艺流程图一样，由物料流程、图例、设备位号、图签和图框组成。

带控制点的工艺流程图是借助图例规定的图形符号和文字代号,用图示的方法把某种制药产品生产过程所需的全部设备、仪表、管道、阀门及主要管件,按其各自功能,在满足工艺要求和安全经济等原则下组合起来,起到描述工艺装置的结构和功能的作用。其不仅是设计、施工的依据,也是管理、试运转、操作、维修和开停车等方面所需的技术资料的一部分。

带控制点的工艺流程图是一种示意性展开图,通常以工艺装置的主项(工段或工序)为单元绘制,也可以装置为单元绘制,按工艺流程次序把设备、管道流程从左至右展开画在同一平面上。图12.5是某药厂甲醇回收工艺PID图。

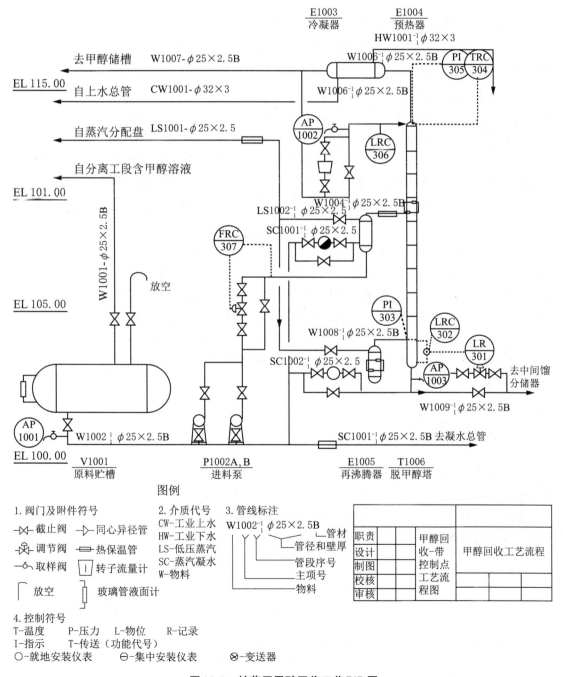

图12.5　某药厂甲醇回收工艺PID图

二、管道布置图

管道布置图包括管道的平面布置图、立面布置图以及必要的轴测图和管架图等,它们都是管道布置设计的成果。

管道的平面和立面布置图是根据带控制点的工艺流程图、设备布置图、管口方位图以及土建、电气、仪表等方面的图纸和资料,按正投影原理绘制的管道布置图,它是管道施工的主要依据。

管道轴测图是按正等轴测投影原理绘制的管道布置图,能反映长、宽、高的尺寸,是表示管道、阀门、管件、仪表等布置情况的立体图样,具有很强的立体感,比较容易看懂。管道轴测图不必按比例绘制,但各种管件、阀门之间的比例及在管线中的相对位置比例要协调。

管架图是表达管架的零部件图样,按机械图样要求绘制。

管道是管道布置图的主要表达内容,为突出管道,主要物料管道均采用粗实线表示,其他管道可采用中粗实线表示。直径较大或某些重要管道,可用双中粗实线表示。比如,当公称通径DN≥400 mm时,管道画成双线;当图中大口径管道不多时,则公称通径DN≥250 mm的管道用双线表示。绘成双线时,用中实线绘制。管道布置图中的阀门及管件一般不用投影表示,而用简单的图形和符号表示,常见管子、阀门及管件的表示符号可参阅有关设计手册。

管道轴测图是表示一个设备(或管道)至另一个设备(或管道)的整根管线及其所附管件、阀件、仪表控制点等具体配置情况的立体图样。图中表达管道制造和安装所需的全部资料。图面上往往只画整个管线系统中的一路管线上的某一段,并用轴测图的形式来表示,使施工人员在密集的管线中能清晰完整地看到每一路管线的具体走向和安装尺寸。

管道轴测图绘制一般设计院都有统一的专业设计规定,包括常用缩写符号及代号,管道、管件、阀门及管道附件图形画法规定,常用工程名词术语,图幅、比例、线条、尺寸标注及通用图例符号规定等。

三、车间布置图

在车间布置设计时,车间生产区主要考虑产品特性要求以及人、物流规划对生产区布局的影响。人、物流方式的不同,会影响生产制造区平面布局设计。

在生产区平面布局设计中,还要综合考虑生产的各工序,最终确定最小的生产空间。某口服固体制剂生产车间平面布局如图12.6所示。

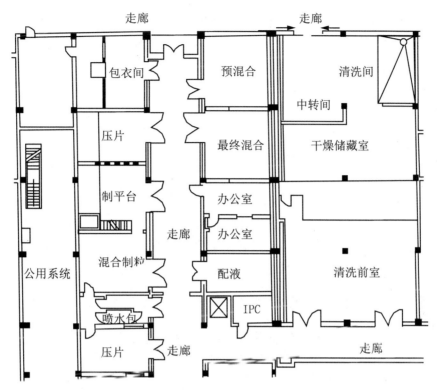

图12.6 某口服固体制剂车间平面布局示例图

生产车间工艺布局平面图:应注明生产车间各功能间的名称,如中药前处理车间、中药提取车间;动物脏器、组织洗涤车间,也应有平面工艺布局图;应注明各功能间空气洁净度等级;应标明人流、物流流向。

生产车间工艺设备平面图:应注明生产车间各功能间使用设备名称;如中药提取车间使用设备较大、占用多层空间时应标明每层设备名称;部分设备辅机与主机不在同一洁净级别的应注明;原料药应有合成工序、精制工序设备平面图;企业的工艺设备应与所生产产品种工艺相匹配;激素类、抗肿瘤类药物使用的独立设备应标明。

空气净化系统的送风、回风、排风平面布置图:洁净车间风管平面图中送风口、回风口和排风口应明确标示;送风管、回风管、排风管应该清晰明确。

第五节 技术经济评价

项目经济评价的目的是根据国民经济、社会发展战略和行业、地区发展规划的要求,在做好产品市场需求预测及厂址选择、工艺技术选择等工程技术研究的基础上,计算项目的效益和费用,通过多方案比较,对拟建项目的财务可行性和经济合理性进行分析论证做出全面的经济评价,为项目的科学决策提供依据。

建设项目经济评价主要包括以下内容:

（1）盈利能力分析。分析和测算项目计算期的盈利能力和盈利水平。

（2）清偿能力分析。分析和测算项目偿还贷款的能力和投资的回收能力。

（3）抗风险能力分析。分析项目在建设和生产期可能遇到的不确定性因素和随机因素对项目经济效果的影响程度，考察项目承受各种投资风险的能力，提高项目投资的可靠性和盈利性。

一、工程项目投资估算

工程项目投资估算可以分为固定资产投资估算和铺底流动资金估算两部分，其中固定资产投资估算包括设备及工器具购置费、建筑安装工程费、工程建设其他费用、预备费、建设期利息。按规定以流动资金（年）的30％作为铺底流动资金，列入总概算表，该项目不构成建设项目总造价（即总概算价值），只是在工程竣工投产后，计入生产流动资产。

（一）制药厂建设项目投资估算方法

制药厂建设项目投资估算工作，多采用固定资产静态投资分类估算法，因估算精度相对较高，主要用于项目可行性研究阶段的投资估算。

（二）建筑工程费的估算

1. 单位建筑工程投资估算法

以单位建筑工程量乘以建筑工程总量来估算建筑工程投资费用的方法。一般根据制药厂工业厂房或民用办公室的单位建筑面积（平方米）的投资乘以相应的建筑工程总量估算建筑工程费。例如，提取车间平均每平方米投资额为1500元，则1000 m^2 提取车间总建筑工程投资估算为150万元。

2. 单位实物工程量投资估算法

以单位实物工程量的投资乘以实物工程总量来估算建筑工程投资费用的方法。制药厂建设投资估算中，常用于路面、围墙的费用估算。

3. 概算指标投资估算法

是以建筑面积、体积或成套设备安装的台或项为计量单位而规定的劳动、材料和机械台班的消耗量标准和造价指标，以项目实施地专门机构发布的概算指标为依据而编制。

（三）设备及工器具购置费的估算

设备及工器具的购置费由设备购置费、工器具购置费和设备运费组成。

在制药厂建设项目投资估算实际工作中，多采用市场询价的方式，采集相关设备采购费用进行设备和工器具的估算。每年召开的春秋两届制药机械博览会，也为相关人员提供了一个开放的技术和商务咨询平台，采集的设备采购费和实际经过招投标得来的采购费用不尽相同，但完成设备及工器具的购置费估算工作，是可以满足要求的。传统的设备价格估算

公式如下:

$$设备原价 = 材料费 + 加工费 + 辅助材料费 + 专用工具费 + 材料损失费$$
$$+ 非标设计费 + 包装费 + 利润 + 税金$$

该公式较少应用,只是作为报价基础而存在。

进口制药机械设备的估算要考虑下列几种因素:

(1) 进口设备的交货方式:① 内陆交货;② 目的地交货;③ 装运港交货。

(2) 进口设备抵岸价:

$$进口设备抵岸价 = 货价 + 国际运费 + 运输保险费 + 银行财务费$$
$$+ 外贸手续费 + 关税 + 增值税$$

(四)安装工程费的估算

现行的安装工程费依照住房城乡建设部财政部建标〔2013〕44号文件规定:"建筑安装工程费用按费用构成要素划分由人工费、材料费、施工机具使用费、企业管理费、利润、规费和税金组成。"

(五)工程建设其他费用

工程建设其他费用是指从工程筹建起到工程竣工验收交付使用止的整个建设期间,除建筑安装工程费用和设备、工器具购置费以外的,为保证工程建设顺利完成和交付使用后能够正常发挥效用而发生的各项费用开支。主要有以下几类:

(1) 土地使用费:包括农用土地征用费和取得国有土地使用费。

(2) 与项目建设有关的费用:包括建设单位管理费、勘察设计费、研究试验费、临时设施费、工程监理费、工程保险费、供电贴费、施工机构迁移费、引进技术费和进口设备其他费。

(3) 与未来企业生产和经营活动有关的费用:包括联合试运转费、生产准备费、办公和生活家具购置费。

(六)预备费

预备费包括基本预备费和涨价预备费。

1. 基本预备费

基本预备费是指在项目实施中可能发生难以预料的支出,需要预先预留的费用,基本预备费的内容包括:

(1) 在批准的初步设计范围内,技术设计、施工图设计及施工过程中所增加工程的费用;设计变更、局部地基处理等增加的费用。

(2) 一般自然灾害造成损失和预防自然灾害所采取的措施费用。实行工程保险的工程项目预备费用应适当降低。

(3) 竣工验收时为鉴定工程质量对隐蔽工程进行必要的挖掘和修复费用。

计算公式为:

基本预备费＝(设备及工器具购置费＋建筑安装工程费＋工程建设其他费用)
×基本预备费率

2. 涨价预备费

涨价预备费指项目在建设期内由于物价上涨、汇率变化等因素影响引起投资增加，需要增加的费用。涨价预备费以建筑安装工程费、设备及工器具购置费之和为计算基数。

二、产品生产和销售的成本估算

(一) 产品成本的构成及其分类

1. 产品成本的构成

产品成本是指工业企业用于生产和经营销售产品所消耗的全部费用，包括耗用的原料及主要材料费、辅助材料费、动力费、人员工资及福利费、固定资产折旧费、低值易耗品摊销及销售费用等。通常把生产总成本划分为制造成本、行政管理费、销售和分销费用、财务费用和折旧费四大类，前三类成本的总和称为经营成本，经营成本是指生产总成本减去折旧费和财务费用(利息)。经营成本的概念在编制项目计算期内的现金流量表和方案比较中十分重要。

2. 产品成本的分类

产品成本根据不同的需要分类并具有特定的含义，国内在计划和核算成本中，通常将全部生产费用按费用要素和成本计算项目来分类。前者称为要素成本，后者称为项目成本。为了便于分析和控制各个生产环节上的生产耗费，产品成本通常计算项目成本。项目成本是按生产费用的经济用途和发生地点来归集的。

在投资项目的经济评价中，还要求将产品成本划分为可变成本与固定成本。可变成本是指在产品总成本中随着产量增减而增减的费用，如生产中的原材料费用、人工工资(计件)等。固定成本是指在产品的总成本中，在一定的生产能力范围内，不随产量的增减而变动的费用，如固定资产折旧费、行政管理费及人工工资(计时工资)等，项目经济评价中可变成本与固定成本的划分通常是参照类似企业两种成本占总成本的比例来确定。

(二) 产品成本估算

产品成本估算是以成本核算原理为指导，在掌握有关定额、费率及同类企业成本水平等资料的基础上，按产品成本的基本构成，分别估算产品总成本及单位成本。为此，先要估算以下费用：

1. 原材料

指构成产品主要实体的原料及主要材料和有助于产品形成的辅助材料，计算公式如下：

单位产品原材料成本＝单位产品原材料消耗定额×原材料价格

2. 工资及福利

指直接参加生产的工人工资和按规定提取的福利费。工资部分按实际直接生产工人定员人数和同行业实际平均工资水平计算；福利费按工资总额的一定百分比计算。

3. 燃料和动力

指直接用于工艺过程的燃料和直接供给生产产品所需的水、电、蒸气（汽）、压缩空气等费用（亦称公用工程费用），分别根据单位产品消耗定额乘以单价计算。

4. 车间经费

指为管理和组织车间生产而发生的各种费用。一种方法是根据车间经费的主要构成内容分别计算折旧费、维修费和管理费；另一种方法则是按照车间成本的前三项之和的一定百分比计算。无论采用哪种方法，估算时都应分析同类型企业的开支水平，再结合本项实际考虑一个改进系数。

以上1~4项的费用之和构成车间成本。

5. 企业管理费

指为组织和管理全厂生产而发生的各项费用。企业管理费的估算与车间经费估算的做法相类似。一种方法是分别计算厂部的折旧费、维修费和管理费；另一种方法是按车间成本或直接费用的一定百分比计算。企业管理费的估算应在对现有同类企业的费用情况分析后求得。

企业管理费与车间成本之和构成工厂成本。

6. 销售费用

指在产品销售过程中发生的运输、包装、广告、展览等费用。销售费用的估算一般在分析同类企业费用情况的基础上，考虑适当的改进系数，按照直接费用或工厂成本的一定比例求得。

销售费用与工厂成本两者之和构成销售成本，即总成本或全部成本。

上述计算在多品种生产企业中较为复杂、烦琐，因为某些生产耗费即间接费用需要在若干相关的成本计算对象之间进行分摊。

7. 经营成本

经营成本的估算在上述总成本估算的基础上进行。计算公式如下：

$$经营成本 = 总成本 - 折旧费 - 流动资金利息$$

投产期各年的经营成本按下式估算：

$$经营成本 = 单位可变经营成本 \times 当年产量 + 固定总经营成本$$

在医药生产过程中，往往在生产某一产品的同时，还生产一定数量的副产品。这部分副产品应按规定的价格计算其产值，并从上述工厂成本中扣除。此外，有时还有营业外的损益，即非生产性的费用支出和收入。如停工损失、三废污染、超期赔偿、科技服务收入、产品价格补贴等，都应计入成本（或从成本中扣除）。

（三）折旧费的计算方法

折旧是固定资产折旧的简称。所谓折旧就是将固定资产的机械磨损和精神磨损的价值转移到产品的成本中去。折旧费就是这部分转移价值的货币表现，折旧基金也就是对上述两种磨损的补偿。

折旧费的计算是产品成本、经营成本估算的一个重要内容。常用的折旧费计算方法有如下几种：

1. 直线折旧法

亦称平均年限法，是指按一定的标准将固定资产的价值平均转移为各期费用，即在固定资产折旧年限内，平均地分摊其磨损的价值。其特点是在固定资产服务年限内的各年的折旧费相等。年折旧率为折旧年限的倒数，也是相等的。折旧费分摊的标准有使用年限、工作时间、生产产量等，计算公式如下：

$$固定资产年折旧费 = \frac{固定资产原始价值 - 预计残值 + 预计清理费}{预计使用年限}$$

2. 曲线折旧法

曲线折旧法是在固定资产使用前后期不等额分摊折旧费的方法。它特别考虑了固定资产的无形损耗和时间价值因素。曲线折旧法可分为前期多提折旧的加速折旧法和后期多提折旧的减速折旧法。

（1）余额递减折旧法。即以某期固定资产价值减去该期折旧额后的余额，以此作为下期计算折旧的基数，然后乘以某个固定的折旧率，因此又称为定率递减法。计算公式如下：

$$年折旧费 = 年初折余价值 \times 折旧率$$

（2）双倍余额递减法。按直线折旧法折旧率的双倍，不考虑残值。按固定资产原始价值计算第一年折旧费，然后以第一年的折余价值为基数，以同样的折旧率依次计算下一年的折旧费。由于双倍余额递减法折旧，不可能把折旧费总额分摊完（即固定资产的账面价值永远不会等于零），因此到一定年度后，要改用直线折旧法折旧。双倍余额递减法的计算公式如下：

$$年折旧费 = 年折余价值 \times 折旧率$$

（3）年数合计折旧法。又称变率递减法，即通过折旧率变动而折旧基数不变的办法来确定各年的折旧费。折旧率的计算方法是：将固定资产的使用年限的序数总和作为分母，分子是相反次序的使用年限，两者的比率即依次为每年的折旧率。如果使用年限为5年，则第一年至第五年的折旧率依次为5/15、4/15、3/15、2/15、1/15。年数合计折旧法的计算公式如下：

$$年折旧费 = (固定资产原始价值 - 净残值) \times 年折旧率$$

偿债基金折旧法。把各年应计提的折旧费按复利计算本利之和。其特点是考虑了利息因素，后期分摊的折旧费大于前期。计算公式如下：

$$年折旧费 = \frac{(固定资产原始价值 - 净残值) \times i}{[(1+i)^n - 1]}$$

式中，i 为年利率；n 为使用年限。

在项目经济要素的估算过程中，折旧费的具体计算应根据拟建项目的实际情况，按照有关部门的规定进行。我国绝大部分固定资产是按直线法计提折旧，折旧率采用国家根据行业实际情况统一规定的综合折旧率。根据国家有关建设期利息计入固定资产价值的规定，项目综合折旧费的计算公式如下：

$$年折旧费 = 固定资产投资 \times \frac{固定资产形成率 + 建设期利息 - 净残值}{折旧年限}$$

三、工程项目的财务评价

项目财务评价是指在现行财税制度和价格条件下，从企业财务角度分析计算项目的直接效益和直接费用，以及项目的盈利状况、借款偿还能力、外汇利用效果等，以考察项目的财务可行性。

根据是否考虑资金的时间价值，可把评价指标分成静态评价指标和动态评价指标两大类。因项目的财务评价是以动态分析为主，辅以必要的静态分析，所以财务评价所用的主要评价指标是财务净现值、财务净现值比率、财务内部收益期、动态投资回收期等动态评价指标，必要时才加用某些静态评价指标，如静态投资回收期、投资利润率、投资利税率和静态借款偿还期等。下面介绍几种常用的评价指标：

（一）静态投资回收期

投资回收期又称还本期，即还本年限，是指项目通过项目净收益（利润和折旧）回收总投资（包括固定资产投资和流动资金）所需的时间，以年表示。

当各年利润接近可取平均值时，有如下关系：

$$P_t = \frac{I}{R}$$

式中，P_t 为静态投资回收期，I 为总投资额；R 为年净收益。

求得的静态投资回收期 P_t 与部门或行业的基准投资回收期 P_c 比较，当 $P_t \leq P_c$ 时，可认为项目在投资回收上是令人满意的。静态投资回收期只能作为评价项目的一个辅助指标。

（二）投资利润率

投资利润率是指项目达到设计生产能力后的一个正常生产年份的年利润总额与项目总投资的比率。对生产期内各年的利润总额变化幅度较大的项目应计算生产期年平均利润总额与总投资的比率。它反映单位投资每年获得利润的能力，其计算公式为

$$投资利润率 = \frac{R}{I} \times 100\%$$

式中，R 为年利润总额；I 为总投资额。

年利润总额R的计算公式为

年利润总额＝年产品销售收入－年总成本－年销售税金－年资源税－年营业外净支出

总投资额I的计算公式为

总投资额＝固定资产总投资（不含生产期更新改造投资）＋建设期利息＋流动资金

评价判据：当投资利润率＞基准投资利润率时，项目可取。

基准投资利润率是衡量投资项目可取性的定量标准或界限。

参考文献

[1] 张洪斌,杜志刚.制药工程课程设计[M].北京:化学工业出版社,2020.
[2] 张绪桥.药物制剂设备与车间工艺设计[M].北京:中国医药科技出版社,2000.
[3] 张珩,王凯.制药工程生产实习[M].北京:化学工业出版社,2019.
[4] 周仓.大输液塑瓶洗瓶设备的设计改进[J].医药工程设计,2012,33(5):49-52.
[5] 李光甫,任玉珍.中药炮制工程学[M].北京:化学工业出版社,2006.
[6] 王志祥.制药工程学[M].3版.北京:化学工业出版社,2015.
[7] 路振山.药物制剂设备[M].3版.北京:化学工业出版社,2012.
[8] 张珩.制药工程工艺设计[M].3版.北京:化学工业出版社,2020.
[9] 姚日升,边侠玲.制药过程安全与环保[M].北京:化学工业出版社,2020.
[10] 国家食品药品监督管理局药品认证管理中心.药品GMP指南[M].北京:中国医药科技出版社,2011.
[11] 国家药典委员会.中华人民共和国药典[M].北京:中国医药科技出版社,2020.
[12] 中华人民共和国卫生部.药品生产质量管理规范(2010年修订)[S].2010.
[13] 王沛.制药设备与车间设计[M].北京:人民卫生出版社,2014.
[14] 宋航.制药工程导论[M].北京:人民卫生出版社,2014.
[15] 江峰,钱红亮,于颖.制药工程制图[M].3版.北京:化学工业出版社,2021.
[16] 周仓,袁海泉.输液塑瓶直线式拉伸吹瓶机的改造[J].机电信息,2013(8):47-50.
[17] 闫暂,刘悦.非PVC软袋大输液生产工艺及应用前景分析[J].技术与市场,2021,28(5):111-112.
[18] 李颖.水针剂车间的工艺设计[J].广东化工,2006,33(160):95-97.
[19] 田耀华.口服液剂生产设备与工艺所存问题及其发展方向[J].机电信息,2010(20):1-6.
[20] 陈根光,王庆芬,张荣.非PVC软袋大输液生产线的工艺分析[J].医疗装备,2011(1):17-18.